数論入門講義

| 数と楕円曲線 | | | | |

J.S.Chahal 著

織田　進 訳

共立出版

University Series in Mathematics
Topics in Number Theory

by J. S. Chahal

©1988 Kluwer Academic/Plenum Publishers
All Rights Reserved.

John T. Tate 教授へ

はじめに

　本書は少々の変更点はあるものの，1984–1985年の学期にBrigham Young大学で行われた講義の準備ノートを元に作成されたものである．数論への入門を意図している．受講者は，高校数学しか背景にない学部生が大部分だった．したがって表現は，できるだけ初等的で自己完結的であるように止めた．しかし，議論は一般的で，最新の研究領域のいくつかに受講者を導くのに十分なようになされているので，本書は大学院生にとっても有益であろう．本書を読むための前提は数学への興味と欲求のみである．それぞれのトピックは無関係のようにみえるが，Diophantus方程式について学ぶことを最終目標としている．

　本書は，数人の数学者の未発表の仕事のみならず発表された仕事を自由に使わせてもらうという恩恵に浴している．とくに，Haverford大学のJohon T. Tate教授が行ったPhillips講義は本書の重要な源泉となっている．例えば第5章の代数曲線についての一部分は，この講義を元にしている．Mordell-Weil群の計算についての章はそのまま彼の講義から借用されている．代数体の単数群についてのDirichletの定理のSiegelの証明は，Takashi Ono（小野孝）教授がJohns Hopkins大学で行った講義によっている（有界ノルムのイデアルの個数の有限性を使うことをさけた点は除く）．Mordell-Weilの定理の証明は，1930年のWeilの論文「Sur un Théorème de Mordell」によっている．「Riemannの仮定」の初等的証明は，Yuri I. Maninによるものである．Maninの原論文での，重要だがうまく説明されていない議論は，論点をはっきりさせわかりやすくしている．有限体についての情報の中心的で優れた資料はWolfgang M. Schmidt教授によ

る「有限体上の方程式」についての講義であった．

　Schmidt 教授と Tate 教授には，原稿についていくつかの改善点を指摘していただき感謝している．

　最後に，丹念に目を通すことで手助けしてもらった Stephen P. Humphries 教授と，原稿をタイプするという仕事を丁寧にしてもらった Lonette Stoddard と Jill Fielding に感謝の意を表したい．

　星印＊のついた定理は本書では証明されていない．興味のある人はあげておいた参考文献の中に，これらの証明を見出すことができる．

　本書を完成した後，さらに続けて読むのに適したいくつかの書籍が出版されたので紹介しておく．

D. Husemoller, Elliptic Curves, GTM 111, Springer Verlag, New York (1987).

N. Koblitz, Elliptic Curves and Modular Forms, GTM 97, Springer Verlag, New York (1985).

J.H. Silverman, The Arithmetic of Elliptic Curves, GTM 106, Springer Verlag, New York (1986).

J. S. Chahal
Provo, Utah

目　　次

第 1 章　整数の基本的性質 … 1
  1.1　整除 … 1
  1.2　整除アルゴリズム … 2
  1.3　素数 … 2
  1.4　合同 … 9
  1.5　Diophantus 方程式 … 11
  1.6　合同数 … 14

第 2 章　代数的方法 … 20
  2.1　群 … 20
  2.2　部分群 … 24
  2.3　剰余群 … 25
  2.4　元の位数 … 28
  2.5　群の直積 … 30
  2.6　群の生成元 … 31
  2.7　群準同型 … 32
  2.8　環 … 35
  2.9　環準同型 … 36
  2.10　体 … 37
  2.11　有限体 … 38

2.12 環上の多項式 38

第3章 形式による整数の表現 42
3.1 はじめに 42
3.2 平方剰余の相互法則 45
3.3 ある特別な2次形式 54
3.4 2次形式の同値 66
3.5 正値2次形式の最小値 69
3.6 正値2次形式の被約 73

第4章 代数体 79
4.1 はじめに 79
4.2 数体 81
4.3 多項式の判別式 84
4.4 共役体 89
4.5 代数的整数 92
4.6 整数基 96
4.7 単数群 100
4.8 2次体と円分体 114

第5章 代数曲線 119
5.1 はじめに 119
5.2 準備 120
5.3 斉次多項式と射影空間 121
5.4 平面代数曲線 122
5.5 曲線の特異点 123
5.6 双有理幾何 126
5.7 代数幾何からのいくつかの結果 131
5.8 曲線の種数 133
5.9 楕円曲線 140

5.10	群の法則	142

第6章 Mordell-Weil の定理 ... 148
6.1	はじめに	148
6.2	有理点の高さ	149
6.3	共線点の横座標	151
6.4	線形代数の復習	153
6.5	降下	154
6.6	Mordell-Weil の定理	156

第7章 Mordell-Weil 群の計算 ... 161
7.1	はじめに	161
7.2	2倍写像の分解	162
7.3	階数についての公式	166
7.4	$\alpha(\Gamma)$ の計算	169
7.5	例 その1	171
7.6	有限位数の点	173
7.7	例 その2	178
7.8	合同数への応用	180

第8章 有限体上の方程式 ... 186
8.1	Riemann の仮説	186
8.2	Hasse の定理の Manin による証明	189
8.3	基本等式の証明	192
8.4	解析的方法	197
8.5	合同数問題への応用	202
8.6	高種数の曲線についての注意	204

付録 Weierstrass の理論 ... 208
A.1	複素解析の復習	208

A.2　楕円関数 208
　　A.3　Weierstrass 方程式 217
　　A.4　加法定理 222
　　A.5　楕円曲線の同型類 224
　　A.6　楕円曲線の自己準同型 228
　　A.7　有限位数の点 230

偉大な数論学者たち 233
訳者あとがき 234
参考文献 236
索　　引 237

記号一覧

$\emptyset$	空集合 (The empty set)
$X \cup Y$	X と Y の和集合 (The union of two sets X and Y)
$X \cap Y$	X と Y の共通部分 (The intersection of X and Y)
$X \subseteq Y$ または $Y \supseteq X$	X は Y の部分集合 (X is a subset of Y)
$X \subsetneq Y$ または $Y \supsetneq X$	X は Y の真部分集合 (X is a proper subset of Y)
$x \in X$ または $X \ni x$	x は X に属する (x is in X)
$x \notin X$ または $X \not\ni x$	x は X に属さない (x is not in X)
$|X|$	X の元の個数 (The number of elements in X)
$\{x \mid P(x)\}$	性質 $P(x)$ を満たす x すべてからなる集合 (The set of all x having the property $P(x)$)
$X \setminus Y$	X から Y を取り除いた集合 ($\{x \in X | x \notin Y\}$)
$f : X \to Y$	f は X から Y の中への (写像, または) 関数 (f is a (map or) function from X into Y)
$g \cdot f$	関数の合成 (Composition of functions)

x　　記号一覧

$X \ni x \mapsto y \in Y$	x に y を対応させる関数 (A function taking x in X to y in Y)
$\mathbb{N} = \{1, 2, 3 \ldots\}$	自然数全体の集合 (The natural numbers)
$\mathbb{Z} = \{0, \pm 1, \pm 2, \ldots\}$	整数全体の集合 (The integers)
$\mathbb{Q} = \{m/n \mid m, n \in \mathbb{Z}, n \neq 0\}$	有理数全体の集合 (The rational numbers)
$\mathbb{F}_q$	q 個からなる有限体 (The finite field of q elements)
$\mathbb{R}$	実数全体の集合 (The real numbers)
$\mathbb{C}$	複素数全体の集合 (The complex numbers)
$\mathbb{H}$	Hamilton の四元数のなす集合 (The Hamiltonians)
$[x]$	実数 x の整数部分 (Gauss の記号) (The integer part of a real number x)
$\exp(x)$	指数関数 e^x (The exponential function e^x)
$\lvert z \rvert$	複素数 z の絶対値 (Absolute value of a complex number z)
$\operatorname{Re} z$	複素数 z の実部 (Real part of z)
$\operatorname{Im} z$	複素数 z の虚部 (Imaginary part of z)
$A[x_1, \ldots, x_n]$	環 A に係数をもつ $x_1, \ldots, x_n$ の多項式全体 (The plynomals in n variables $x_1, \ldots, x_n$ with coefficients in a ring A)
$M(n, A)$	A 上の $n \times n$ 行列のなす群 (The group of $n \times n$ matrices over a ring A)
$A^\times$	環 A の単元のなす群 (The group of units of a ring $A \ni 1$)
${}^t P$	行列 P の転置行列 (the transpose of a matrix P)
$\lvert P \rvert$ または $\det(P)$	P の行列式 (The determinant of P)

$GL(n,A)$ または $GL_n(A)$	n 次の一般線形群
	$(\{P \in M(n,A) | \det(A) \in A^\times\})$
$SL(n,A)$ または $SL_n(A)$	n 次の特殊線形群
	$(\{P \in GL(n,A) | \det(P) = 1\})$
$\mathbb{E}(L)$	格子 L を周期とする楕円関数の集合
	(Elliptic functions with period lattice L)
$\Rightarrow$	示す
	(Implies)
$\Leftarrow$	示される
	(Is impled by)
$\Leftrightarrow$	同値 (必要十分) である
	(If and only if)
$\sum_{j=1}^{n} a_j$	和 $a_1 + \cdots + a_n$
	(The sum $a_1 + \cdots + a_n$)
$\prod_{j=1}^{n} a_j$	積 $a_1 \cdots a_n$
	(The product $a_1 \cdots a_n$)

第1章

整数の基本的性質

1.1 整除

整数の研究における最も基本的な概念は整除である．

【定義 1.1】 $a, b \in \mathbb{Z}, a \neq 0$ とする．ある $c \in \mathbb{Z}$ が存在して $b = ac$ となるとき，a は b を**割り切る**，あるいは b は a の**約数** (divisor) であるという．このとき $a|b$ とかく．

$a|b$ のとき，a は b の**因数** (factor) または b は a の**倍数** (multiple) であるともいう．例をあげれば，$6 = 2 \cdot 3$ であるから $2|6$ である．a が b を割り切らないとき，$a \nmid b$ とかく．

整数が 2 の倍数であるとき，**偶数**と呼ばれ，そうでないときは**奇数**と呼ばれる．任意の奇数 a は $a = 2m + 1 \ (m \in \mathbb{Z})$ とかける．

次の定理は整除の定義より明らかである．

【定理 1.2】

1. 任意の $a \in \mathbb{Z} \ (a \neq 0)$ に対して $a|a$ である．

2. $a|b$ かつ $b|a$ ならば $b = \pm a$ である．

3. $a|b$ ならば $a|bc$ が任意の $c \in \mathbb{Z}$ について成り立つ．

4. $a|b$ かつ $b|c$ ならば $a|c$ である．

5. $a|b$ かつ a,b とも正であれば $a \leqq b$ である．

6. $d|a$ かつ $d|b$ ならば，任意の $x,y \in \mathbb{Z}$ に対して $d|ax+by$ である．

とくに，$d|0$ が任意の 0 でない整数 d に対して成り立つ．

1.2 整除アルゴリズム

整数を 0 でない整数で割ることにより，商と余りを求めることができる．より詳しくいえば，次の定理が成り立つ．

【定理 1.3】(整除アルゴリズム)　n と d を $\mathbb{Z}$ の元で $d \geqq 1$ とすると，$n = qd + r$ が成り立つ整数 q と r $(0 \leqq r < d)$ が唯 1 組存在する．とくに，$q|n$ であるのは $r = 0$ のとき，そのときのみである．

(証明)　$j = 0, \pm 1, \pm 2, \ldots$ に対して，半閉区間

$$I_j = [jd, (j+1)d) = \{x \in \mathbb{R} \mid jd \leqq x < (j+1)d\}$$

を考えると，数直線 $\mathbb{R}$ はこれら半閉区間の共通部分をもたない和集合であるから，整数 n は唯 1 つの区間 I_q に含まれる．各区間 I_j は長さが d であるから，$0 \leqq n - qd = r < d$ である．　∎

1.3 素数

【定義 1.4】　整数 $p \geqq 2$ は その約数が $\pm 1, \pm p$ のみであるとき，**素数** (prime number) あるいは簡単に **素** (prime) であるといわれる．

最初の小さな素数をあげると

$$2, 3, 5, 7, 11, 17, \ldots$$

である．素数は「気まぐれ」に現れる．

整数 $n > 1$ は素数でないとき，**合成数** (composite number) と呼ばれる．したがって合成数 n は 2 つの真に小さい整数の積であり，もしそれらのどちらかが素数でないならば，さらに真に小さい整数の積になる．これらの操作が永久に続くことはあり得ないから，n を素数の積の形に表すことに行き着く．よって次の定理が証明できたことになる．

【定理 1.5】 任意の整数 $n > 1$ は素数の積である．

$n > 1$ を合成数とする．$n = d_1 d_2$, $1 < d_i < n$ ($i = 1, 2$) とかく．一般性を失うことなく，$d_1 \leqq d_2$ としてよい．p が d_1 の素因数ならば，$p^2 \leqq d_1^2 \leqq d_1 d_2 = n$ となり，これは n が素因数 $p \leqq \sqrt{n}$ をもつことを表している．このことは 1 と n の間にあるすべての素数を決定する方法を与えてくれる．これは Eratosthenes の篩 (sieve of Eratosthenes) と呼ばれ，リスト

$$2, 3, 4, 5, 6, 7, 8, \ldots, n$$

から最初に自明でない 2 の倍数，そして次に 3 の，そして 5 のと，以下同様にして，それらを除いていく．($p_1 = 2$ から出発して) 段階 $j > 1$ においては p_{j-1} の自明でない倍数を除去して残ったものの中で $p_j > p_{j-1}$ となる最初の整数 p_j をとると，これが j 番目の素数である．上で述べたことより，素数 $p \leqq \sqrt{n}$ を満たす p の自明でない倍数を除去すれば十分である．

演習 1.6 $n = 400$ より小さいすべての素数を Eratosthenes の篩を用いてリストアップせよ．

すべての正の整数は，素数の積に唯 1 通りに因数分解できる．これは「算術の基本定理」または「一意分解定理」と呼ばれる．

【定理 1.7】(一意分解定理) $n > 1$ が整数ならば，n は (配置換えを除いて) 一意的に積

$$n = p_1^{\alpha_1} \cdots p_r^{\alpha_r} \tag{1.1}$$

と表される．ここで $p_1, \ldots, p_r$ はすべて異なる素数で，指数 (exponent) α_i は正の整数である．

(証明) 定理 1.5 により，一意性のみを示せばよい．この定理が誤りであるとすれば，2 通りの素数の積に表せる最小の整数 $n > 1$ が選べる．これを

$$n = p_1 \cdots p_r = q_1 \cdots q_s \tag{1.2}$$

とする．明らかに各組 i,j に対して $p_i \neq q_j$ である．そうでないとすると，(1.2) の両辺に共通の素因数を消去して，要求された性質をもつ n より小さな整数が選べることになるからである．$p_1 > q_1$ と仮定してよい．

$$m = (p_1 - q_1)p_2 \cdots p_r = q_1(q_2 \cdots q_s - p_2 \cdots p_r) \tag{1.3}$$

とおく．さて q_1 は $p_1 - q_1$ の分解には現れない．そうでないとすると，定理 1.2(6) によって $q_1|p_1$ となってしまうからである．したがって，(1.3) は m が 2 つの異なる分解をもつことを示している．$m < n$ であるから，これは n の最小性に矛盾する． ∎

注意 1.8 (1.1) の表現において，$\alpha_j = 0$ も許すことが時として有効になることがある (cf. 定理 1.14)．

【系 1.9】 p が素数のとき，$p|ab$ ならば $p|a$ または $p|b$ である．

(証明) 素数 p は a か b のどちらかの分解に因数として現れる． ∎

演習 1.10

1. n を (1.1) におけるようなものとする．このとき，n が平方，すなわち $n = m^2$ ($m \in \mathbb{Z}$) であるのは，任意の $j = 1, \ldots, r$ について α_j が偶数であるとき，そのときに限る．

2. n が (1.1) におけるようなものとするとき，任意の $j = 1, \ldots, r$ について $\alpha_j = 1$ ならば，n は**平方因子をもたない**と呼ばれる．n が平方因子をもたないならば，$\sqrt{n}$ は無理数である，すなわち $\sqrt{n}$ は

$$\sqrt{n} = \frac{a}{b}, \quad a, b \in \mathbb{Z}, b \neq 0$$

と表せないことを示せ．

【定理 1.11】 (Euclid) 素数は無限に存在する．

（証明） 有限個の素数 $p_1,\ldots,p_r$ しか存在しないと仮定する．$N = p_1 \cdots p_r$ とおく．一意分解定理により，

$$N = p_1 \cdots p_r + 1 = \prod_{j=1}^{r} p_j^{\alpha_j} \quad (\alpha_j \geqq 0) \tag{1.4}$$

と表される．$N > 1$ であるから，少なくとも 1 つの j に対して $\alpha_j > 0$ となり，そして (1.4) より $p_j | 1$ となる．これは矛盾である． ■

演習 1.12 素数の間には勝手な大きさの間隙が存在する，すなわち，整数 $N \geqq 1$ が与えられたとき，素数の組 p_1, p_2 で，$p_1 < p_2$ でさらに
  1. $p_2 - p_1 \geqq N$,
  2. $p_1 < p < p_2$ となる素数 p は存在しない，

を満たすものがあることを示せ．
[ヒント：N 個の連続した整数 $(N+1)! + j$, $j = 2, 3, \ldots, N+1$ はどれも素数でない．]

【定義 1.13】 $a, b \in \mathbb{Z}$ でともに $a, b \neq 0$ とする．このとき，a と b をともに割り切る最大の正の整数 $d = (a, b)$ は，a と b の**最大公約数** (greatest common divisor) または g.c.d. といわれる．

a と b によって割り切られる最小の正の整数 $l = [a, b]$ は，a と b の**最小公倍数** (least common multiple) または l.c.m. といわれる．

$a \neq b = 0$ ならば $(a, b) = |a|$ と定義する．ここで，$|x|$ は実数 x の絶対値 (absolute value) である．一般に整数 a, b に対して，1 は a と b の公約数であり，ab は公倍数であるから，(a, b) と $[a, b]$ は一意的に定義されることは明らかである．さらに，$(a, b) = (b, a) = (-a, b)$ であり，$[a, b] = [b, a] = [-a, b]$ である．次の定理は (a, b) と $[a, b]$ を特徴づけるものである．

【定理 1.14】 a, b を正の整数とする：

$$a = \prod_{j=1}^{r} p_j^{\alpha_j} \quad (\alpha_j \geqq 0)$$

$$b = \prod_{j=1}^{r} p_j^{\beta_j} \quad (\beta_j \geqq 0)$$

ならば,

$$(a,b) = \prod_{j=1}^{r} p_j^{\min(\alpha_j,\beta_j)}$$
$$[a,b] = \prod_{j=1}^{r} p_j^{\max(\alpha_j,\beta_j)}$$

である.

(証明) 明らかである. ∎

【定義 1.15】 2 つの 0 でない整数 a,b は, $(a,b) = 1$ のとき, **互いに素** (relatively prime, coprime) といわれる.

【定理 1.16】 $a,b,c,m \in \mathbb{Z}$ で $m \geqq 1$ とする. このとき,

1. $(ma, mb) = m(a,b), \quad [ma, mb] = m[a,b]$,
2. $d = (a,b)$ ならば $(a/d, b/d) = 1$ である,
3. $a|b$ ならば $(a,b) = |a|, [a,b] = |b|$ である,
4. $(a,b) = 1$ ならば $(a+mb, b) = 1$ である,
5. $(a,m) = (b,m) = 1$ ならば $(ab, m) = 1$ である,
6. $a|bc$ かつ $(a,b) = 1$ ならば $a|c$ である,
7. 素数 p に対し, $(a,p) = 1$ であることと $p \nmid a$ であることは同値である.

(証明) 証明は読者の演習問題として残しておく. ∎

演習 1.17 $(a,b) = 1$ かつ $(b,c) = 1$ であっても $(a,c) = 1$ とは限らない例を示せ.

【定理 1.18】 $a > 0, b > 0$ で $(a,b) = 1$ とする. このとき ab が平方数であるための必要十分条件は a と b がともに平方数であることである.

(証明) 証明は読書の演習問題とする. ∎

【定理 1.19】 $(a,b) = d$ ならば，ある整数 λ と μ が存在して，$\lambda a + \mu b = d$ と表せる．

（証明）　まず，(a,b) は次の 2 つの条件で特徴づけられる正の整数 d であることに注意する：

(1)　$d|a$ かつ $d|b$,

(2)　$c|a$ かつ $c|b$ ならば $c|d$.

さて x, y がすべての整数（正，負，0）の中を動くにしたがって，$ax + by$ は正，負，0 の値をとる．$x = \lambda, y = \mu$ を，$d = \lambda a + \mu b$ が $ax + by$ の中で最小の正の値であるものとする．こときのき $d = (a,b)$ であることを示そう．条件 (2) は明らかである．(1) を証明するために，まず，任意の $x, y \in \mathbb{Z}$ に対して $d|ax + by$ を示す．整除アルゴリズムにより，

$$ax + by = qd + r, \quad 0 \leqq r < d$$

と表せる．$r = 0$ を示さなければならない．しかし，これは明らかである．なぜならば，そうでないとすると，

$$r = a(x - q\lambda) + b(y - q\mu)$$

が d の最小性に矛盾を起こすからである．さて，$x = 1, y = 0$ ととると $d|a$ を得る．同様にして $d|b$ も成り立つ．これは (1) を示しており，証明が終わる．■

【系 1.20】 a, b が互いに素ならば，整数 λ, μ が存在して $\lambda a + \mu b = 1$ となる．

【系 1.21】 線形方程式

$$ax + by = c \qquad (a, b \in \mathbb{Z})$$

が整数解をもつのは，$(a,b)|c$ のとき，そのときに限る．

定理 1.19 もその証明も，いかにして λ と μ を見つけるか，または，(a,b) をどうやって計算するかを知らせてくれるものではない．次の定理がこの質問に答

えてくれる．もし a または b の一方が 0 ならば，問題は自明である．一般性を損なうことなく，さらに $a > b > 0$ かつ $b \nmid a$ と仮定してよい．

【定理 1.22】(Euclid の互除法) a, b を 2 つの整数で $a > b > 0$ かつ $b \nmid a$ とする．整除アルゴリズムをくり返し適用することにより，

$$\left.\begin{aligned} a &= q_1 b + r_1, & 0 < r_1 < b \\ b &= q_2 r_1 + r_2, & 0 < r_2 < r_1 \\ r_1 &= q_3 r_2 + r_3, & 0 < r_3 < r_2 \\ &\vdots & \\ r_{j-2} &= q_j r_{j-1} + r_j, & 0 < r_j < r_{j-1} \end{aligned}\right\} \quad (1.5)$$

かつ

$$r_{j-1} = q_{j+1} r_j \tag{1.6}$$

と表せる．このとき，$(a, b) = r_j$ (これはこの操作での最後の 0 でない余り)である．

(証明) 次のことを示せば十分である：

(1) $r_j | a$ かつ $r_j | b$,

(2) $d | a$ かつ $d | b$ ならば $d | r_j$.

しかし，(1) (あるいは (2)) は (1.5) と (1.6) の等式の鎖を上に (あるいは，下に) 動くことにより，直ちに得られる． ∎

注意 1.23 整数 λ, μ は (1.5) から $r_1, r_2, \ldots, r_{j-1}$ を消去することにより，以下の例のようにして計算できる．

■ **例 1.24** ■ $a = 243, b = 198$ ならば整除アルゴリズムによって，

$$\left.\begin{aligned} 243 &= 1 \cdot 198 + 45 \\ 198 &= 4 \cdot 45 + 18 \\ 45 &= 2 \cdot 18 + 9 \\ 18 &= 2 \cdot 9. \end{aligned}\right\} \quad (*)$$

したがって $(a,b) = 9$ である．

さて $(*)$ より，

$$\begin{aligned}
9 &= 45 - 2 \cdot 18 \\
&= 45 - 2(198 - 4 \cdot 45) \\
&= 9 \cdot 45 - 2 \cdot 198 \\
&= 9(245 - 198) - 2 \cdot 198 \\
&= 9 \cdot 243 - 11 \cdot 198.
\end{aligned}$$

ゆえに $\lambda = 9, \mu = -11$ を得る．

演習 1.25 $a = 963, b = 657$ のとき，(a,b) を計算し，$(a,b) = \lambda a + \mu b$ となる λ, μ を求めよ．

演習 1.26 定義 1.13, 定理 1.14, 定義 1.15, 定理 1.16 の (1),(2),(5), 定理 1.18, 定理 1.19, 系 1.20, 系 1.21 を，$a_1,\ldots,a_n$ の g.c.d. $(a_1,\ldots,a_n)$ と l.c.m. $[a_1,\ldots,a_n]$ に一般化せよ．

1.4 合同

数論における最も有効な概念の 1 つは合同の概念である．これは Gauss によって初めて導入されたものである．

【定義 1.27】 $m \neq 0$ を固定された整数（これは**法** (modulus) と呼ばれる）とし，$a, b \in \mathbb{Z}$ とする．$m | a - b$ が成り立つとき，a は b と法 m で**合同** (congruent) であるといい，$a \equiv b \pmod{m}$ のようにかく．

したがって a と b が m での整除で同じ余りを残すならば $a \equiv b \pmod{m}$ である．次のことは定義より明らかである：

1. $a \equiv a \pmod{m}$,
2. $a \equiv b \pmod{m}$ ならば $b \equiv a \pmod{m}$,
3. $a \equiv b \pmod{m}$ かつ $b \equiv c \pmod{m}$ ならば $a \equiv c \pmod{m}$.

ゆえに合同は「同値関係」である．また，定義よりすぐに，$a \equiv b \pmod{m}$ かつ $n|m$ ならば $a \equiv b \pmod{n}$ が成り立つことがわかる．

【定理 1.28】 $x_i \equiv y_i \pmod{m}$, $i = 1, 2$, $c \in \mathbb{Z}$ とする．このとき次が成り立つ：

1. $x_1 + x_2 \equiv y_1 + y_2 \pmod{m}$,
2. $x_1 x_2 \equiv y_1 y_2 \pmod{m}$,
3. $cx_1 \equiv cy_1 \pmod{m}$.

(証明) 証明は演習問題とする． ■

【系 1.29】 $f(x) \in \mathbb{Z}[x]$ は整数係数の多項式で，$a \equiv b \pmod{m}$ とする．このとき，$f(a) \equiv f(b) \pmod{m}$ である．

演習 1.30 a, b は奇数，c は偶数とする．次を示せ．
1. $a^2 \equiv 1 \pmod{8}$, とくに $a^2 \equiv 1 \pmod{4}$,
2. $a^2 + b^2 \equiv 2 \pmod{4}$,
3. $c^2 \equiv 0 \pmod{4}$,
4. $a^2 + c^2 \equiv 1 \pmod{4}$.

【定理 1.31】 $(a, m) = 1$ ならば

$$ax \equiv 1 \pmod{m}$$

は解をもつ．

(証明) $(a, m) = 1$ であるから，系 1.20 より $\lambda a + \mu m = 1$ を満たす整数 λ, μ が存在する．よって $a\lambda \equiv 1 \pmod{m}$ である． ■

【定理 1.32】(中国の剰余定理 (Chinese Remainder Theorem)) r 個の 0 でない整数 $m_1, \ldots, m_r$ でどの 2 つも互いに素 (すなわち，$(m_i, m_j) = 1$ $(i \neq j)$) であるものと，任意の整数 $a_1, \ldots, a_r$ が与えられているとする．このとき，合同式

$$x \equiv a_j \pmod{m_j}, \quad j = 1, \ldots, r$$

は共通解をもつ．さらに，$m = m_1 \cdots m_r$ とするとき，x, y が2つの共通解ならば
$$x \equiv y \pmod{m}$$
が成り立つ．

(証明) $(m/m_j, m_j) = 1$ であるから，定理 1.31 によって整数 $x_1, \ldots, x_r$ で
$$(m/m_j) x_j \equiv 1 \pmod{m_j}$$
となるものが存在する．明らかに，$i \neq j$ ならば $(m/m_j) x_j \equiv 0 \pmod{m_i}$ が成り立つ．ゆえに
$$\begin{aligned} x &\stackrel{\text{def}}{=} \sum_{j=1}^{r} \frac{m}{m_j} a_j x_j \\ &\equiv \frac{m}{m_i} x_i a_i \pmod{m_i} \\ &\equiv a_i \pmod{m_i}. \end{aligned}$$
最後の主張は，$a|c, b|c, (a,b) = 1$ ならば $ab|c$ であることより直ちに得られる． ∎

1.5 Diophantus 方程式

本書の主目的は Diophantus 方程式 (diophantine equation)，すなわち，多項式方程式
$$f_j(x_1, \ldots, x_n) = 0, \quad j = 1, \ldots, m \tag{1.7}$$
を調べることである．ここで，$f_j(x_1, \ldots, x_n) \in \mathbb{Z}[x_1, \ldots, x_n]$ である．$n \geqq 2$ と仮定する．次の2つの問題がある：(1.7) の (1) 整数解と (2) 有理数解を見つけること．例として，何百年あるいは何千年もの長期にわたって研究されてきた最もよく知られた Diophantus 問題のいくつかをリストアップしてみる：

(1) **Pythagorus 三角形** (Pythagorean Triangles). 各辺が自然数の直角三角形を見つけること，すなわち，方程式
$$x^2 + y^2 = z^2 \tag{1.8}$$

を整数 $x, y, z(\neq 0)$ で解くこと．

(2) **Fibonacci 曲線** (Fibonacci Curve). 次の連立方程式は最初に Leonardo Pissano によって (1220 年に) 研究されたもので, Fibonacci としてよく知られている:
$$\begin{aligned} x^2 + y^2 &= z^2, \\ x^2 - y^2 &= t^2. \end{aligned} \tag{1.9}$$

(3) **Fermat の方程式** (Fermat's Equation). 方程式 (1.8) は次のように一般化される:
$$x^n + y^n = z^n \quad (n \in \mathbb{N},\ n \geqq 3). \tag{1.10}$$

これらはすべて「斉次 (同次)」方程式である．(1.7) における方程式がすべて斉次であれば, 常に**自明な解** $x_1 = \cdots = x_n = 0$ が存在する．さらに, この場合, 上の問題 (1) と (2) が同値であることは明らかである．しかし, すべての方程式が斉次とは限らないならば, 例えば
$$y^2 = x^3 - 17x$$
などのときは, 一般に問題 (1) と (2) は別個のものとして扱われなければならない．

この章の以下においては, 最初の 2 つの例を調べることにする．Fermat の方程式はいまだに解決にはほど遠いのである．Fermat の最終定理として知られる予想がある (Fermat は「証明できたのだが, ノートの余白は証明を記すにはせますぎる」と主張した)[*].

【**Fermat の最終定理**】 $n \geqq 3$ なるすべての整数 n に対して, 方程式
$$x^n + y^n = z^n$$
には $xyz \neq 0$ である整数解 x, y, z は存在しない．

これはいくつかの値の n に対して証明されてきた．$n = 4$ のときの初等的証明は後で与える (系 1.37 参照). しかし, $n = 3$ の場合の証明は $n = 4$ のときと

---

[*] (訳注) A. Wiles が最終結果を証明した: Modular elliptic curves and Fermat last theorem, *Ann. of Math.*, 142(1995),443-551.

同じくらいに初等的とはいかない (文献 [1] の定理 3.16 を参照). この節の残りのために方程式 (1.8) を議論しておこう. (1.8) の解 (x,y,z) は $xyz \neq 0$ のとき, **自明でない**といわれる. よく知られた自明でない (1.8) の解としては $(3,4,5)$ と $(5,12,13)$ があり, 他にも $(6,8,10)$ や $(15,36,39)$ のようなものも (x,y,z) から (cx,cy,cz) として得られる $(c \neq 0)$. 2つの解 (x,y,z) と (cx,cy,cz) $(c \neq 0)$ は**同値**であって, 異なるものと見なさないことにしょう.

(x,y,z) が (1.8) の自明でない (整数) 解で, d が x,y,z のどれか2つの公約数ならば, それはまた残りのものを割り切らなければならない. よって $(x/d, y/d, z/d)$ はまた (1.8) の整数解である. したがって, 同値なすべての解の中の1つを例えば (x,y,z) とかくとき, x,y,z はどの2つも互いに素であって, その同値類の中の任意の解をある $c \neq 0$ を用いて (cx,xy,cz) とかけるようなものが存在する. そのような解 (x,y,z) は, $x,y,z > 0$ ならば (1.8) の**原始解** (primitive solution) と呼ばれる. (1.8) の任意の解は, 必要なら x,y,z の符号を変えて, 原始解 (x,y,z) からある整数 c について (cx,cy,cz) として得られる. また, 新しい解と見なすことなく, x と y の役割を変えてもよい. したがって, (1.8) の自明でない解のすべてを決定するためには, 次の定理を示せば十分である.

【定理 1.33】 (x,y,z) を (1.8) の原始解とする. このとき, x,y のうち1つは偶数で他は奇数である. x が奇数ならば, 解は次の形である:

$$x = a^2 - b^2, \quad y = 2ab, \quad z = a^2 + b^2 \tag{1.11}$$

ここで a,b は次の条件を満たす整数である:

$$\begin{aligned} & a - b \equiv 1 \pmod{2}, \\ & a > b > 0 \quad \text{かつ} \quad (a,b) = 1. \end{aligned} \tag{1.12}$$

逆に, (1.11) と (1.12) で与えられる (x,y,z) は (1.8) の原始解である.

(証明) (x,y,z) は原始解であるから, x,y はともに偶数ではあり得ない. それらはともに奇数でもあり得ない. なぜならば, そうだとすると $x^2 + y^2 \equiv 2 \pmod 4$ となるが, $z^2 \equiv 0$ または $1 \pmod 4$ だからである. x が奇数, y が偶数と仮定してよい. (1.8) を書き換えると,

$$\left(\frac{z+x}{2}\right)\left(\frac{z-x}{2}\right) = \left(\frac{y}{2}\right)^2 \tag{1.13}$$

を得る．これら3つの項はすべて整数であることに注意する．もし，

$$d = \left(\frac{z+x}{2}, \frac{z-x}{2}\right)$$

ならば，

$$d \mid x = \frac{z+x}{2} - \frac{z-x}{2}$$

かつ

$$d \mid z = \frac{z+x}{2} + \frac{z-x}{2}$$

である．$(x,z)=1$ であるから，$d=1$ でなければならず，定理1.18より

$$\frac{z+x}{2} = a^2 \quad \text{かつ} \quad \frac{z-x}{2} = b^2 \tag{1.14}$$

とかける．ここで，$a > b > 0$ である．明らかに $z = a^2 + b^2$, $x = a^2 - b^2$ であって，(1.13) より $y = 2ab$ である．$d = 1$ であるから，(1.14) より明らかに $(a,b) = 1$ がわかる．$a - b \equiv 1 \pmod{2}$ も明らかである．なぜならば，そうでないとすると a, b は同じ偶奇性（すなわち，ともに偶数，またはともに奇数）をもつので，どちらの場合も x, z はともに偶数になってしまい，(x,y,z) が原始解であることに反するからである．

逆に，a, b が (1.12) におけるもので，x, y, z が (1.11) におけるものとすれば，(x,y,z) は (1.8) の解であって，$x, y, z > 0$ かつ x, z はともに奇数である．$d = (x, z)$ ならば $d \mid 2a^2$ かつ $d \mid 2b^2$ である．d は奇数であるから，$d \mid a^2$ かつ $d \mid b^2$ である．さて $(a, b) = 1$ であることは $d = 1$ を示している．これより (x, y, x) は原始解であることが示された． ■

1.6 合同数

【定義 1.34】 正の整数 A は，3辺が有理数の直角三角形の面積になっているとき，すなわち，

$$A = \frac{ab}{2} \quad \text{かつ} \quad a^2 + b^2 = h^2 \ (a, b, h \in \mathbb{Q}) \tag{1.15}$$

のとき，**合同数** (congruent number) といわれる．

合同数はこの章の 1.4 節の合同と混同してはならない．合同数の例としては，6 と 30 がある．これらはそれぞれ Pythagoras の直角三角形 $(3, 4, 5)$ と $(5, 12, 13)$ の面積である．最小の合同数が 1220 年に Lepnardo Pissano によって発見されたが，それは 5 である．それは 3 辺が $\frac{3}{2}, \frac{20}{3}, \frac{41}{6}$ の直角三角形の面積である．$c \in \mathbb{N}$ とすれば，A が合同数であるのは $c^2 A$ が合同数であるとき，そのときのみである．したがって，一般性を損なうことなく A は平方因子をもたないと仮定してよいことになる．

【定理 1.35】 正の整数 A が合同数であるための必要十分条件は，次の連立方程式：
$$\begin{aligned} x^2 + Ay^2 &= z^2 \\ x^2 - Ay^2 &= t^2 \end{aligned} \quad (1.16)$$
が整数解で $y \neq 0$ のものをもつことである．

そのような解を**自明でない解**と呼ぶ．

(証明) (1.16) は斉次であるから，自明でない整数解は自明でない有理数解と同値であることを思い出してほしい．A が合同数ならば，(1.15) より
$$b = \frac{2A}{a}$$
であり，したがって
$$\begin{aligned} h^2 &= a^2 + b^2 \\ &= a^2 + \frac{4A^2}{a^2} \end{aligned}$$
である．これより
$$\left(\frac{h}{2}\right)^2 = \left(\frac{a}{2}\right)^2 + \left(\frac{A}{a}\right)^2$$
を得る．右辺を平方にするために，上記の方程式の両辺に $\pm A$ を加えることにより，
$$\left(\frac{h}{2}\right)^2 \pm A = \left(\frac{a}{2} \pm \frac{A}{2}\right)^2$$

を得る．さて，$x = \dfrac{h}{2}$, $y = 1$, $z = \dfrac{a}{2} + \dfrac{A}{a}$, $t = \dfrac{a}{2} - \dfrac{A}{a}$ とおくと，(1.16) の自明でない有理数解，よって整数解が得られる．

逆に，自明でない解は (1.16) の有理数解 $(x, 1, z, t)$ を導く，すなわち，
$$\begin{aligned} x^2 + A &= z^2 \\ x^2 - A &= t^2 \end{aligned} \tag{1.17}$$
が成り立つ．(1.17) より $2A = z^2 - t^2$ あるいは
$$A = \frac{(z+t)(z-t)}{2}$$
と $2x^2 = z^2 + t^2$ であり，これは $(z+t, z-t, 2x)$ が面積 A の直角三角形の 3 辺を与えることを示している． ∎

【定理 1.36】(Leonard Pissano, 1220) 1 は合同数でない．

(証明) (Fermat) 次の連立方程式の自明でない整数解が存在しないことを示そう：
$$\begin{aligned} x^2 + y^2 &= z^2, \\ x^2 - y^2 &= t^2. \end{aligned} \tag{1.18}$$

いま，存在すると仮定する．x, y, z, t はどの 2 つも互いに素と仮定できる．$y \neq 0$ であるから，x, y, t のどれも零ではない．ゆえに，$x, y, z \geqq 1$ かつ $t \neq 0$ と仮定しても一般性は失われない．

そのような自明でない解 (x, y, z, t) の中で $y \geqq 1$ が最小のものを選ぶ．Fermat の降下法として知られている方法によって (x, y, z, t) を操作して，同様の解 (x_1, y_1, z_1, t_1) で $y > y_1 \geqq 1$ となるものを得ることにより矛盾を導こう．

まず，y は奇数ではあり得ない．そうでないと (1.18) の 2 つ目の方程式を 1 つ目から引いて，
$$2y^2 = z^2 - t^2 \equiv 0 \text{ または } \pm 1 \pmod{4}$$
を得るが，一方
$$2y^2 \equiv 2 \pmod{4}$$
であるので，これは不可能である．よって，y は偶数であるから，x, z, t はすべて奇数である．

方程式 (1.18) より

$$y^2 = (z+x)(z-x),$$
$$y^2 = (x+t)(x-t), \tag{1.19}$$
$$2y^2 = (z+t)(z-t) \tag{1.20}$$

を得る．また (1.18) の方程式を加え 2 倍することにより，

$$4y^2 = 2(z^2 + t^2)$$
$$= (z+t)^2 + (z-t)^2$$

を得る．これは

$$(z-t)^2 = (2x+z+t)(2x-z-t) \tag{1.21}$$

を与える．(1.19),(1.20),(1.21) の方程式の右辺の 2 つの因数は共通の奇素因数をもたない．そうでないとすると，もし，例えば $p|z+x$ かつ $p|z-x$ とすれば $p|z$ かつ $p|x$ となり，これは x と z が互いに素でなくなる．(1.21) を利用して，(1.20) においては $p|z+t$ であることより $p|y$ となることを使う．

もし正の整数 x_1, y_1, z_1, t_1 で

$$z - x = 2y_1^2,$$
$$x - t = 2x_1^2, \tag{1.22}$$
$$2x - z - t = 2z_1^2$$

と

$$z - t = 2z_1^2 \tag{1.23}$$

を満たすものがあることが示せれば，(1.22) の最初の 2 つの方程式を加えて，引いて，そして (1.23) と (1.22) の最後の方程式を用いることにより，(x_1, y_1, z_1, t_1) は (1.18) の解であることがわかる．さらに，$2y_1^2 = z - x | (z-x)(z+x) = y^2$ は $y > y_1 \geqq 1$ を示している．これは y の最小性に矛盾する．

(1.19) と (1.21) の右辺の各因数を割り切ってしまう 2 のベキ指数は 1 である．なぜならば，例えば，

$$z + x = 2^\alpha a, \quad z - x = 2^\beta b, \quad y = 2^\gamma c$$

で $\alpha, \beta, \gamma \geqq 1$, a, b, c は奇数, とすれば, (1.19) より $\alpha + \beta = 2\gamma$ である. $\alpha > 1$ ならば $\beta, \gamma > 1$ であり, これは 2 が z と x の共通因数であることになり矛盾を起こす. よって (1.19) と (1.21) は

$$\left(\frac{y}{2}\right)^2 = \left(\frac{z+x}{2}\right)\left(\frac{z-x}{2}\right),$$

$$\left(\frac{y}{2}\right)^2 = \left(\frac{x+t}{2}\right)\left(\frac{x-t}{2}\right),$$

$$\left(\frac{z-t}{2}\right)^2 = \left(\frac{2x+z+t}{2}\right)\left(\frac{2x-z-t}{2}\right)$$

と書き換えられる. ここで, これらの各方程式の右辺の 2 つの因数は互いに素である. したがってこれらの因数のそれぞれは平方であり, (1.22) を得る.

(1.20) で, 必要ならば t の符号を変えることにより, r, s を奇数として,

$$z + t = 4r,$$
$$z - t = 2s,$$

であることは容易にわかる. ゆえに, (1.20) は

$$\left(\frac{y}{2}\right)^2 = \left(\frac{z+t}{4}\right)\left(\frac{z-t}{2}\right)$$

と再びかかれ, 右辺は互いに素な因数である. これより (1.23) を得る. ∎

【系 1.37】 方程式

$$x^4 + y^4 = z^4 \tag{1.24}$$

は $xyz \neq 0$ である整数解をもたない.

(証明) もしそのような解が存在するとすれば, x, y, z のどの 2 つも互いに素であるような解 x, y, z を選んでよい. このときは y は偶数で, x, z は奇数である. (1.24) を

$$(z^2 + y^2)(z^2 - y^2) = x^4 \tag{1.25}$$

と書き換えれば，(1.25) の左辺は（奇数かつ）互いに素な正の整数の 2 つの積であるから，右辺よりそれらは平方数であることになる．ゆえに，定理 1.18 より方程式 (1.18) の自明でない解

$$z^2 + y^2 = u^2$$
$$z^2 - y^2 = v^2$$

を得る．これは矛盾である． ∎

注意 1.38 (1.16) の自明でない解の存在は A が合同数であることと同値であることを見てきた．本書の後の部分で，合同数についてもっと多くのことを述べるつもりである．より一般には，以下のような方程式について考察することができる:

$$x^2 + My^2 = z^2,$$
$$x^2 + Ny^2 = t^2,$$

ここで M と N は 0 でない平方因子をもたない整数である．そのような方程式は，Ono(小野) によって広く研究されてきた．詳しくは 文献 [2] を参照してほしい．

参考文献

[1] W. J. LeVeque, Topics in Number Theory, Vol.II, Addison Wesley, Reading, Massachusetts (1956).

[2] T. Ono(小野孝), オイラーの主題による変奏曲, 実教出版 (1980).

第2章

代数的方法

数論には，代数の言葉によって最もよく表現される概念がある．必要な範囲に限って，代数の議論をすることにしよう．

2.1 群

【定義 2.1】 群 (group) とは，空でない集合 G と **2 項演算** $*$ (G の元の順序付きの組 x, y に G の唯 1 つの元 $x * y$ を対応させる) の組で次の条件を満たすものである：

1. G の任意の元 x, y, z に対して $(x * y) * z = x * (y * z)$ が成り立つ，

2. **単位元** (identity) と呼ばれる G の元 e があって，これは任意の G の元 x に対して
$$e * x = x * e = x$$
を満たす，

3. 各 G の元 x に対し，G の元 y (x の **逆元** (inverse) と呼ばれ，x^{-1} とかく) が存在して，
$$x * y = y * x = e$$
が成り立つ．

さらに，G のすべての元 x, y に対して $x * y = y * x$ が成り立つとき，$(G, *)$ は **アーベル群** (abelian group) と呼ばれる．

注意 2.2

1. 単位元 e は一意的に定まる．

2. 各元は唯 1 つの逆元をもつ．

■ **例 2.3** ■

1. $G = \mathbb{Z}, \mathbb{Q}, \mathbb{R}$ または $\mathbb{C}$ とする．このとき $(G, +)$ はアーベル群である．

2. $A = \mathbb{Z}, \mathbb{Q}, \mathbb{R}$ または $\mathbb{C}$ として，$A[x]$ は係数が A にあるすべての多項式 $f(x)$ からなるものとする．このとき $(A[x], +)$ はアーベル群である．

3. $k = \mathbb{Q}, \mathbb{R}$ または $\mathbb{C}$ として，$k^\times = \{x \in k \mid x \neq 0\}$ とする．このとき $k^\times$ は乗法に関して群になる．

4. $A = \mathbb{Z}, \mathbb{Q}, \mathbb{R}$ または $\mathbb{C}$ とする．$M(n, A)$ を $n \times n$ 行列 $x = (x_{ij}), x_{ij} \in A$, の集合とすると，加法に関して群になる．$GL(n, A)$ で $M(n, A)$ において逆行列をもつ (逆行列の成分も A に含まれる) ものの集合を表す．これは A 上の $n \times n$ 行列の**一般線形群** (general liner group) と呼ばれる．このとき，$n \geqq 2$ に対し，$GL(n, A)$ は行列の乗法に関して非アーベル群である．とくに，

$$GL(n, \mathbb{Z}) = \{x \in M(n, \mathbb{Z}) \mid \det(x) = \pm 1\}$$

である．

演習 2.4 $d > 1$ を平方因子をもたない整数とする．G は方程式

$$x^2 - dy^2 = 1 \tag{2.1}$$

の解 (x, y) で $x, y \in \mathbb{Z}$ であるもののすべてからなるものとする．2 つの解 $(x_i, y_i), i = 1, 2$ が与えられたとき，

$$\begin{aligned}(X, Y) &= (x_1, y_1) * (x_2, y_2) \\ &= (x_1 x_2 + d y_1 y_2, x_1 y_2 + x_2 y_1)\end{aligned}$$

と定義する．次のことを示せ：

1. (X, Y) は (2.1) の解である；
2. $(G, *)$ はアーベル群で，$(1,0)$ を単位元，$(x, -y)$ を (x, y) の逆元としてもつ．

【定義 2.5】 群 $(G, *)$ は，G が有限個の元をもつか，そうでないかにしたがって**有限** (finite) または**無限** (infinite) と呼ばれる．$(G, *)$ が有限であれば，G の元の個数を**位数** (order) といい，$|G|$ または $ord(G)$ と表す．$|G|$ が有限またはそうでないとき，群 $(G, *)$ はそれぞれ**有限位数** (finite order) または**無限位数** (infinite order) といわれる．

今まで与えたすべての例は無限群である (演習 2.4 における群 G が無限群であるということは自明なことではない (cf. 第 4 章))．

m を任意の整数とし，
$$m\mathbb{Z} = \{mx \mid x \in \mathbb{Z}\},$$
すなわち $m\mathbb{Z}$ は m の倍数全体からなる，とする．このとき，$(m\mathbb{Z}, +)$ はもう 1 つの無限群である．さて，有限群の例をいくつか与えよう．

■ **例 2.6** ■ m を正の整数とし，
$$R_m = \{0, 1, \ldots, m-1\}$$
を整数を m で割ったときの余り r $(0 \leq r < m)$ の集合とする．(R_m はしばしば $\mathbb{Z}_m$ と表され，$m = p$ のときに混乱することがある．) R_m の元 r, s に対し，$r + s$ で，通常の和 $r + s$ を m で割ったときの余りをも表すことにする．このとき $(R_m, +)$ は位数 m の有限アーベル群である．単位元は 0 であり，$r \neq 0$ の逆元は $m - r$ である．(単位元は常にそれ自身が逆元である．)

■ **例 2.7** ■ 整数 $m \geqq 1$ に対し，
$$\zeta = \zeta_m \stackrel{\text{def}}{=} \exp\left(\frac{2\pi\sqrt{-1}}{m}\right) = \cos\frac{2\pi}{m} + \sqrt{-1}\sin\frac{2\pi}{m}$$
とする．**De Moivre の定理**，すなわち，任意の整数 n に対して
$$(\cos\theta + \sqrt{-1}\sin\theta)^n = \cos n\theta + \sqrt{-1}\sin n\theta$$

を用いて
$$\mu_m = \{\zeta^n \mid n \in \mathbb{Z}\}$$
が，複素数の乗法に関して，位数 m の有限群であることは容易にわかる．この群を 1 の m 乗根のなす群 (group of m-th roots of unity) と呼ぶ．μ_m は方程式
$$x^m = 1$$
のすべての根からなる．実際，$\mu_m = \{\zeta^n \mid n = 0, 1, \ldots, m-1\}$ である．

ここから先では，$(G, *)$ を G ，$x * y$ を xy とかくことにする．

【定義 2.8】
$$f : X \to Y$$
を写像とする．

1. $f(x_1) = f(x_2)$ ならば $x_1 = x_2$ のとき，f は **1 対 1** または**単射** (injection) という．

2. 各 $y \in Y$ に対して X の元 x が存在して $f(x) = y$ となるとき，f は**上へ**または**全射** (surjection) であるという．

3. f が単射かつ全射のとき**全単射** (bijection) という．

演習 2.9 次のような写像
$$f : X \to Y$$
の例を与えよ：

1. f は単射でも全射でもない；
2. f は単射であるが全射ではない；
3. f は全射であるが単射ではない；
4. f は単射かつ全射，すなわち全単射である．

【定理 2.10】 G を群，$x \in G$ とする．このとき写像
$$m_x : G \to G$$

を $m_x(y) = xy$ で定義すると，これは全単射である．とくに，G が有限のとき，m_x は G の元の置換を起こす．

(証明)　$m_x(y_1) = m_x(y_2)$ とすれば，$xy_1 = xy_2 \Rightarrow x^{-1}(xy_1) = x^{-1}(xy_2) \Rightarrow y_1 = y_2$. したがって m_x は単射である．$y \in G$ ならば，$m_x(x^{-1}y) = y$ である．よって m_x は全単射である．∎

2.2　部分群

【定義 2.11】　群 G の空でない部分集合 H は，H の任意の元 x, y に対して $x^{-1}y \in H$ が成り立つとき，G の**部分群** (subgroup) と呼ばれる．

■ 例 2.12 ■

1. $m\mathbb{Z}$ は $\mathbb{Z}$ の部分群である．

2. μ_m は $\mathbb{C}^\times$ の部分群である．

3. $SL(n, A) = \{x \in GL(n, A) \mid \det(x) = 1\}$ とおくと，$SL(n, A)$ は $GL(n, A)$ の部分群である．$SL(n, A)$ を A 上の $n \times n$ 行列の**特殊線形群** (special liner group) と呼ぶ．

注意 2.13　部分群 H は空でないから元 x を含み，$e = x^{-1}x$ より $e \in H$ である．

演習 2.14　H_1, H_2 を群 G の2つの部分群とする．次のことを示せ:
1. $H_1 \cap H_2$ は G の部分群である．
2. $H_1 \cup H_2$ は必ずしも G の部分群にはならない．
3. G がアーベル群で加法でかかれているとし，$n > 1$ を整数とする．このとき，$nG = \{nx \mid x \in G\}$ は G の部分群である．

【定理 2.15】(Lagrange)　H が有限群 G の部分群ならば $ord(H) \big| ord(G)$ が成り立つ．

(証明) いま
$$H = \{h_1, \ldots, h_r\}$$
とする．$H = G$ ならば示すべきことはない．そうでないとすると，G の元 g_1 で H に含まれないものが存在する．もし
$$g_1 H = \{g_1 h_j \mid j = 1, \ldots, r\}$$
ならば，$H \cap g_1 H = \emptyset$ である．なぜならば，そうでないとすると，$g_1 h_i = h_j$ がある i と j について成り立ち，これより
$$g_1 = h_j h_i^{-1} \in H$$
となるからである．さて，$G = H \cup g_1 H$ であるか，またはこの操作は互いに共通部分をもたない $H, g_1 H, \ldots, g_{s-1} H$ の和集合
$$G = H \cup g_1 H \cup \cdots \cup g_{s-1} H$$
を得るまで続く．[X が X_1, X_2 の共通部分をもたない和集合 (disjoint union) であるとは，(1) $X = X_1 \cup X_2$ かつ (2) $X_1 \cap X_2 = \emptyset$ のときをいう．] 各 $g_j H$ は r 個の元よりなるから，$ord(G) = rs$ となる． ∎

【系 2.16】 G が素数位数の群であるならば，これは唯2つの部分群 G と $\{e\}$ しかもたない．これらは G の**自明な部分群** (trivial subgroup) と呼ばれる．

2.3 剰余群

H を群 G の部分群とする．G の元 x に対して，集合
$$xH = \{xh \mid h \in H\}$$
を H の G における (左) **剰余類** (coset) といい，x を G における xH の**剰余代表元** (coset representative) という．明らかに $H = eH$ は剰余類である．次のことは (定理 2.15 の証明におけるように) 容易にわかる：

1. 任意の2つの剰余類は一致するか，共通部分をもたない；

2. $xH = yH$ となるのは $x^{-1}y \in H$ のとき，そのときに限る．

$$G/H = \{gH \mid g \in G\}$$

を H の G における剰余類の集合とする．

【定義 2.17】 G における H の剰余類の個数，すなわち G/H の濃度は，有限ならば，H の G における**指数** (index) と呼ばれ，$[G:H]$ と表す．

例えば，$[\mathbb{Z}:m\mathbb{Z}] = m$ であり，$[G:\{e\}] = ord(G)$ である．

演習 2.18 K を H の部分群，H を G の部分群とするとき，K は G の部分群であることを示せ．もし $[G:K]$ が有限ならば，$[G:K] = [G:H][H:K]$ であることを示せ．

【定理 2.19】 H をアーベル群 G の部分群とする．このとき，集合 G/H ($G \bmod H$ というように読む) は，2つの剰余類の積を次のように定義することにより群となり，G の H による**剰余群** (quotient group) といわれる：

$$(xH)(yH) = xyH.$$

(証明) 証明は演習問題として読者に残す． ∎

■ **例 2.20** ■

1. $\mathbb{Z}/m\mathbb{Z}$ は例 2.6 の R_m と "本質的に同じ" と考えられる (cf. 例 2.32)，

2. G を加法群とみた $\mathbb{C}$ とする．ω_1, ω_2 は2つの0でない複素数で $\omega_1/\omega_2 = \tau$ は実数でない，すなわち ω_1 と ω_2 は $\mathbb{C}$ における $\mathbb{R}$ 上のベクトルと見たとき1次独立である，とする．このとき，

$$L = \{m\omega_1 + n\omega_2 \mid m, n \in \mathbb{Z}\}$$

は G の部分群であって，**格子** (lattice) と呼ばれる (図 2.1 参照).

アーベル群 G (常に加法でかかれる) の部分群 H による剰余群は G の元の同値類のなす群である．G の2つの元 α, β はそれらが H の元の差だけ異なる，すなわち $\alpha - \beta \in H$ ならば，同一または同じ同値類に属すると考えられる．

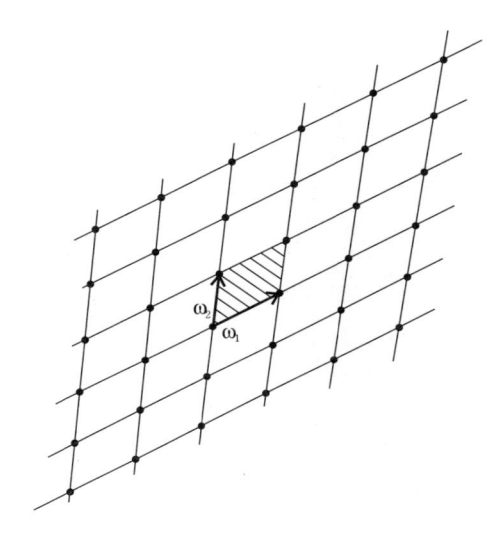

図 2.1　格子

$\mathbb{C}/L$ がどのようなものかを見るために，それぞれの複素数は 1 つのそれも唯一つの $z = x\omega_1 + y\omega_2$ $(x, y \in \mathbb{R}, 0 \leqq x, y < 1)$ の同値類に入ることに注意する．言い換えれば，$\mathbb{C}/L$ の各剰余類は，いわゆる**基本平行四辺形** (fundamental parallelogram)

$$T = \{z = x\omega_1 + y\omega_2 \mid x, y \in \mathbb{R},\ 0 \leqq x, y < 1\}$$

の中に一意的に剰余代表元をもつ．

よって $\mathbb{C}/L$ は T と同一視でき，それは

$$\{z = x\omega_1 + y\omega_2 \mid x, y \in \mathbb{R},\ 0 \leqq x, y \leqq 1\}$$

の反対側の端をはりあわせたものからなる．このようにして，図 2.2 にある**トーラス** (輪体，torus) を得る．

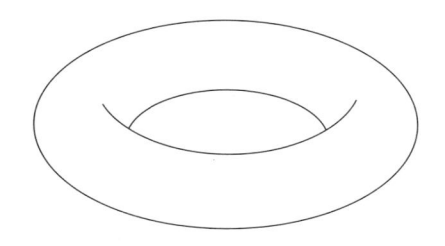

図 2.2 トーラス

2.4 元の位数

【定義 2.21】 x を群 G の元とする．正の整数 d が存在して

$$x^d = \underbrace{x \cdots x}_{d \text{ 個}} = e \tag{2.2}$$

となるとき x は**有限位数** (finite order) であるという．(2.2) を満たす最小の正の整数 $d = ord(x)$ は x の**位数** (order) と呼ばれる．そのような d が存在しないときは，x は**無限位数** (infinite order) といわれる．

次のことがらは明らかである：

1. m を正の整数で $x^m = e$ とすれば，$d|m$ である．なぜならば，そうでないとすると，$m = qd + r$ ($0 \leqq r < d$) とかいて，

$$x^r = (x^d)^q x^r = x^{qd+r} = x^m = e$$

となり，d の最小性に矛盾するからである．

2. G が位数 m の群ならば，任意の G の元 x に対して $ord(x)|ord(G)$ である．とくに，

$$x^{ord(G)} = e$$

が，任意の G の元 x について成り立つ．これは (定理 2.15 より) 次の 2 つのことがらによる：

(i) G は有限だから，x のベキの列
$$e = x^0, x = x^1, x^2, x^3, \ldots$$
はくり返されなければならない，すなわち（ある $i > j$ について）$x^i = x^j$ となり，これより $x^{i-j} = e$ となる．したがって G のすべての元は有限位数である．

(ii) 集合
$$H = \{e = x^0, x^1, x^2, \ldots, x^{d-1}\}$$
は G の部分群で位数 $d = ord(x)$ である．

演習 2.22

1. アーベル群 G が位数 m と n の元をもつとする．G は位数 $[m,n]$ の元をもつことを示せ．[ヒント: x が位数 m, y が位数 n をもつ元とする．次を示せ．(a) もし $(m,n) = 1$ ならば xy は位数 mn をもつ；(b) もし $m_0 | m$ ならば x^{m/m_0} は位数 m_0 をもつ；(c) $m_0 | m$, $n_0 | n$ で $(m_0, n_0) = 1$ かつ $m_0 n_0 = [m,n]$ のものが存在する．]

2. G の元 x は有限位数であるとき，**ねじれ元** (torsion element) といわれる．G をアーベル群とする．
$$G_{tor} = \{x \in G \mid \exists n \in \mathbb{N}, \ x^n = e\}$$
とおく．このとき，G_{tor} は G の部分群であることを示せ．これは G の**ねじれ部分群** (torsion subgroup) と呼ばれる．

3. G をアーベル群とするとき，G/G_{tor} はねじれのない群 (torsion-free group)，すなわち e 以外にねじれ元をもたないことを示せ．

4. G をアーベル群，$N > 0$ を整数とする．
$$G[N] = \{x \in G \mid ord(x) | N\}$$
とおくとき，$G[N]$ が G の部分群であることを示せ．

注意 2.23 $ord(G)$ が有限ならば，$G_{tor} = G$ である．しかし，$G_{tor} = G$ であったとしても G は必ずしも有限位数であるとは限らない．例えば，
$$\mathbb{Q}^{\times 2} = \{x^2 \mid x \in \mathbb{Q}^\times\}$$

は $\mathbb{Q}^\times$ の部分群である.

$$G = \mathbb{Q}^\times/\mathbb{Q}^{\times 2}$$

とおくと, G は無限群であるが, G の各元は位数 2 であって, $G_{tor} = G$ である.

2.5 群の直積

G_1, G_2 を群とする. 集合の**直積** (Cartesian product) $G_1 \times G_2 = \{(g_1, g_2) \mid g_j \in G_j, j = 1, 2\}$ に演算を

$$(g_1, g_2)(g_1', g_2') = (g_1 g_1', g_2 g_2')$$

と定義する. このとき $G_1 \times G_2$ は群になり, G_1 と G_2 の**直積** (direct product) と呼ぶ. e_j を G_j の単位元とすれば, (e_1, e_2) が $G_1 \times G_2$ の単位元であり, $(g_1, g_2)^{-1} = (g_1^{-1}, g_2^{-1})$ である. 明らかに,

1. G_1 と G_2 がアーベル群ならば $G_1 \times G_2$ もそうである. (これは通常 $G_1 \oplus G_2$ とかかれ, G_1 と G_2 **直和** (direct sum) と呼ばれる);

2. G_1 と G_2 が有限群ならば, $G_1 \times G_2$ もそうであり, $|G_1 \times G_2| = |G_1||G_2|$ が成り立つ.

演習 2.24

1. H_j は G_j の部分群とする $(j = 1, 2)$. このとき $H_1 \times H_2$ は $G_1 \times G_2$ の部分であることを示せ.

2. $G = \mathbb{Z}/p^n\mathbb{Z}$ ($n \geqq 1$ は整数, p は素数) とする. このとき,

$$[G : 2G] = \begin{cases} 1 & (p > 2) \\ 2 & (p = 2) \end{cases}$$

を示せ.

3. G_1, G_2 をアーベル群, $G = G_1 \times G_2$, 指数 $[G : 2G]$ は有限とする. このとき, $[G : 2G] = [G_1 : 2G_1][G_2 : 2G_2]$ を示せ.

注意 2.25 整数 $n > 2$ に対して, **直積** (direct product) $G_1 \times \cdots \times G_n$ と**直和** (direct sum) $G_1 \oplus \cdots \oplus G_n$ が同じように定義される.

2.6 群の生成元

アーベル群 G は，G に有限個の元 $g_1, \ldots, g_r$ があって，任意の G の元 g が

$$g = g_1^{m_1} \cdots g_r^{m_r} \quad (m_j \in \mathbb{Z}) \tag{2.3}$$

とかけるとき，**有限生成** (finitely generated) であるといわれる．群の演算が加法でかかれているときは，(2.3) は

$$g = m_1 g_1 + \cdots + m_r g_r \quad (m_j \in \mathbb{Z})$$

の形をとる．G は $g_1, \ldots, g_r$ で**生成されている** (generated) ともいう．G が 1 つの元で生成されているならば，G は**巡回** (cyclic) 群と呼ばれる．

■ 例 2.26 ■

1. $\mathbb{Z}$ は 1 で生成された無限巡回群である．

2. $\mathbb{Z}/m\mathbb{Z}$（あるいは，μ_m）は $1+m\mathbb{Z}$（あるいは，$\zeta = \cos\dfrac{2\pi}{m} + \sqrt{-1}\sin\dfrac{2\pi}{m}$）で生成された有限巡回群である．

3. $\mathbb{Z} \times \mathbb{Z} \times \mathbb{Z}$ は 3 つの元 $e_1 = (1,0,0)$, $e_2 = (0,1,0)$, $e_3 = (0,0,1)$ で生成される．

4. 任意の有限群は有限生成である．

5. G_1, G_2 が有限生成ならば，$G_1 \times G_2$ もそうである．

6. $(\mathbb{R}, +)$, $(\mathbb{Q}^\times, \cdot)$, $(\mathbb{Q}^\times/\mathbb{Q}^{\times 2}, \cdot)$ は有限生成ではない．

演習 2.27

1. G を有限生成アーベル群，H を G の部分群とする．このとき，次のことを示せ：

    i. G/H は有限生成である．

    ii. H は有限生成である．[これはまったく自明というわけではない．まず G が 1 つの生成元をもつ場合を試してみよ．そして，G の生成元の個数に関する帰納法を用いて一般の場合を扱ってみよ．]

iii. G_{tor} は有限である.

2. 有限アーベル群 G が元 x で $ord(x) = ord(G)$ となるものをもつならば, G は巡回群であることを示せ.

2.7 群準同型

【定義 2.28】 G_1, G_2 を群とする. 写像 $f : G_1 \to G_2$ は, 任意の $x, y \in G_1$ に対して $f(xy) = f(x)f(y)$ を満たすとき, (群) **準同型** (homomorphism) であると呼ばれる.

■ 例 2.29 ■

1. 行列式 $\det : GL(n, \mathbb{R}) \to \mathbb{R}^\times$ は乗法群に関する準同型である.

2. 指数関数 $e : (\mathbb{R}, +) \to (\mathbb{R}^\times, \cdot)$ は準同型である.

3. 正の実数の乗法群 $\mathbb{R}_+^\times$ から $(\mathbb{R}, +)$ への対数関数は準同型である.

4. H をアーベル群 G の部分群とするとき, G の元 x に G/H の剰余類 xH を対応させる写像 $\beta : G \to G/H$ は準同型で, **標準的準同型** (canonical homomorphism) といわれる.

5. $x \in \mathbb{Z}$ のとき, $m_x : \mathbb{Z} \to \mathbb{Z}$ を $m_x(y) = xy$ で与えると, これは加法群の準同型である.

次のことがらは定義からの明らかな結果である. $f : G_1 \to G_2$ を準同型とすれば,

1. $f(e_1) = e_2$ (e_j は G_j の単位元);

2. $f(x^{-1}) = f(x)^{-1}$;

3. $f(G_1) = \{f(x) \mid x \in G_1\}$ は G_2 の部分群であり, G_1 の **像** (image) といわれる;

4. $\mathrm{Ker}(f) = \{x \in G_1 \mid f(x) = e_2\}$ は G_1 の部分群であり，f の**核** (kernel) といわれる；

5. f が1対1(すなわち単射)であるのは $\mathrm{Ker}(f) = \{e_1\}$ のとき，そのときに限る．

【定義 2.30】 準同型 $f : G_1 \to G_2$ は1対1のとき**単射準同型** (monomorphism) と呼ばれる．2つの群 G_1 と G_2 は，G_1 から G_2 の上への単射準同型が存在するとき**同型** (isomorphism) と呼ばれ，$G_1 \cong G_2$ とかく．

演習 2.31　$G_1 \cong G_2$ は同値関係である．[ヒント．次を示せ: (1) f が全射ならば f^{-1} もそうである；(2) 準同型の合成は準同型である．]

■ 例 2.32 ■

1. $(\mathbb{R}_+^\times, \cdot) \cong (\mathbb{R}, +)$.

2. 位数 2 の群は $\mathbb{Z}/2\mathbb{Z}$ に同型である．

3. 位数 4 の群は $\mathbb{Z}/4\mathbb{Z}$ または $\mathbb{Z}/2\mathbb{Z} \times \mathbb{Z}/2\mathbb{Z}$ に同型である．

4. 位数が素数 p の群は $\mathbb{Z}/p\mathbb{Z}$ と同型，したがって，巡回群である．

5. 任意の有限巡回群は適当な $m \in \mathbb{Z}$ がとれて $\mathbb{Z}/m\mathbb{Z}$ に同型である；とくに $\mu_m \cong \mathbb{Z}/m\mathbb{Z} \cong R_m$ である．

6. 任意の無限巡回群は $\mathbb{Z}$ と同型である．

【定理 2.33】 任意の有限生成アーベル群 G は

$$\underbrace{\mathbb{Z} \times \cdots \times \mathbb{Z}}_{r \text{ 個}} \times \mathbb{Z}/p_1^{n_1}\mathbb{Z} \times \cdots \times \mathbb{Z}/p_k^{n_k}\mathbb{Z}$$

と同型である．ここで，p_i は素数で，必ずしも異なる必要はない．

上の非負整数 r は G の**階数** (rank) と呼ばれる．

(証明) 文献 [1] の 91 頁の定理 17，あるいは群論または抽象代数の書籍を参照のこと． ∎

【系 2.34】 G が有限アーベル群ならば,

$$G \cong \mathbb{Z}/p_1^{n_1}\mathbb{Z} \times \cdots \times \mathbb{Z}/p_k^{n_k}\mathbb{Z}$$

である.

【定理 2.35】(同型定理) $f: G \to G'$ をアーベル群の準同型とすれば,

$$G/\mathrm{Ker}(f) \cong f(G)$$

である.

(証明)(概略) $H = \mathrm{Ker}(f)$ とおき, xH に対して, $\overline{f}(xH) = f(x)$ とおく. このとき $\overline{f}(x_1H) = \overline{f}(x_2H) \Leftrightarrow x_1H = x_2H$ であること, すなわち $\overline{f}$ は xH の剰余代表元 x のとり方によらないことを示せ. したがって, $\overline{f}: G/H \to f(G)$ は写像である. $\overline{f}$ が全単射であることを示せ. ∎

【定理 2.36】 H をアーベル群 G の部分群, $f: G \to G'$ を群の準同型とする. このとき, 指数 $[G:H]$ が有限であれば, 指数 $[f(G):f(H)]$ と $[\mathrm{Ker}(f):\mathrm{Ker}(f)\cap H]$ はともに有限である. さらに,

$$[f(G):f(H)] = \frac{[G:H]}{[\mathrm{Ker}(f):\mathrm{Ker}(f)\cap H]}$$

が成り立つ.

(証明) もし $f_1: G_1 \to G_2$ が上への群準同型で, G_1 が有限であるならば, $G_1/\mathrm{Ker}(f_1) \cong G_2$ より,

$$|G_2| = \frac{|G_1|}{|\mathrm{Ker}(f_1)|} \tag{2.4}$$

が成り立つ.

$\hat{f}(xH) = f(x)f(H)$ で与えられた写像 $\hat{f}: G/H \to f(G)/f(H)$ は全射群準同型であり, (2.4) より

$$[f(G):f(H)] = \frac{[G:H]}{|\mathrm{Ker}(\hat{f})|} \tag{2.5}$$

が成り立つ.

$x \in \mathrm{Ker}(f)$ に対して，$\hat{f}(xH) = f(x)f(H) = f(H)$ となる．よって写像 $\bar{f} : \mathrm{Ker}(f) \to \mathrm{Ker}(\hat{f})$ が $\bar{f}(x) = xH$ で与えられる．明らかに，$\mathrm{Ker}(\hat{f}) = \mathrm{Ker}(f) \cap H$ である．$yH \in \mathrm{Ker}(\hat{f})$ ならば $f(y) = f(h)$ となる $h \in H$ がある．よって $x = yh^{-1} \in \mathrm{Ker}(f)$ かつ $\bar{f}(x) = yh^{-1}H = yH$ である．これは，$\bar{f}$ が上への写像であることを示している．ゆえに，$\mathrm{Ker}(f)/\mathrm{Ker}(f) \cap H \cong \mathrm{Ker}(\hat{f})$ と

$$|\mathrm{Ker}(\hat{f})| = [\mathrm{Ker}(f) : \mathrm{Ker}(f) \cap H] \tag{2.6}$$

を得る．(2.6) から (2.5) において $|\mathrm{Ker}(\hat{f})|$ を代入すればよい． ∎

2.8 環

【定義 2.37】 環 (ring) とは，空でない集合 A に 2 つの 2 項演算（これを加法と乗法で表す）を伴ったもので，次の条件を満たすものである：

1. $(A, +)$ はアーベル群である；

2. すべての $x, y, z \in A$ に対して，

    i. $x(yz) = (xy)z$

    ii. $x(y+z) = xy + xz$ かつ $(x+y)z = xz + yz$

【定義 2.38】 環 A は A のすべての元 x, y に対して $xy = yx$ が成り立つとき，**可換** (commutative) であるといわれる．

A の元 1_A または単に 1 が，任意の A の元 x に対して $x1 = 1x = x$ を満たすとき，A の**単位元** (identity) と呼び，A は単位元 1_A をもつ環であるという．

【定義 2.39】

1. $\mathbb{Z}$ は単位元をもつ可換環である．

2. $m\mathbb{Z}$ は，$m > 1$ ならば，単位元をもたない可換環である．

3. $M(n, \mathbb{Z})$ は，$n > 1$ ならば，単位元をもつ非可換な環である．

4. $\mathbb{Z}[x_1,\ldots,x_n]$ と $\mathbb{Q}[x_1,\ldots,x_n]$ は単位元をもつ可換環である．

5. m を正の整数とし，
$$R_m = \mathbb{Z}/m\mathbb{Z} = \{0,1,2,\ldots,m-1\}$$
とする．$(\mathbb{Z}/m\mathbb{Z},+)$ がアーベル群であることは知っている．2つの余り r, s の積を，通常の積 rs を m で割った余りと定義する．このとき，$\mathbb{Z}/m\mathbb{Z}$ は単位元 1 をもつ可換環になる．

演習 2.40 x と y を環 A の元とするとき，次を示せ：
1. $0x = 0$；
2. $(-x)y = -xy$；
3. $(-x)(-y) = xy$.

【定義 2.41】 環 A の空でない部分集合 B は，次の条件を満たすとき，A の**部分環** (subring) と呼ばれる：すべての B の元 x, y に対して

1. $x - y \in B$;
2. $xy \in B$.

■ 例 2.42 ■

1. $m\mathbb{Z}$ は $\mathbb{Z}$ の部分環である．
2. $\mathbb{Z}[x_1,\ldots,x_n]$ は $\mathbb{Q}[x_1,\ldots,x_n]$ の部分環である．

2.9 環準同型

【定義 2.43】 A, B を環とする．写像 $f : A \to B$ は次の条件を満たすとき，**(環) 準同型** (ring homomorphism) と呼ばれる：任意の A の元 x, y に対して，

1. $f(x+y) = f(x) + f(y)$；
2. $f(xy) = f(x)f(y)$.

もし $A = B$ ならば，f は A の**自己準同型** (endomorphism) と呼ばれる．全単射環準同型 $f : A \to B$ が存在するとき，環 A と B は**同型** (isomorphism) であるといい，$A \cong B$ とかく．

■**例 2.44**■　$A = \mathbb{Z}$, $B = \mathbb{Z}/m\mathbb{Z}$ とする．$\bar{x}$ あるいは $r_m(x)$ で，x を m で割った余りを表すことにする．このとき，$r_m : \mathbb{Z} \to \mathbb{Z}/m\mathbb{Z}$ は環準同型となり，法 m での**節減** (reduction modulo m) と呼ばれる．証明は定理 1.28 より直ちに得られる．

2.10　体

【定義 2.45】　単位元 $1 \neq 0$ をもつ可換環 K は，K の 0 でない任意の元 x が乗法に関する逆元 x^{-1} をもつとき，**体** (field) といわれる．

x^{-1} が一意的であることは確認できる．

■**例 2.46**■

1. $K = \mathbb{Q}, \mathbb{R}, \mathbb{C}$ はすべて体である．

2. $\mathbb{Z}$ は体ではない．というのは，0 でない元 x $(x \neq \pm 1)$ は乗法的逆元をもたないからである．

3.
$$K = \left\{ \frac{f(\boldsymbol{x})}{g(\boldsymbol{x})} \ \middle|\ f(\boldsymbol{x}), g(\boldsymbol{x}) \in \mathbb{Q}[x_1, \ldots, x_n],\ g(\boldsymbol{x}) \neq 0 \right\}$$
とする．このとき K は通常の加法・乗法で，体になっている．K の元は**有理関数** (rational function) と呼ばれる．
$$K = \left\{ \frac{f(\boldsymbol{x})}{g(\boldsymbol{x})} \ \middle|\ f(\boldsymbol{x}), g(\boldsymbol{x}) \in \mathbb{Z}[x_1, \ldots, x_n],\ g(\boldsymbol{x}) \neq 0 \right\}$$
であることに注意しよう．

2.11 有限体

$p \geqq 2$ を素数とし，$\mathbb{F}_p$ は環 $\mathbb{Z}/p\mathbb{Z}$ を表す．$\mathbb{F}_p$ が体であることを示すのに，任意の $x \neq 0$ に対して x^{-1} が存在することを示さなければならない．これは定理 1.31 より直ちに得られる．これについてのもう1つの証明をここで与えておこう．

$0 < x < p$ なる x に対し，$0, x, 2x, \ldots, (p-1)x$ は p で割った余りをそのまま保存している．というのは，そうでないとすると，$ix \equiv jx \pmod{p}$ となる $0 \leq j < i < p$ があることになるが，これは $p | (i-j)x$ を示す．ところが，$(p, x) = 1$ である．よって $p | i - j$ となり，これは不可能である．したがって，$xy \equiv 1 \pmod{p}$ がある y $(1 < y < p)$ に対して成り立ち，$y = x^{-1}$ となる．

$\mathbb{F}_p$ は p 個の元からなる有限体 (finite field) であることに注意する．とくに，任意の体 K に対して，0 でない元の集合 $K^\times$ は乗法の群である．とくに，$\mathbb{F}_p^\times$ は $p-1$ 個の元からなる群である．この群 $\mathbb{F}_p^\times$ は重要な部分群，

$$\mathbb{F}_p^{\times 2} = \{x^2 \mid x \in \mathbb{F}_p^\times\}$$

をもつ．もし $p > 2$ ならば，指数 $[\mathbb{F}_p^\times : \mathbb{F}_p^{\times 2}]$ は常に 2 であることを示す．

2.12 環上の多項式

A を単位元 1 をもつ可換環とする．A 上の多項式

$$f(x) = a_0 + a_1 x + \cdots + a_n x^n \qquad (a_j \in A)$$

からなる集合 $A[x]$ は通常の多項式の加法と乗法の下で環になる．$a_n \neq 0$ ならば，$f(x)$ の**次数** (degree) $\deg f(x)$ は n であると定義される．さらに，A が体で $d(x) \neq 0$ がもう1つの A 上の多項式であるとき，"統合的 (synthetic) 除法" または**整除** (division) アルゴリズムを用いて

$$f(x) = q(x) d(x) + r(x), \quad \deg r(x) < \deg d(x)$$

とかくことができる．これは A 上の多項式として一意的で，$q(x)$ を**商** (quotient)，$r(x)$ を**余り** (remainder) という．（$\deg(0) = -\infty$ という慣例に従う．）

演習 2.47 $\mathbb{F}_5$ 上の多項式

$$f(x) = 3x^5 + 4x^4 + x^3 + 3x + 1$$

と

$$d(x) = 2x + 3$$

に対して，整除アルゴリズムを用いて $\mathbb{F}_5[x]$ における商 $q(x)$，余り $r(x)$ を求めよ．

【定義 2.48】 K を体とし，$f(x) \in K[x]$，$\alpha \in K$ とする．このとき $f(\alpha) = 0$ ならば，α は $f(x)$ の**根** (root) であるという．

α が $f(x)$ の根ならば，$d(x) = x - \alpha$ とおいて，整除アルゴリズムにより明らかに

$$f(x) = (x - \alpha)q(x)$$

すなわち $x - \alpha$ は $f(x)$ を割り切ることがわかる．また $\deg q(x) = \deg f(x) - 1$ である．$q(x)$ に同じ議論を適用することにより，次の定理を得る．

【定理 2.49】 体 K 上の次数 n の多項式は K において n 個より多くの根をもたない．

【系 2.50】 $\mathbb{F}_p^\times$ は位数 $p-1$ の巡回群である．

(証明) $\mathbb{F}_p^\times$ が巡回群でないとすれば，$ord(x) < p-1$ が任意の $\mathbb{F}_p^\times$ の元 x について成り立つ (cf. 演習 2.27(2))．

$$r = \max_{x \in \mathbb{F}_p^\times}\{ord(x)\} < p - 1$$

とおく．まず，任意の $x \in \mathbb{F}_p^\times$ に対して，$ord(x)|r$ であることを示そう．そうでないとすると，$\mathbb{F}_p^\times$ は位数 s ($1 < s < r$) で s が r を割り切らない元を含む．演習 2.22(1) より，$\mathbb{F}_p^\times$ は位数 $[r, s]$（これは明らかに r より大である）の元をもつ．これは r の最大性に矛盾する．

さて，$\mathbb{F}_p^\times$ の各元は多項式

$$f(x) = x^r - 1$$

の根であることは明らかであるから，$f(x)$ が $\mathbb{F}_p^\times$ においてその次数以上の根をもつことを示している．これは矛盾であるから証明は終わる． ∎

【定理 2.51】 $\mathbb{F}_p^{\times 2}$ は $\mathbb{F}_p^\times$ 部分群で指数

$$[\mathbb{F}_p^\times : \mathbb{F}_p^{\times 2}] = \begin{cases} 1 & (p=2) \\ 2 & (p>2) \end{cases}$$

である．

(証明) $r=2$ の場合は何も示すべきことはない．よって $p>2$ とする．まず，$\mathbb{F}_p^\times$ においては 1 と -1 が x^2-1 の唯 2 つの根であり，位数 2 の部分群をなすことに注意する．

写像 $\psi: \mathbb{F}_p^\times \to \mathbb{F}_p^{\times 2}$ を $\psi(x) = x^2$ で与えると，これは上への群準同型で $\mathrm{Ker}(\psi) = \{\pm 1\}$ である．したがって，定理 2.35 より $\mathbb{F}_p^{\times 2} \cong \mathbb{F}_p^\times / \{\pm 1\}$ である．これより定理を得る． ∎

■ 例 2.52 ■

1. $\mathbb{F}_5^{\times 2} = \{1, 4\}$
2. $\mathbb{F}_{11}^{\times 2} = \{1, 3, 4, 5, 9\}$

注意 2.53 p を素数，$(\alpha_1, \ldots, \alpha_n)$ を

$$f(x_1, \ldots, x_n) = 0 \tag{2.7}$$

の整数解とする．ここで $f(x_1, \ldots, x_n) \in \mathbb{Z}[x_1, \ldots, x_n]$ である．$\bar{f}(x_1, \ldots, x_n) \in \mathbb{F}_p[x_1, \ldots, x_n]$ は $f(x_1, \ldots, x_n)$ の係数を p で割った余りで置き換えて得られるものとする．このとき，系 1.29 より $(\bar{\alpha}_1, \ldots, \bar{\alpha}_n)$ は $\mathbb{F}_p$ における方程式

$$\bar{f}(x_1, \ldots, x_n) = 0$$

(これは法，p での (2.7) の**節減** (reduction of (2.7) mod p) と呼ばれる) の解である．

この方法で，例えば方程式

$$11x^2 - 10y^2 = 12$$

は整数の解をもたないことを示すことができる．なぜならば，もし解をもつとすれば，法 $p = 5$ での節減，すなわち

$$x^2 = 2$$

は $\mathbb{F}_5$ においても解をもたなければならない，つまり 2 は $\mathbb{F}_5^\times$ において平方でなければならないが，これは起こり得ない (例 2.52)．

参考文献

[1]　H.Zassebhaus, The Theory of Groups, Chelsea, New York (1949).

第3章
形式による整数の表現

3.1 はじめに

（整数の）平方，すなわち，

$$0,\ 1,\ 4,\ 9,\ 16,\ 25,\ldots$$

は非常にまばらにしか存在しない．しかし，2つの平方の和の形で表される整数はより頻繁に現れる：

$$1 = 1^2 + 0^2$$
$$2 = 1^2 + 1^2$$
$$4 = 2^2 + 0^2$$
$$5 = 2^2 + 1^2$$
$$8 = 2^2 + 2^2$$
$$9 = 3^2 + 0^2$$
$$10 = 3^2 + 1^2$$
$$\vdots$$

しかしそれでも $3, 6, 7, \ldots$ といった整数は，2つの平方の和ではかけない．したがってさらに次のように問うてみよう：

正の整数 n が 2 つの平方の和でかけるかどうか，すなわち，方程式

$$n = x_1^2 + x_2^2$$

は整数において解をもつか,をどうやって判断できるだろう?

3つの平方数の和はいくらかの間隙をさらに埋めるが,それでもなおすべての正の整数を得ることはできない.さらに問えば:

ある正の整数 g が存在して,g 個の平方数の和がすべての正の整数を表すことができるだろうか? さらに,もしそのような g が存在したとしたら,最小の g は何であろうか?

これは Waring の問題の特殊な場合である:

【Waring の問題】(1970) $k > 1$ を整数とする.このとき正の整数 g が存在して,すべての正の整数 n が g 個の整数の k 乗の和で表される,すなわち,方程式

$$n = x_1^k + \cdots + x_g^k \tag{3.1}$$

は任意の $n > 0$ に対して整数解をもつか?

この問いは Hilbert によって肯定的に答えられた (文献 [3]).より簡単な証明は文献 [1] を参照のこと.次に当然考えられる問いは,$k > 1$ が与えられたとき (3.1) がすべての $n > 0$ に対して解をもつのに十分な g の最小値 $g(k)$ は何であろうかということである.7 は3つの平方数の和でかけないから $g(2) > 3$ である.$g(2) = 4$,すなわち,すべての正の整数は4つの平方数の和でかけることを示したのは Lagrange であった.

Waring の問題は,数を形式の形に表現することを研究するという,より一般的な問題の特殊なケースである.

【定義 3.1】 d を正の整数とする.環 A 上の**次数 d の形式** (form of degree d) とは,斉次多項式

$$f(\boldsymbol{x}) = f(x_1, \ldots, x_n)$$

で,すべての係数が A に属する次数 d のものをいう.

これは媒介変数 t に対して

$$\begin{aligned} f(t\boldsymbol{x}) &= f(tx_1, \ldots, tx_n) \\ &= t^d f(\boldsymbol{x}) \end{aligned} \tag{3.2}$$

が成り立つことを意味する．非負整数 $\alpha_1, \ldots, \alpha_n$ に対して，**単項式** (monomial) $x_1^{\alpha_1} \cdots x_n^{\alpha_n}$ の次数を

$$\deg(x_1^{\alpha_1} \cdots x_n^{\alpha_n}) = \alpha_1 + \cdots + \alpha_n$$

と定めると，(3.2) は $f(\boldsymbol{x})$ の各項が次数 d であることと同値である．

整数成分 $\alpha_j \geqq 0$, $j = 1, \ldots, n$ のベクトル

$$\boldsymbol{\alpha} = (\alpha_1, \ldots, \alpha_n)$$

に対して，

$$|\boldsymbol{\alpha}| = \alpha_1 + \cdots + \alpha_n,$$

$$\boldsymbol{x}^{\boldsymbol{\alpha}} = x_1^{\alpha_1} \cdots x_n^{\alpha_n}$$

とおく．A 上の次数 d の形式は便宜的に

$$f(\boldsymbol{x}) = \sum_{|\boldsymbol{\alpha}|=d} c_{\boldsymbol{\alpha}} \boldsymbol{x}^{\boldsymbol{\alpha}} \tag{3.3}$$

とかける．ここで係数 $c_{\boldsymbol{\alpha}}$ は A に属する．

【定義 3.2】 次数 d の形式 $f(\boldsymbol{x})$ は，$d = 1, 2$ のときそれぞれ **1 次**，**2 次形式**と呼ばれる．$d > 2$ のときは**高次形式**または**高次の形式**と呼ばれる．

【定義 3.3】 $f(\boldsymbol{x})$ を $\mathbb{Z}$ に係数をもつ d 次の形式とする．n を整数とするとき，整数を成分とするベクトル

$$\boldsymbol{a} = (a_1, \ldots, a_n)$$

があって $n = f(\boldsymbol{a})$ となるとき，$f(\boldsymbol{x})$ は n を**表現する** (represent) という．もし $n = 0$ ならば $\boldsymbol{a}$ は $f(\boldsymbol{x})$ の**零点** (zero) と呼ばれる．

すでに述べてきたように，またこの章で証明されるが，すべての整数 $n \geqq 0$ は 2 次形式

$$f(\boldsymbol{x}) = x_1^2 + x_2^2 + x_3^2 + x_4^2$$

で表現される．一方，3 変数の形式

$$h(\boldsymbol{x}) = x_1^2 + x_2^2 + x_3^2$$

は 7 を表現しない．

我々は 2 次形式のみを扱うことにしょう．高次形式の理論はまだ発展途上である（文献 [4],[5]）．まず最初に，いわゆる**平方剰余の相互法則** (quadratic reciprocity) である．これは Euler が 1783 年に初めて予想したのであるが，ここでは 1785 年の Legendre による形で表すことにする．Gauss が 18 歳のときにこれを再発見し，1796 年に最初の証明を与えたのである．後になって，彼は 6 つのまったく異なる証明を与えた．今では 50 をはるかに越える平方剰余の相互法則の証明が存在する．しかし，それらのほとんどは多かれ少なかれ Gauss によって与えられた 7 つの証明を元にしたものである．

3.2 平方剰余の相互法則

【定義 3.4】 整数 $m > 1$ を固定しておく．整数 a で $(a, m) = 1$ となるものは，合同式

$$x^2 \equiv a \pmod{m} \tag{3.4}$$

が解をもつとき，**法 m で平方剰余** (quadratic residue modulo m) と呼ばれる．もし (3.4) が解をもたないときは，**法 m で平方非剰余** (quadratic nonresidue module m) と呼ばれる．

「非平方剰余」というほうが正しいように見えるのだが，「平方非剰余」という言葉が慣例的である．もし $a \equiv b \pmod{m}$ ならば，a が法 m で平方剰余であるのは，b が法 m で平方剰余であるとき，そのときに限ることに注意する．$m = p$ が奇素数であるときは，a が法 p で平方剰余であるのは p で割った余り r $(0 < r < p)$ が $\mathbb{F}_p^{\times 2}$ に属するとき，そのときのみである．

この節の以下の部分では，奇素数 p を固定する．このとき $(p-1)/2$ は整数である．写像

$$\sigma : \mathbb{F}_p^{\times} \longrightarrow \mathbb{F}_p^{\times}$$

が

$$y = \sigma(x) = x^{(p-1)/2}$$

で与えられると，これは群準同型になる．$\mathbb{F}_p$ の各元 x に対して，$\sigma(x) = \pm 1$ である．というのは，これは多項式 $y^2 = 1$ の根だからである．さらに，

(1) ある $x \in \mathbb{F}_p^\times$ に対して $\sigma(x) = -1$ となる．なぜならば，そうでないとすると $x^{(p-1)/2} - 1$ がその次数より多くの根をもってしまうからである；

(2) $x = t^2 \in \mathbb{F}_p^{\times 2}$ ならば

$$\sigma(x) = x^{(p-1)/2} = (t^2)^{(p-1)/2}$$
$$= t^{p-1} = 1.$$

(1) と (2) より，

$$\mathbb{F}_p^{\times 2} \subseteq \mathrm{Ker}(\sigma) \subsetneq \mathbb{F}_p^\times$$

であることがわかる．指数

$$[\mathbb{F}_p^\times : \mathrm{Ker}(\sigma)] \geqq 2 \tag{3.5}$$

である．ここで，

$$2 = [\mathbb{F}_p^\times : \mathbb{F}_p^{\times 2}] = [\mathbb{F}_p^\times : \mathrm{Ker}(\sigma)][\mathrm{Ker}(\sigma) : \mathbb{F}_p^{\times 2}]$$

であるから，(3.5) の等式が成り立たなければならない．そして

$$[\mathrm{Ker}(\sigma) : \mathbb{F}_p^{\times 2}] = 1$$

でなければならない．ゆえに

$$\mathrm{Ker}(\sigma) = \mathbb{F}_p^{\times 2}$$

である．

【定義 3.5】 **Legendre の記号** (Legendre symbol) とは，乗法群の群準同型

$$\left(\frac{-}{p}\right) = \sigma : \mathbb{F}_p^\times \longrightarrow \{\pm 1\}$$

のことをいう．

これは，$a \in \mathbb{F}_p^\times$ ならば

$$\left(\frac{a}{p}\right) \stackrel{\text{def}}{=} \sigma(a) = a^{(p-1)/2}$$
$$= \begin{cases} 1 & (a \text{ は法 } p \text{ で平方剰余}) \\ -1 & (\text{その他}) \end{cases}$$

を意味する．Legendre の記号はまた，p と互いに素な整数の集合上で σ と法 p での節減の合成，すなわち，a を p で割った余りに σ を作用させることとして，定義することもできる．

とくに，
$$\left(\frac{-1}{p}\right) = (-1)^{(p-1)/2} \tag{3.6}$$

である．σ を群準同型と見ることにより，
$$\left(\frac{ab}{p}\right) = \left(\frac{a}{p}\right)\left(\frac{b}{p}\right) \tag{3.7}$$

を得る．

今まで奇素数 p を固定してきた．さて $q \ne p$ をもう1つの奇素数とする．このとき，q（より詳しくは法 p でのそれの節減）は $\mathbb{F}_p^\times$ に属する．同様にして，$p \in \mathbb{F}_q^\times$ である．q が $\mathbb{F}_p^\times$ で平方であることは p が $\mathbb{F}_q^\times$ で平方であることとどのように関係するのであろうか？ 答えは平方剰余の相互法則 (cf. 定理 3.10) である．7つの Gauss の証明の中で，3番目と5番目が最も初等的で単純である，どちらも Gauss の補題に基づいている．3番目の証明を与えることにする．多くの証明については文献 [8] を参照されたい．

【定理 3.6】(Gauss の補題)　$\mathbb{F}_p^\times = X \cup Y$ と2つの共通部分をもたない集合の和で表す：
$$\begin{aligned} X &= \{1, 2, \ldots, (p-1)/2\} \\ Y &= \{(p+1)/2, \ldots, p-1\}. \end{aligned}$$

$a \in \mathbb{F}_p^\times$ に対し，$aX = \{ax \mid x \in X\}$ とかき，g は $aX \cap Y$ の元の個数を表すものとする．このとき，
$$\left(\frac{a}{p}\right) = (-1)^g \tag{3.8}$$

が成り立つ．

(証明) まず，写像
$$m_a : \mathbb{F}_p^\times \longrightarrow \mathbb{F}_p^\times$$
を $m_a(x) = ax$ で定義すると，これは $\mathbb{F}_p^\times$ の元の置換であることに注意する (定理 2.10)．よって，
$$aX \cap X = \{x_1, \ldots, x_k\}$$
$$aX \cap Y = \{y_1, \ldots, y_g\}$$
ならば
$$g + k = (p-1)/2 \tag{3.9}$$
である．もし
$$Z = \{x_1, \ldots, x_k, p - y_1, \ldots, p - y_g\}$$
ならば $Z \subset X$ である．さらに，$x_1, \ldots, x_k, p - y_1, \ldots, p - y_g$ は $\mathbb{F}_p$ のすべての異なる元である．これを示すためにやるべきことは，$x_i \neq p - y_j$ がすべての i, j について成り立つことを見ればよい．そうでない，すなわち，$x_i = p - y_j$ がある i, j について成り立つと仮定する．p が $\mathbb{F}_p$ においては 0 である (そして，$\mathbb{F}_p$ における演算をする) ことに注意して，$x_i + y_j = 0$ であることを得る．しかし，$x_i = ar$, $y = as$ と，ある r, s ($1 \leqq r, s \leqq (p-1)/2$) でかける．したがって $a(r+s) = 0$. $a \neq 0$ であるから，$r + s = 0$, すなわち $p | r + s$ でなければならない．これは $2 \leqq r + s \leqq p - 1$ であるから不可能である．このことと (3.9) から 2 つの集合 X と Z が等しく，したがって ($\mathbb{F}_p$ において)
$$\begin{aligned}
1 \cdot 2 \cdots \frac{p-1}{2} &= x_1 \cdots x_k (p - y_1) \cdots (p - y_g) \\
&= (-1)^g x_1 \cdots x_k y_1 \cdots y_g \\
&= (-1)^g a \cdot 2a \cdot 3a \cdots \frac{p-1}{2} a \\
&= (-1)^g a^{(p-1)/2} \cdot 1 \cdot 2 \cdot 3 \cdots \frac{p-1}{2}.
\end{aligned}$$

これより
$$(-1)^g a^{(p-1)/2} = 1$$

ないしは
$$(-1)^g = a^{(p-1)/2} = \left(\frac{a}{p}\right)$$
を得る. ∎

記号 3.7 実数 α に対して, α を越えない最大の整数を $[\alpha]$ とかく. 例えば, $[13/3] = 4$, $[-4/3] = -2$.

【系 3.8】 奇素数 p に対して,
$$\left(\frac{2}{p}\right) = (-1)^{(p^2-1)/8}$$
が成り立つ.

(証明) まず $(p^2-1)/8$ が整数であることに注意する. 実際これは, $p \equiv 1, 7 \pmod 8$ または $p \equiv 3, 5 \pmod 8$ にしたがってそれぞれ偶数, 奇数である. これを見るために,
$$p = 8m + r \quad (r = 1, 3, 5, 7) \tag{3.10}$$
とかく. このとき,
$$\begin{aligned}\frac{p^2-1}{8} &= \frac{(8m+r)^2 - 1}{8} \\ &= 2n + \frac{r^2-1}{8}\end{aligned}$$
と, ある n に対して成り立ち, 明らかにこれは, $r = 1, 7$ については偶数, $r = 3, 5$ に対しては奇数である.

$1 \leqq x \leqq (p-1)/2$ に対して $2x$ は $p-1$ を越えない. したがって定理 3.6 における g は $2x$ $(1 \leqq x \leqq (p-1)/2)$ の個数であって, それらは $(p-1)/2$ を越える, すなわち, $x, 1 \leqq x \leqq (p-1)/2$, で $x > (p-1)/4$ であるものの個数である. ゆえに,
$$g = \frac{p-1}{2} - \left[\frac{p-1}{4}\right]$$
である. (3.10) を用いると, これは
$$g = 4m + \frac{r-1}{2} - \left[2m + \frac{r-1}{4}\right]$$

$$= 4m + \frac{r-1}{2} - 2m - \left[\frac{r-1}{4}\right]$$
$$= 2m + \frac{r-1}{2} - \left[\frac{r-1}{4}\right]$$

を与え，$r = 1, 7$ のとき偶数，$r = 3, 5$ のとき奇数である．したがって g と $(p^2 - 1)/8$ は同じ偶奇性をもち，

$$\left(\frac{2}{p}\right) = (-1)^g = (-1)^{(p^2-1)/8}$$

が成り立つ． ∎

平方剰余の相互法則の証明のために，次の組合せ論的な結果を必要とする．

【補題 3.9】 p と q を異なる奇素数とするとき

$$\sum_{j=1}^{(p-1)/2} \left[\frac{jq}{p}\right] + \sum_{j=1}^{(q-1)/2} \left[\frac{jp}{q}\right] = \frac{p-1}{2} \cdot \frac{q-1}{2}$$

が成り立つ．

(証明) 次のようにおく：

$$s(p, q) = \sum_{j=1}^{(p-1)/2} \left[\frac{jq}{p}\right].$$

このとき

$$s(p, q) + s(q, p) = \frac{(p-1)(q-1)}{4} \tag{3.11}$$

を示せばよい．各 $j = 1, 2, \ldots, (p-1)/2$ に対して $[jq/p]$ が開区間

$$(0, jq/p) = \{x \in \mathbb{R} \mid 0 < x < jq/p\}$$

の中の整数の個数であることは容易にわかる．したがって，各 j に対して，$[jq/p]$ は直線 $x = j$ 上にあって，直線

$$y = \frac{q}{p}x \tag{3.12}$$

より下にあって，直線 $y = 0$ より上にある格子点（すなわち，成分が整数の点）の個数である．$0 < x \leqq (p-1)/2$ である (3.12) の格子点は存在しないことに注意する．したがって $j = 1, 2, \ldots, (p-1)/2$ についての $[jq/p]$ の和である $s(p, q)$ は，長方形 $OACB$ の内部（すなわち，内側で辺上にはない）で直線 (3.12) より下方にある格子点の個数である（図 3.1 参照）．

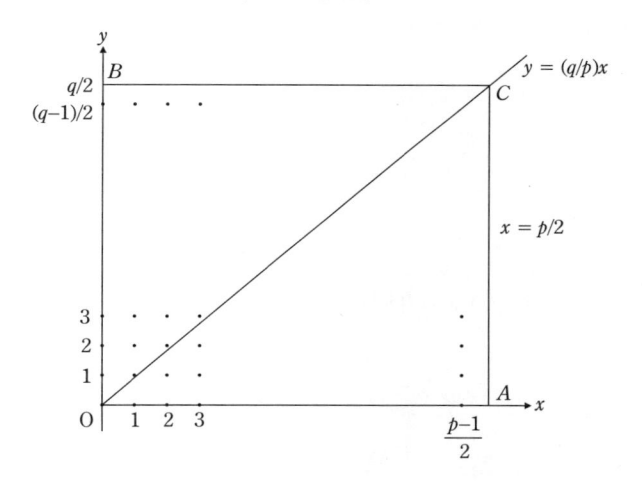

図 3.1

同様に $s(q, p)$ は長方形 $OACB$ の内部で (3.12) の上方にある格子点の個数である．したがって $s(p, q) + s(q, p)$ は長方形 $OACB$ の内部にある格子点の全個数である．これは明らかに

$$\frac{p-1}{2} \cdot \frac{q-1}{2}$$

である． ∎

【定理 3.10】（平方剰余の相互法則） p と q を異なる奇素数とする．このとき，

$$\left(\frac{p}{q}\right)\left(\frac{q}{p}\right) = (-1)^{\frac{p-1}{2} \cdot \frac{q-1}{2}}$$

が成り立つ．

(証明) 記号は定理 3.6 の証明と同じとするが,ただし x_i, y_j は整数 ($\mathbb{F}_p$ の元でない) とする.

$$\alpha = \sum_{j=1}^{k} x_j, \quad \beta = \sum_{j=1}^{g} y_j$$

とおく.公式

$$1 + 2 + \cdots + N = \frac{N(N+1)}{2}$$

を用いると,

$$\sum_{x \in X} x = 1 + 2 + \cdots + \frac{p-1}{2}$$
$$= \frac{p^2 - 1}{8}$$

を得る.そして定理 3.6 の証明と同様にして,$a = q$ を考えて,

$$\sum_{z \in Z} z = \sum_{j=1}^{k} x_j + \sum_{j=1}^{g} (p - y_j)$$
$$= \alpha - \beta + pg.$$

しかし $Z = X$.よって

$$\frac{p^2 - 1}{8} = \alpha - \beta + pg \tag{3.13}$$

となる.

さて,$j = 1, \ldots, (p-1)/2$ に対して,t_j は jq を p で割った余りを表すことにする.明らかに商は $[jq/p]$ であり,

$$jq = [jq/p]p + t_j \tag{3.14}$$

である.(3.14) で $j = 1, \ldots, (p-1)/2$ と動かしたときの和をとると,

$$\frac{q(p^2-1)}{8} = ps(p,q) + \sum_{j=1}^{(p-1)/2} t_j$$
$$= ps(p,q) + \sum_{j=1}^{k} x_j + \sum_{j=1}^{g} y_j$$

すなわち
$$\frac{q(p^2-1)}{8} = ps(p,q) + \alpha + \beta$$
を得る．上の等式において，(3.13) から α を代入して
$$\frac{(q-1)(p^2-1)}{8} = p(s(p,q) - g) + 2\beta \tag{3.15}$$
を得る．p, q は奇素数で $(p^2-1)/8$ は整数であるから，(3.15) より容易に
$$s(p,q) - g \equiv 0 \pmod{2}$$
がわかる．したがって
$$\left(\frac{q}{p}\right) = (-1)^g = (-1)^{s(p,q)} \tag{3.16}$$
である．p と q の役割を入れ換えると，
$$\left(\frac{p}{q}\right) = (-1)^{s(q,p)} \tag{3.17}$$
である．(3.16) と (3.17) を掛けて，補題 3.9 を用いることにより，
$$\left(\frac{p}{q}\right)\left(\frac{q}{p}\right) = (-1)^{s(p,q)+s(q,p)}$$
$$= (-1)^{\frac{p-1}{2}\cdot\frac{q-1}{2}}$$
を得る． ∎

■ **例 3.11** ■ $p = 1009$ とする．45 が $\mathbb{F}_p^\times$ で平方であるかないかを決定するために，$45 = 3^2 \cdot 5$ であることに注意する．ゆえに
$$\left(\frac{45}{1009}\right) = \left(\frac{3^2}{1009}\right)\left(\frac{5}{1009}\right) = \left(\frac{5}{1009}\right)$$
$$= \left(\frac{1009}{5}\right)(-1)^{\frac{1009-1}{2}\cdot\frac{5-1}{2}}$$
$$= \left(\frac{1009}{5}\right) = \left(\frac{9}{5}\right) = 1.$$

演習 3.12

1. $\left(-\dfrac{30}{257}\right)$, $\left(\dfrac{1987}{1997}\right)$ を計算せよ．
2. $\left(\dfrac{-10}{p}\right) = 1$ となる素数 p をすべて求めよ．
3. $\left(\dfrac{5}{p}\right) = -1$ となる素数 p をすべて求めよ．

3.3 ある特別な2次形式

Lagrange はすべての負でない整数は4つの平方数の和でかける，すなわち，2次形式

$$f(\boldsymbol{x}) = x_1^2 + x_2^2 + x_3^2 + x_4^2 \tag{3.18}$$

はすべての負でない整数を表すことを証明した．Euler は等式

$$\begin{aligned}(x_1^2 + x_2^2 + x_3^2 + x_4^2)(y_1^2 + y_2^2 + y_3^2 + y_4^2) \\ = (x_1 y_1 + x_2 y_2 + x_3 y_3 + x_4 y_4)^2 + (x_1 y_2 - x_2 y_1 + x_3 y_4 - x_4 y_3)^2 \\ + (x_1 y_3 - x_3 y_1 + x_4 y_2 - x_2 y_4)^2 + (x_1 y_4 - x_4 y_1 + x_2 y_3 - x_3 y_2)^2\end{aligned} \tag{3.19}$$

を発見した．これは n_j ($j=1,2$) が4つの平方数の和ならば $n_1 n_2$ もそうであることを示している．これにより，上の主張の証明をする仕事が，すべての素数 p が4つの平方数の和であるということの証明に帰着されるということになる．

$$2 = 1^2 + 1^2 + 0^2 + 0^2 \tag{3.20}$$

であるから，p は奇数であると仮定してよい．

【定理 3.13】(Lagrange)　すべての正の整数は4つの平方数の和で表される．

(証明)(Euler)　(3.19) と (3.20) によって，すべての奇素数 p が4つの平方数の和であることを示せば十分である．これを2つのステップで証明することにする：

(1) 整数 m と x_j ($1 \leqq j \leqq 4$) が存在して

$$mp = x_1^2 + x_2^2 + x_3^2 + x_4^2 \quad (1 \leqq m < p) \tag{3.21}$$

(2) m が (3.21) を満たす最小の整数ならば，$m = 1$ である．

(1) を証明するために，集合
$$X = \{x^2 \mid x = 0, 1, \ldots, (p-1)/2\}$$
と
$$Y = \{-x^2 - 1 \mid x = 0, 1, \ldots, (p-1)/2\}$$
を考える．X のどの2つの元も法 p で合同ではない．もしそうであるとすると，例えば
$$x_1^2 \equiv x_2^2 \pmod{p}, \quad x_1 > x_2,$$
とすれば，$p | x_1^2 - x_2^2 = (x_1 + x_2)(x_1 - x_2)$ である．ゆえに $p | x_1 + x_2$ または $p | x_1 - x_2$ となるが，$1 \leqq x_1 \pm x_2 \leqq p - 1$ であるから，これは不可能である．同様に，Y のどの2つも法 p で合同ではない．$|X|$ で X の元の個数を表すとすると，
$$|X| + |Y| > p$$
であるから，ある $x, y \ (1 \leqq x, y \leqq (p-1)/2)$ について
$$x^2 \equiv -y^2 - 1 \pmod{p}$$
が成り立つ．すなわち，
$$mp = x^2 + y^2 + 1$$
がある整数 m について成り立つ．

明らかに，
$$\begin{aligned}
1 \leqq m &= \frac{1}{p}(x^2 + y^2 + 1) \\
&\leqq \frac{1}{p}\left\{2\left(\frac{p-1}{2}\right)^2 + 1\right\} \\
&= \frac{p-1}{p} \cdot \frac{p-1}{2} + \frac{1}{p} \\
&< \frac{p-1}{2} + \frac{1}{p} \\
&< p.
\end{aligned}$$

(2) を証明するために，まず，m が偶数ならば x_i のうち 0 個または 2 個または 4 個は偶数であることに注意する．ちょうど 2 つの x_i が偶数のときは，これらが x_1 と x_2 であると仮定する．よってどの場合も $x_1 \pm x_2$ と $x_3 \pm x_4$ はともに偶数であり，

$$\left(\frac{x_1+x_2}{2}\right)^2 + \left(\frac{x_1-x_2}{2}\right)^2 + \left(\frac{x_3+x_4}{2}\right)^2 + \left(\frac{x_3-x_4}{2}\right)^2 = \frac{m}{2}p$$

が成り立つ．ところがこれは m の最小性に矛盾する．よって m は奇数でなければならない．

$m=1$ ならば示すべきことは何もない．よって $3 \leqq m < p$ と仮定して矛盾することを示す．さて y_i ($1 \leqq i \leqq 4$) を

$$x_i \equiv y_i \pmod{m}, \quad -\frac{m-1}{2} \leqq y_i \leqq \frac{m-1}{2} \tag{3.22}$$

となるように選ぶ．(3.21) と (3.22) によって

$$y_1^2 + y_2^2 + y_3^2 + y_4^2 \equiv 0 \pmod{m},$$

すなわち，ある n があって

$$mn = y_1^2 + y_2^2 + y_3^2 + y_4^2 \tag{3.23}$$

とかける．さらに

$$0 \leqq n \leqq \frac{4}{m}\left(\frac{m-1}{2}\right)^2 < m$$

が成り立つ．$n \neq 0$ である．なぜならば，もしそうでないとすると，すべての j に対して $y_j = 0$ となるからである．これは $j = 1, 2, 3, 4$ に対して $x_j \equiv 0 \pmod{m}$ であることを示し，したがって

$$mp = x_1^2 + x_2^2 + x_3^2 + x_4^2$$
$$\equiv 0 \pmod{m^2}$$

となる．これは $p \equiv 0 \pmod{m}$ を示すが，$3 \leqq m < p$ であることから不可能である．よって $n \geqq 1$ である．

(3.21) と (3.23) を掛け，(3.19) の右辺を簡約化して

$$m^2 np = (x_1^2 + x_2^2 + x_3^2 + x_4^2)(y_1^2 + y_2^2 + y_3^2 + y_4^2)$$
$$= z_1^2 + z_2^2 + z_3^2 + z_4^2$$

を得る．(3.22) を用いて $m|z_j$, $j = 2, 3, 4$ がわかり，よって $m|z_1$ もまた成り立つ．ゆえに，

$$np = \left(\frac{z_1}{m}\right)^2 + \left(\frac{z_2}{m}\right)^2 + \left(\frac{z_3}{m}\right)^2 + \left(\frac{z_4}{m}\right)^2$$

となり，これは m の最小性に矛盾する．これで定理が証明された． ■

演習 3.14 等式 (3.19) を示せ．

注意 3.15 等式 (3.19) は非常にうまい方法で説明される．Hamilton が初めて発見した**実四元数の環** $\mathbb{H}$ を次のように定義する：

3 個の記号 i, j, k を固定する．形式的な記号 (**四元数**と呼ばれる)

$$x_0 + x_1 i + x_2 j + x_3 k \, ; \, x_r \in \mathbb{R}, \, r = 0, 1, 2, 3$$

からなる集合 $\mathbb{H}$ を考える．

$$\begin{aligned}\alpha &= x_0 + x_1 i + x_2 j + x_3 k \\ \beta &= y_0 + y_1 i + y_2 j + y_3 k\end{aligned} \quad (*)$$

とおく．定義として $\alpha = \beta$ となるのはすべての r について $x_r = y_r$ のとき，そのときのみとする．

$\mathbb{H}$ に加法を

$$(x_0 + x_1 i + x_2 j + x_3 k) + (y_0 + y_1 i + y_2 j + y_3 k)$$
$$= (x_0 + y_0) + (x_1 + y_1)i + (x_2 + y_2)j + (x_3 + y_3)k$$

と定義することにより $\mathbb{H}$ はアーベル群になる．加法の単位元は

$$0 = 0 + 0i + 0j + 0k$$

である．(実際，スカラー積をよく知られた方法：$x \in \mathbb{R}$ に対して

$$x(x_0 + x_1 i + x_2 j + x_3 k) = xx_0 + xx_1 i + xx_2 j + xx_3 k$$

で定義することにより，$\mathbb{H}$ は体 $\mathbb{R}$ 上の 4 次元のベクトル空間になる.)

さて，$\mathbb{H}$ に乗法を定義しよう．α, β を $(*)$ におけるものとする．

$$\alpha\beta = (x_0y_0 - x_1y_1 - x_2y_2 - x_3y_3) + (x_0y_1 + x_1y_0 + x_2y_3 - x_3y_2)i$$
$$+ (x_0y_2 + x_2y_0 + x_3y_1 - x_1y_3)j + (x_0y_3 + x_3y_0 + x_1y_2 - x_2y_1)k$$

とおく．次のことを心に留めておけば四元数の積は形式的なものになる：

$$i^2 = j^2 = k^2 = -1;$$

$$ij = -ji = k, \quad jk = -kj = i, \quad ki = -ik = j;$$

$x \in \mathbb{R}$ に対しては

$$xi = ix, \quad xj = jx, \quad xk = kx.$$

これら 2 つの演算で $\mathbb{H}$ は単位元 1 をもつ非可換な環になる．さらに $\mathbb{H}$ は複素数の体 $\mathbb{C}$ を部分環として含む．$\mathbb{C}$ における (複素) 共役の概念は $\mathbb{H}$ における共役の概念に拡張される．α を $(*)$ におけるものとするとき，その**共役** (conjugate) $\overline{\alpha}$ を

$$\overline{\alpha} = x_0 - x_1i - x_2j - x_3k$$

と定義する．α の**ノルム** (norm) $N(\alpha)$ あるいは**長さ** (length) $|\alpha|$ は自然な形で次のように定義される：

$$N(\alpha) = |\alpha|^2 = \alpha\overline{\alpha}$$
$$= x_0^2 + x_1^2 + x_2^2 + x_3^2.$$

$N(0) = 0$ であることに注意する．もし $\alpha \neq 0$ ならば $N(\alpha)$ は (真に) 正の実数である．したがって，各 $\alpha \neq 0$ は乗法的逆元 α^{-1} をもち，

$$\alpha^{-1} = \frac{1}{N(\alpha)}\overline{\alpha}$$

で与えられる．等式 (3.19) は記法を少し変えると

$$N(\alpha\beta) = N(\alpha)N(\beta) \tag{3.24}$$

のようにかける. 　　　　　　　　　　　　　　　　　（注意 3.15 の終わり）

さて 2 次形式
$$f(\boldsymbol{x}) = x_1^2 + x_2^2$$
で表される整数を調べる．次の定理から始めよう．

【定理 3.16】(Euler) 　すべての素数 $p \equiv 1 \pmod 4$ は 2 つの平方数の和である．

(証明)　定理 3.13 の証明と同様に，次のことを示せば十分である：

(1) 整数 m, x_1, x_2 が存在して
$$mp = x_1^2 + x_2^2, \quad 1 \leqq m < p. \tag{3.25}$$

(2) m が (3.25) を満たす最小の整数ならば，$m = 1$ である．

(1) を証明するために，$p \equiv 1 \pmod 4$ だから Legendre の記号は
$$\left(\frac{-1}{p}\right) = (-1)^{(p-1)/2} = 1$$
であることに注意する．ゆえに $-1 \in \mathbb{F}_p^\times$，すなわち，$mp = x^2 + 1$ がある $m \in \mathbb{Z}$ と $1 < x < p$ に対して成り立つ．実際に
$$m = \frac{1}{p}(x^2 + 1) \leqq \frac{1}{p}\{(p-1)^2 + 1\}$$
$$< p$$
である．

(2) を証明するために，まず前と同様に，m は奇数であることに注意する．$m \neq 1$ と仮定する．このとき $3 \leqq m < p$ である．y_1 と y_2 を
$$x_i \equiv y_i \pmod{m}, \quad -\frac{m-1}{2} \leqq y_i \leqq \frac{m-1}{2} \tag{3.26}$$
となるように選ぶ．定理 3.13 の証明と同様の考え方により，
$$mn = y_1^2 + y_2^2, \quad 1 \leqq n < m \tag{3.27}$$
である．ゆえに，(3.25) と (3.27) を掛けることにより
$$m^2 np = (x_1^2 + x_2^2)(y_1^2 + y_2^2) = (x_1 y_1 + x_2 y_2)^2 + (x_1 y_2 - x_2 y_1)^2 \tag{3.28}$$

を得る．$x_1 \equiv y_1 \pmod{m}$ で $y_2 \equiv x_2 \pmod{m}$ であることより，

$$x_1 y_2 \equiv x_2 y_1 \pmod{m},$$

すなわち，$m | x_1 y_2 - x_2 y_1$ が容易にわかる．そして上の等式より，$m | x_1 y_1 + x_2 y_2$ がわかる．したがって

$$np = \left(\frac{x_1 y_1 + x_2 y_2}{m}\right)^2 + \left(\frac{x_1 y_2 - x_2 y_1}{m}\right)^2$$

となるが，これは m の最小性に矛盾する．これで証明が完成した． ∎

【系 3.17】 整数 $n \geq 1$ が 2 つの平方数の和であるのは，n を相異なる素数のベキの積に分解したとき，$p \equiv 3 \pmod 4$ である素数が奇数ベキで現れないとき，そのときのみである．

(証明) まず $n = x^2 + y^2$ であるとする．n を割り切り，$p \equiv 3 \pmod 4$ となるものの中で最も大きいベキのものを p^α とするとき，α が偶数であることを示すことにする．そうでないと仮定する，すなわち α を奇数とする．$d = (x, y)$ ならば $d^2 | n$ であり，$x_1 = x/d$, $y_1 = y/d$, $n_1 = n/d^2$ とおくと

$$n_1 = x_1^2 + y_1^2 \tag{3.29}$$

が成り立つ．明らかに $(x_1, y_1) = 1$ であり，したがって p は高々 x_1, y_1, n_1 のうちの 1 つだけを割り切る．α は奇数で d^2 は n において p の偶数ベキのみだけキャンセルできるから，n_1 においては p の正ベキが残されており，p は x_1 と y_1 のどちらも割り切らない．(3.29) を $\mathbb{F}_p$ 上の方程式と見なすと，$-1 = (x_1/y_1)^2$，すなわち，

$$\left(\frac{-1}{p}\right) = 1$$

を得る．ところが，これは不可能である．なぜならば $p \equiv 3 \pmod 4$ であることは

$$\left(\frac{-1}{p}\right) = (-1)^{(p-1)/2} = -1$$

を表すからである．したがって α は奇数ではあり得ない．

逆に，$n = m^2 p_1 \cdots p_r$, $p_j \equiv 1 \pmod 4$, $j = 1, \ldots, r$ とする．さて，定理 3.16 と等式 (3.28) をくり返し適用することにより $p_1 \cdots p_r$ は 2 つの平方数の和，例えば $x_0^2 + y_0^2$ であることは明らかである．ゆえに

$$n = (mx_0)^2 + (my_0)^2$$

となる． ∎

次数 > 0 の形式 $f(\boldsymbol{x})$ は常に 0 を表すことができる．なぜならば $f(\boldsymbol{0}) = 0$ だからである．ここで $\boldsymbol{0} = (0, \ldots, 0)$ である．

【定義 3.18】 形式 $f(\boldsymbol{x}) \in \mathbb{Z}[x_1, \ldots, x_n]$ は，$\boldsymbol{0}$ でない整数成分のあるベクトル $\boldsymbol{a}$ があって $f(\boldsymbol{a}) = 0$ となるとき，**自明でないように** (non-trivially) 0 を表すという．

2 次形式 $x_1^2 - x_2^2$ は自明でないように 0 を表すが，$x_1^2 + x_2^2$ はそうではない．次に考える例は 2 次形式

$$ax^2 + by^2 + cz^2$$

である．a, b, c は平方因子をもたず，どの 2 つも互いに素であると仮定してよい．Legendre が初めてそれが自明でないように 0 を表すときの詳細な条件を述べ，証明したのであった．歴史的な説明は文献 [10] を参照せよ．

【定理 3.19】(Legendre)　$a, b, c \in \mathbb{Z}$ で abc は平方因子をもたず，0 でないとする．2 次形式 $f(\boldsymbol{x}) = ax^2 + by^2 + cz^2$ が自明でないように 0 を表すための必要十分条件は，次の 2 つが成り立つことである：

1. a, b, c は同じ符号をもたない；

2. $-bc, -ca, -ab$ はそれぞれ 法 $|a|$, 法 $|b|$, 法 $|c|$ で平方剰余である．

ここで与える証明は Mordell と Skolem (文献 [6] または [7]) による．いくつかの補題を必要とする．

【補題 3.20】　$a > 1$ を平方因子をもたない整数で，-1 が法 a で平方剰余であるとする．このとき，2 項 2 次形式 $x^2 + y^2$ は自明でないように a を表す．

(証明) $-1 \equiv s^2 \pmod{a}$ となる s を選ぶ．集合

$$\{u - vs \mid 0 \leqq u, v \leqq |\sqrt{a}|\}$$

は $(1 + [\sqrt{a}])^2 (> a)$ 個の整数をもつ．ゆえに2つの異なる組 u_1, v_1 と u_2, v_2 があって，

$$u_1 - v_1 s \equiv u_2 - v_2 s \pmod{a}$$

が成り立つ．$x_1 = u_1 - u_2,\ y_1 = v_1 - v_2$ とおくと，

$$x_1 \equiv y_1 s \pmod{a} \tag{3.30}$$

である．次の2つのことが成り立つことに注意する：

$$0 \leqq |x|, |y_1| \leqq \sqrt{a} \tag{3.31}$$

$$\boldsymbol{x} = (x_1, y_1) \neq \boldsymbol{0}. \tag{3.32}$$

(3.31) と (3.32) より

$$0 < x_1^2 + y_1^2 < 2a \tag{3.33}$$

が成り立つ．(3.30) より

$$x_1^2 + y_1^2 \equiv s^2 y_1^2 + y_1^2 \pmod{a}$$
$$= y_1^2(s^2 + 1)$$
$$\equiv 0 \pmod{a},$$

すなわち，$x_1^2 + y_1^2$ は a の倍数である．(3.33) を用いて，

$$x_1^2 + y_1^2 = a$$

を得る． ■

【補題 3.21】 A, B, C を正の実数で，積 $ABC = m$ が整数であるものとする．このとき，任意の1次合同方程式 $(\alpha, \beta, \gamma \in \mathbb{Z})$：

$$\alpha x + \beta y + \gamma z \equiv 0 \pmod{m}$$

は $|x_0| \leqq A$, $|y_0| \leqq B$, $|z_0| \leqq C$ を満たす自明でない (整数) 解 (x_0, y_0, z_0) をもつ.

(証明)　集合
$$\{(x, y, z) \in \mathbb{Z}^3 \mid 0 \leqq x \leqq [A],\ 0 \leqq y \leqq [B],\ 0 \leqq z \leqq [C]\}$$
は $(1+[A])(1+[B])(1+[C])\ (> ABC = m)$ 個の元をもつ. ゆえに, 2つの異なる組 (x_i, y_i, z_i), $i = 1, 2$, が存在して
$$\alpha x_1 + \beta y_1 + \gamma z_1 \equiv \alpha x_2 + \beta y_2 + \gamma z_2 \pmod{m}$$
が成り立たなければならない.
$$x_0 = x_1 - x_2,\ y_0 = y_1 - y_2,\ z_0 = z_1 - z_2$$
とおくと, これが求める解である. ∎

【補題 3.22】　2次形式 $f(\boldsymbol{x}) = ax^2 + by^2 + cz^2$ が法 m_1, 法 m_2 の両方で1次因子の積に分解するとする. m_1 と m_2 が互いに素であるとすれば, $f(\boldsymbol{x})$ は法 $m_1 m_2$ で1次因子の積に分解する.

(証明)　仮定より
$$f(\boldsymbol{x}) \equiv (\alpha_1 x + \beta_1 y + \gamma_1 z)(\alpha'_1 x + \beta'_1 y + \gamma'_1 z) \pmod{m_1}$$
$$f(\boldsymbol{x}) \equiv (\alpha_2 x + \beta_2 y + \gamma_2 z)(\alpha'_2 x + \beta'_2 y + \gamma'_2 z) \pmod{m_2}$$
とかける. 中国の剰余定理により, α, β, γ と α', β', γ' を選んで,
$$\alpha \equiv \alpha_i,\quad \beta \equiv \beta_i,\quad \gamma \equiv \gamma_i \pmod{m_i}$$
$$\alpha' \equiv \alpha'_i,\quad \beta' \equiv \beta'_i,\quad \gamma' \equiv \gamma'_i \pmod{m_i}$$
$(i = 1, 2)$ とできる. このとき合同
$$f(\boldsymbol{x}) \equiv (\alpha x + \beta y + \gamma z)(\alpha' x + \beta' y + \gamma' z)$$
が法 m_1 と法 m_2 で成り立つ. m_1 と m_2 は互いに素であるから, この合同は法 $m_1 m_2$ でも成り立たなければならない. ∎

定理 3.19 の証明 まず $f(\boldsymbol{x})$ が自明でないように 0 を表すとする．明らかに a, b, c はすべてが同じ符号をもつことはあり得ない．(x, y, z) を

$$ax^2 + by^2 + cz^2 = 0 \tag{3.34}$$

の自明でない解とするとき，x, y, z はどの 2 つも互いに素と仮定してよい．$-bc$ が法 $|a|$ で平方剰余であることを示すために，まず a, z が互いに素であることを示す．そうでないと仮定して，$p|(a, z)$ とする．このとき，$p|by^2$ である．ところが $(a, b) = 1$ より，$p|y^2$ である．これは y, z が互いに素でないことを示しており，矛盾である．さて $uz \equiv 1 \pmod{|a|}$ となる u を選ぶ．

$$\begin{aligned}ax^2 + by^2 + cz^2 &\equiv by^2 + cz^2 \\ &\equiv 0 \pmod{|a|}\end{aligned} \tag{3.35}$$

であるから，(3.35) の両辺に bu^2 を掛けることにより，

$$\begin{aligned}b^2 u^2 y^2 &\equiv -bcu^2 z^2 \\ &\equiv -bc \pmod{|a|}\end{aligned}$$

を得る．これは $-bc$ が (法 $|a|$ で) 平方剰余であることを示している．同様に，$-ca, -ab$ はそれぞれ法 $|b|$，法 $|c|$ で平方剰余であることがわかる．

逆に，条件 (1) と (2) が成り立つとする．a, b, c のすべての符号を変えても，(1), (2) と (3.34) は成立している．ゆえに，必要なら変数を変更して，$a > 0$ かつ $b, c < 0$ と仮定してよい．

a, b, c についての仮定より，r と c_1 を選んで $r^2 \equiv -bc \pmod{a}$ かつ $cc_1 \equiv 1 \pmod{a}$ とできる．このとき，

$$\begin{aligned}by^2 + cz^2 &\equiv cc_1(by^2 + cz^2) \\ &= c_1(bcy^2 + c^2 z^2) \\ &\equiv c_1(c^2 z^2 - r^2 y^2) \\ &= c_1(cz + ry)(cz - ry) \\ &\equiv (z + c_1 ry)(cz - ry) \pmod{a}\end{aligned}$$

であり，これは

$$f(\boldsymbol{x}) = ax^2 + by^2 + cz^2$$
$$\equiv (z + c_1 ry)(cz - ry) \pmod{a},$$

すなわち，$f(\boldsymbol{x})$ が法 a で 1 次因子に分解するということを示している．同様に $f(\boldsymbol{x})$ は法 $|b|$, 法 $|c|$ で 1 次因子に分解する．補題 3.22 により，

$$f(\boldsymbol{x}) \equiv (\alpha x + \beta y + \gamma z)(\alpha' x + \beta' y + \gamma' z) \pmod{abc} \tag{3.36}$$

である．補題 3.21 において，$A = \sqrt{bc}$, $B = \sqrt{-ca}$, $C = \sqrt{-ab}$ とおくと，

$$\alpha x + \beta y + \gamma z \equiv 0 \pmod{abc} \tag{3.37}$$

の自明でない解 (x_0, y_0, z_0) で $|x_0| \leq A$, $|y_0| \leq B$, $|z_0| \leq C$, すなわち

$$x_0^2 \leq bc, \quad y_0^2 \leq -ca, \quad z_0^2 \leq -ab$$

となるものがある．bc は平方因子をもたないから，$x_0^2 = bc$ となるのは $b = c = -1$ のときのみである．同様に $y_0^2 = -ca$ (あるいは $z_0^2 = -ab$) は $a = 1, c = -1$ (あるいは $a = 1, b = -1$) のときのみ可能である．$a > 0$, $b, c < 0$ であるから，$b = c = -1$ でない限り，

$$ax_0^2 + by_0^2 + cz_0^2 \leq ax_0^2 < abc$$

でなければならないし ($a = 1$ でないときも同様で，この場合は何もいうべきことはない)，

$$ax_0^2 + by_0^2 + cz_0^2 \geq by_0^2 + cz_0^2$$
$$> b(-ac) + c(-ab)$$
$$= -2abc$$

でなければならない．したがって $b = c = -1$ という特別な場合を除いて，不等式：

$$-2abc < ax_0^2 + by_0^2 + cz_0^2 < abc \tag{3.38}$$

を得る．(x_0, y_0, z_0) は (3.37) の解であるから，これは (3.36) の解でもある．よって (3.38) より
$$ax_0^2 + by_0^2 + cz_0^2 = 0,$$
(このときは $f(\boldsymbol{x})$ は自明でないような 0 を表す)
または
$$ax_0^2 + by_0^2 + cz_0^2 = -abc,$$
(このときは $x = -by_0 + z_0x_0$, $y = ax_0 + y_0z_0$, $z = z_0^2 + ab$ が $f(\boldsymbol{x}) = 0$ の自明な解であることが確認できる)
のどちらかが成り立つ．

$b = c = -1$ かつ $a > 0$ の特別の場合は，補題 3.20 によって $a = y_1^2 + z_1^2$, $(y_1, z_1) \neq (0, 0)$ である．これは $f(\boldsymbol{x}) = 0$ の自明でない解 $(1, y_1, z_1)$ を与える． ∎

3.4 2次形式の同値

例として 2 次形式
$$f(\boldsymbol{x}) = 5x_1^2 + 16x_1x_2 + 13x_2^2$$
を考えよう．どのような整数が $f(\boldsymbol{x})$ によって表されるかを調べるために，次の置き換え：
$$\begin{aligned} x_1 &= 2y_1 - 3y_2 \\ x_2 &= -y_1 + 2y_2 \end{aligned} \tag{3.39}$$
が $f(\boldsymbol{x})$ を $g(\boldsymbol{y}) = y_1^2 + y_2^2$ に変換することに注意する．逆に，
$$\begin{aligned} y_1 &= 2x_1 + 3x_2 \\ y_2 &= y_1 + 2x_2 \end{aligned} \tag{3.40}$$
は $g(\boldsymbol{y})$ を $f(\boldsymbol{x})$ に戻す．

置き換え (3.39) と (3.40) は互いに逆の変換になっており，整数ベクトル $\boldsymbol{x} = (x_1, x_2)$ と整数ベクトル $\boldsymbol{y} = (y_1, y_2)$ の間の 1 対 1 の対応を与えるから，$f(\boldsymbol{x})$ と $g(\boldsymbol{y})$ は同じ整数の集合を表現する．よって系 3.17 により問題に答える

ことができる．したがって，2つの2次形式 $f(\boldsymbol{x})$ と $g(\boldsymbol{y})$ を区別しないことは理にかなっている．

行列表現で，

$$\begin{aligned} f(\boldsymbol{x}) &= 5x_1^2 + 16x_1x_2 + 13x_2^2 \\ &= (x_1\ x_2) \begin{pmatrix} 5 & 8 \\ 8 & 13 \end{pmatrix} \begin{pmatrix} x_1 \\ x_2 \end{pmatrix} \\ &= \boldsymbol{x}A{}^t\boldsymbol{x} \\ &\stackrel{\text{def}}{=} A[\boldsymbol{x}] \end{aligned}$$

とかくことができる．ここで

$$A = \begin{pmatrix} 5 & 8 \\ 8 & 13 \end{pmatrix}, \qquad \boldsymbol{x} = (x_1\ x_2)$$

で ${}^t\boldsymbol{x}$ は行列 $\boldsymbol{x}$ の転置行列を表す．

置き換え (3.39) と (3.40) はそれぞれ $\boldsymbol{x} = \boldsymbol{y}T^{-1}$, $\boldsymbol{y} = \boldsymbol{x}T$ とかける．ここで

$$T = \begin{pmatrix} 2 & 1 \\ 3 & 2 \end{pmatrix}$$

で，

$$T^{-1} = \begin{pmatrix} 2 & -1 \\ -3 & 2 \end{pmatrix}$$

は T の逆行列である．さらに，I を 2×2 型の単位行列として，

$$\begin{aligned} g(\boldsymbol{y}) &= I[\boldsymbol{x}T] \\ &= (I[T])[\boldsymbol{x}] \\ &= A[\boldsymbol{x}] \end{aligned}$$

$$\begin{aligned} f(\boldsymbol{x}) &= A[\boldsymbol{y}T^{-1}] \\ &= A[T^{-1}][\boldsymbol{y}] \\ &= I[\boldsymbol{y}] \end{aligned}$$

とかける．これを動機づけとして，一般の場合に移行しよう．

$\mathbb{R}$ 上の 2 次形式

$$f(\boldsymbol{x}) = f(x_1, \ldots, x_n)$$
$$= \sum_{i,j=1,\ j\geqq i}^{n} b_{ij} x_i x_j$$

は

$$f(\boldsymbol{x}) = \boldsymbol{x} A {}^t \boldsymbol{x} \stackrel{\text{def}}{=} A[\boldsymbol{x}]$$

とかける．ここで (対称行列) $A = (a_{ij})$ は 2 次形式 $f(\boldsymbol{x})$ の行列で，

$$a_{ij} = \begin{cases} b_{ij} & (i = j) \\ a_{ji} = \frac{1}{2} b_{ij} & (j > i) \end{cases}$$

で定義されるものである．しばしば，2 次形式 $f(\boldsymbol{x})$ は行列 A によって**表現される**といわれる．逆に，任意の対称行列 A は 2 次形式 $f(\boldsymbol{x}) = A[\boldsymbol{x}]$ を定義する．2 つの 2 次形式 $f(\boldsymbol{x})$ と $g(\boldsymbol{x})$ がそれぞれ行列 A, B で表現されているとき，ある**ユニモジュラー変換**で $f(\boldsymbol{x})$ が $g(\boldsymbol{x})$ に移るならば，この 2 つの 2 次形式は**同値** (equivalent) であるといわれる．これは**ユニモジュラー行列** (unimodular matrix)，すなわち，行列 $U \in M(n, \mathbb{Z})$ で $\det(U) = \pm 1$ なるものが存在して，$f(\boldsymbol{x}U) = g(\boldsymbol{x})$ となることを意味する．行列の言葉では，これは $B = A[U] (= U A {}^t U)$ と同値である．

いま

$$\mathbb{Z}^n = \{(x_1, \ldots, x_n) \mid x_i \in \mathbb{Z},\ i = 1, \ldots, n\}$$

とおくと，写像

$$m_U : \mathbb{Z}^n \longrightarrow \mathbb{Z}^n$$

$m_U(\boldsymbol{x}) = \boldsymbol{x}U$ は全単射である．よって $f(\boldsymbol{x})$ と $g(\boldsymbol{x})$ は同じ整数の集合を表す．さらに，行列式は写像 $A \mapsto A[U]$ で不変である．**2 次形式の同値類の行列式**を $|A|$ と定義してよい．ここで A はこの同値類から得られる任意の 2 次形式の行列である．

3.5 正値2次形式の最小値

断りのない限り，以下この章において考える形式は $\mathbb{Z}$ 上のものとする．$n=1$ の場合，すなわち，1変数の2次形式はそう興味のあるものではない．よって $n>1$ であるとも仮定する．

【定義 3.23】 行列 A で表される2次形式 $f(\boldsymbol{x})$ は，次の条件を満たすとき**正(定)値** (positive (definite)) であるといい，$f>0$ ないしは $A>0$ とかく：

$$\mathbb{R}^n = \{(x_1,\ldots,x_n) \mid x_i \in \mathbb{R},\ i=1,\ldots,n\}$$

とするとき，$\mathbb{R}^n$ のすべての $\boldsymbol{x} \neq \boldsymbol{0}$ に対して $f(\boldsymbol{x})>0$ である．

正値形式の例としては

$$f(\boldsymbol{x}) = x_1^2 + \cdots + x_n^2$$

がある．もし $f(\boldsymbol{x})$ が正値で $g(\boldsymbol{x})$ が $f(\boldsymbol{x})$ と同値であるならば，$g(\boldsymbol{x})$ もまた正値である．$f(\boldsymbol{x})$ で表される 0 でない整数の中で最小のものがある．これを $\mu(f)$ ないしは $\mu(A)$ と表す．すなわち，

$$\mu(f) = \mu(A) = \min\{f(\boldsymbol{x}) \mid \boldsymbol{x} \in \mathbb{Z}^n,\ \boldsymbol{x} \neq \boldsymbol{0}\}.$$

明らかに $\mu(f)>0$ である．$f(\boldsymbol{x})$ が $g(\boldsymbol{x})$ に同値であるならば，$\mu(f)=\mu(g)$ である．$\mu(f)$ を調べるために，次の定理を必要とする．

【定理 3.24】 $\boldsymbol{u}=(x_1,\ldots,x_n)$ を $\mathbb{Z}^n$ の中の $\boldsymbol{0}$ でないベクトルとする．$d=\mathrm{g.c.d.}(x_1,\ldots,x_n)$ ならば，行列 $A \in M(n,\mathbb{Z})$ で，行列式が d，その第1行が $\boldsymbol{u}$ であるものが存在する．

(証明) n に関する帰納法で証明する．$n=2$ のとき，$\mathrm{g.c.d.}(x_1,x_2)=d=\alpha x_1 + \beta x_2$ $(\alpha,\beta \in \mathbb{Z})$ とかける．よって

$$A = \begin{pmatrix} x_1 & x_2 \\ -\beta & \alpha \end{pmatrix}$$

とすればよい.

$n > 2$ と仮定する. $c = \text{g.c.d.}(x_1,\ldots,x_{n-1})$ とおく. このとき, $d = \text{g.c.d.}(c, x_n)$ であり, したがって, ある $r, s \in \mathbb{Z}$ に対して

$$rc - sx_n = d \tag{3.41}$$

とかける.

帰納法の仮定により, 行列 $C \in M(n-1, \mathbb{Z})$ で行列式が c, 第 1 行が $(x_1, \ldots, x_{n-1})$ であるものが存在する. いま,

$$A = \left(\begin{array}{ccc|c} & & & x_n \\ & & & 0 \\ & C & & \vdots \\ & & & 0 \\ \hline sx_1/c & \cdots & sx_{n-1}/c & r \end{array} \right)$$

とおくとき, $A \in M(n, \mathbb{Z})$ で, $\boldsymbol{u}$ が A の第 1 行である. A の行列式 $|A|$ を最終列で展開することにより,

$$|A| = rc + (-1)^{n-1} x_n |B|, \tag{3.42}$$

ここで行列 B は C の第 1 行に s/c を掛け, それが最終行にくるまでくり返し交換することによって得られるものである. ゆえに

$$|B| = (-1)^{n-2}(s/c)|C| = (-1)^{n-2} s$$

を得る. これを (3.42) に代入し, (3.41) を用いることにより

$$|A| = rc - sx_n$$
$$= d$$

を得る. ∎

【系 3.25】 $\boldsymbol{u} = (x_1, \ldots, x_n) \in \mathbb{Z}^n$ が **原始的** (primitive), すなわち $\text{g.c.d.}(x_1, \ldots, x_n) = 1$ であるならば, $\boldsymbol{u}$ はあるユニモジュラー行列 U の第 1 行である.

【系 3.26】 $x_1, \ldots, x_n \in \mathbb{Z}$ で g.c.d.$(x_1, \ldots, x_n) = d$ であるならば，
$$\lambda_1 x_1 + \cdots + \lambda_n x_n = d$$
となる整数 $\lambda_1, \ldots, \lambda_n$ が存在する．

(証明) A を定理 3.24 で与えられた行列とすれば，$|A|$ を A の第 1 行で展開すればよい． ■

【補題 3.27】 A を正値で $\mu(A) = m$ とする．このとき，ユニモジュラー行列 U で，$B = (b_{ij}) = A[U]$ とおけば $b_{11} = m$ となるものが存在する．

(証明) $\boldsymbol{x} = (x_1, \ldots, x_n) \in \mathbb{Z}^n$ に対して $\mu(A) = A[\boldsymbol{x}]$ とする．このとき，明らかに $x_1, \ldots, x_n$ は互いに素である．というのは d を $x_1, \ldots, x_n$ の公約数として $x_i = da_i$ とすれば，$\boldsymbol{a} = (a_1, \ldots, a_n)$ とおくと，
$$\mu(A) = A[\boldsymbol{x}] = A[d\boldsymbol{a}] = d^2 A[\boldsymbol{a}]$$
となるが，$A[\boldsymbol{x}]$ の最小性により $d^2 = 1$ となるからである．したがって最小値は原始的ベクトル $\boldsymbol{x}$ によって与えられる．$\boldsymbol{x}$ を第 1 行とするユニモジュラー行列 U (cf. 系 3.25) が求める性質をもつものである． ■

$A, B \in M(n, \mathbb{Z})$ は正値対称行列で，$B = tA$ がある $t \in \mathbb{Z}$ について成り立つものとする．明らかに $t > 0$ であり，
$$\mu(B) = \mu(tA) = t\mu(A) \tag{3.43}$$
である．一方，行列式
$$|B| = |tA| = t^n |A|$$
である．よって
$$|B|^{1/n} = t|A|^{1/n} \tag{3.44}$$
である．(正値形式の行列の行列式は正であることに注意する．) したがって，(3.43) と (3.44) より，$\mu(A)$ と $|A|^{1/n}$ を比較することは自然なことである．これに関しては，Hermite の有名な定理がある．

【定理 3.28】(Hermite)　A を正値 2 次形式の $n \times n$ 行列とすれば，

$$\mu(A) \leqq \left(\frac{4}{3}\right)^{(n-1)/2} |A|^{1/n} \tag{3.45}$$

が成り立つ．

(証明)　この証明は Siegel（文献 [9]）におけるものである．n に関する帰納法を用いる．$n = 1$ のとき，$A = (a)$ $(a > 0)$. 明らかに $\mu(A) = a$ で $|A| = a$ であり，(3.45) は自明である．

$n - 1$ $(n > 1)$ に対しては定理が成り立つと仮定する．n のときも成り立つことを示す．$A = (a_{ij})$ を $n \times n$ 行列，$\mu(A) = m$ とする．補題 3.27 よりユニモジュラー行列 U を選んで

$$B = A[U] = \begin{pmatrix} m & * \\ * & * \end{pmatrix}$$

とできる．

$\mu(A) = \mu(B)$ と $|A| = |B|$ であることより，必要なら A と B をとり換えて，$a_{11} = m$ と仮定してよい．

A を次のように区分けして

$$A = \begin{pmatrix} m & \boldsymbol{b} \\ {}^t\boldsymbol{b} & A_1 \end{pmatrix}$$

と表し，$W = A_1 - m^{-1}{}^t\boldsymbol{b}\boldsymbol{b}$ とおいて，

$$A = \begin{pmatrix} m & \boldsymbol{0} \\ \boldsymbol{0} & W \end{pmatrix} \left[\begin{pmatrix} 1 & \boldsymbol{0} \\ m^{-1}{}^t\boldsymbol{b} & I \end{pmatrix}\right]$$

とかける．（I は $n-1 \times n-1$ 型の単位行列である．）また，

$$|A| = m|W| \tag{3.46}$$

でもある．$\boldsymbol{x} = (x_1, \boldsymbol{y})$, $\boldsymbol{y} \in \mathbb{Z}^{n-1}$ ならば，

$$A[\boldsymbol{x}] = m(x_1 + m^{-1}\boldsymbol{y}{}^t\boldsymbol{b})^2 + W[\boldsymbol{y}] \tag{3.47}$$

である．さて，x_1 を
$$|x_1 + m^{-1}\boldsymbol{y}^t\boldsymbol{b}| \leqq \frac{1}{2} \tag{3.48}$$
となるように選び，$W > 0$ であるから $\boldsymbol{y}$ を $W[\boldsymbol{y}] = \mu(W)$ となるように選ぶ．(3.47), (3.48) と帰納法の仮定により
$$m = \mu(A) \leqq A[\boldsymbol{x}]$$
$$\leqq \frac{1}{4}m + \left(\frac{4}{3}\right)^{(n-2)/2} |W|^{1/(n-1)}$$
である．(3.46) から $|W|$ の値を代入して，これは
$$\mu(A) \leqq \left(\frac{4}{3}\right)^{(n-1)/2} |A|^{1/n}$$
を与える． ∎

3.6 正値2次形式の被約

2元2次形式，すなわち2変数の2次形式の特別な場合のみを考える．一般の場合については文献 [9] を参照せよ．歴史的な説明は文献 [10] が参考になるであろう．

$\mathbb{Z}$ 上の2元2次形式は
$$f(x,y) = ax^2 + bxy + cy^2 \tag{3.49}$$
とかくことができる．$D = b^2 - 4ac$ を $f(x,y)$ の**判別式**という．

【定理3.29】 2元2次形式 (3.49) が正値であるのは，$a > 0$, $c > 0$ かつ判別式 $D < 0$ のとき，そのときに限る．

(証明) まず $f > 0$ とする．このとき $f(1,0) = a > 0$, $f(0,1) = c > 0$ である．
$$f(x,y) = \frac{1}{4a}\{(2ax + by)^2 + (4ac - b^2)y^2\} \tag{3.50}$$
とかけるから，$f(-b, 2a) = a(4ac - b^2) > 0$ である．これは $D = b^2 - 4ac < 0$ を示している．

逆に, $a > 0, b > 0, b^2 - 4ac < 0$ とすれば, (3.50) より

$$y \neq 0 \quad \text{ならば} \quad f(x,y) > 0$$

である. $y = 0$ ならば, $x \neq 0$ に対して

$$f(x,0) = ax^2 > 0$$

が成り立つ.

【系 3.30】 与えられた $m > 0$ を正値 2 次形式 (3.49) で表すときの表現の仕方は有限個である. すなわち,

$$f(x,y) = m$$

は有限個の整数ベクトル (x,y) によってのみ成り立つ.

(証明) (3.50) により

$$|y| \leqq 2(-am/D)^{1/2}$$

が成り立つ. ここで $D = b^2 - 4ac$ である. したがって, y は有限個の整数値しかとれない. そのような y の各々に対して, x は高々 2 つの値しかとれない.

【系 3.31】 2 次形式の判別式 D はユニモジュラー変換で不変である.

(証明) (3.49) の判別式 $D = b^2 - 4ac$ は行列

$$A = \begin{pmatrix} a & b/2 \\ b/2 & c \end{pmatrix}$$

の行列式と $D = -4|A|$ で関係している. ユニモジュラー変換 $x \mapsto xU$ によって, 行列 A は $A[U]$ になる. ところが $|A| = |A[U]|$ である.

【定義 3.32】 正値 2 元 2 次形式 (3.49) は $c \geqq a \geqq b \geqq 0$ のとき**被約** (reduced) であるといわれる.

$a > 0$ であることに注意する. そうでないと $f(x,y)$ は 1 変数の形式になってしまう.

3.6 正値2次形式の被約

【定理 3.33】 任意の正値2元2次形式は被約形式と同値であり,さらに唯1つの被約形式に同値である.

(証明) まず,任意の正値2元2次形式

$$f(x,y) = Ax^2 + Bxy + Cy^2$$

はある被約な形式に同値であることを示す.この形式が $ax^2 + bxy + cy^2$ で $c \geqq a \geqq |b| \geqq 0$ なるものと同値であることを示せば十分である.というのは,もし b が負であるとするとユニモジュラー変換 $x = X, y = -Y$ が $ax^2 + bxy + cy^2$ を被約にするからである.

$a = \mu(f)$ と仮定する.補題 3.27 により,$f(x,y)$ は正値2元2次形式 $ax^2 + b_1 xy + c_1 y^2$ に同値である.このとき,ユニモジュラー変換 $x \mapsto x - ky, y \mapsto y$ は $ax^2 + b_1 xy + c_1 y^2$ を $ax^2 + (b_1 - 2ak)xy + cy^2$ にする.k を選んで

$$\left| k - \frac{b_1}{2a} \right| \leqq \frac{1}{2},$$

すなわち,$|b_1 - 2ak| \leqq a$ とできる.$b = b_1 - 2ak$ とおくことにより,正値2元2次形式 $ax^2 + bxy + cy^2$ で

$$c = f(0,1) \geqq \mu(f) = a \geqq |b| \geqq 0$$

を満たすものを得る.これが求めるものである.

証明を完成するために,任意の同値な2つの被約正値2元2次形式:

$$f(x,y) = ax^2 + bxy + cy^2,$$
$$g(X,Y) = AX^2 + BXY + CY^2$$

が同じである,すなわち $a = A, b = B, c = C$ であることを示さなければならない.

まず $a = A$ であることを示す.このために,$a \geqq A$ ならば $A \geqq a$ であることを示す.第一の形式 $f(x,y)$ を第二の形式 $g(X,Y)$ に写すユニモジュラー変換を

$$\begin{pmatrix} x \\ y \end{pmatrix} = \begin{pmatrix} \alpha & \beta \\ \gamma & \delta \end{pmatrix} \begin{pmatrix} X \\ Y \end{pmatrix}$$

とする．このとき

$$
\begin{aligned}
A &= a\alpha^2 + b\alpha\gamma + c\gamma^2 \\
B &= 2a\alpha\beta + b(\alpha\delta + \beta\gamma) + 2a\gamma\delta \\
C &= a\beta^2 + b\beta\delta + c\delta^2
\end{aligned} \quad (3.51)
$$

である．$c \geqq a \geqq b \geqq 0$ かつ $\alpha^2 + \gamma^2 \geqq 2|\alpha\gamma|$ であるから，

$$
\begin{aligned}
A &= a\alpha^2 + b\alpha\gamma + x\gamma^2 \geqq a\alpha^2 + c\gamma^2 - b|\alpha\gamma| \\
&\geqq a\alpha^2 + a\gamma^2 - b|\alpha\gamma| \geqq 2a|\alpha\gamma| - b|\alpha\gamma| \\
&\geqq a|\alpha\gamma|
\end{aligned} \quad (3.52)
$$

となる．ところで，$a \geqq A$ であるから $|\alpha\gamma| \leqq 1$ である．α と γ は同時には 0 になれない．よって，$|\alpha\gamma| = 0$ ならば

$$
A \geqq a\alpha^2 + c\gamma^2 \geqq a \quad (3.53)
$$

となり，$|\alpha\gamma| = 1$ ならば (3.52) より直ちに $A \geqq a$ が出る．

系 3.31 により，$b^2 - 4ac = B^2 - 4AC$ である．$a = A > 0$ であるから，$b = B$ または $c = C$ のみを証明すれば十分である．$c \neq C$ と仮定する．一般性を損なうことなしで，$c > C \geqq A = a > 0$ と仮定してよい．このとき $|\alpha\gamma| = 0$ である．なぜならば，$|\alpha\gamma| = 1$ とすれば $c\gamma^2 > a\gamma^2$ となり，(3.52) において不等式 $A > a$ となってしまうからである．もし $\gamma \neq 0$ とすれば $c > a$ と (3.53) より $A > a$ となってしまうから，$\gamma = 0$ である．

ところで，$\gamma = 0$ と $\alpha\delta - \beta\gamma = \pm 1$ より $\alpha\delta = \pm 1$ となり，(3.51) より $B = 2a\alpha\beta \pm b$ となる．したがって，2つの場合が考えられる：

1. $B = 2a\alpha\beta + b$．$0 \leqq b \leqq a$ と $0 \leqq B \leqq A = a$ であることより，$|B - b| \leqq a$ でなければならない．$B - b$ は $2a$ の倍数であるから，$B - b = 0$，すなわち $B = b$ となる．

2. $B = 2a\alpha\beta - b$．$0 \leqq B + b \leqq 2a$ かつ $B + b = 2a\alpha\beta$ である．よって $B + b = 0$ または $B + b = 2a$ が成り立つ．ところが，$0 \leqq b \leqq a$, $0 \leqq B \leqq A = a$ である．ゆえに $B + b = 0$ ならば $B = b = 0$ であり，$B + b = 2a$ ならば $B = b = a$ でなければならない．

どちらの場合でも $B = b$ が成り立ち，よって定理は証明された. ∎

【系 3.34】 与えられた判別式をもつ同値でない正値 2 元 2 次形式は有限個しか存在しない.

（証明） 定理 3.29 より，正の判別式をもつ正値 2 元 2 次形式は存在しない．よって判別式 $D = b^2 - 4ac < 0$ である被約な正値 2 元 2 次形式：

$$ax^2 + bxy + xy^2$$

が有限個しかないことを示せば十分である．$c \geq a \geq b \geq 0$ であるから $-D = 4ac - b^2 \geq 3ac \geq 3a^2$，つまり $a \leq (-D/3)^{1/2}$ である．したがって a と b は有限個の整数値しかとり得ない．c は a, b と $c = (b^2 - D)/4a$ で関係づけられているから，各 a, b の組に対して $c \in \mathbb{Z}$ は高々 1 つの値しかとり得ない．∎

もっと先の議論については，D. Goldfield の最近の論文（文献 [2]）を参照するとよい.

演習 3.35
1. $3x^2 + 7xy + 5y^2$ と同値な被約形式を求めよ．
2. 判別式 $D \geq -20$ である被約な正値形式をすべて求めよ．

参考文献

[1] E. J. Ellison, Waring's problem, *Am. Math. Mon.*, **78**, 10-36 (1971).

[2] D. Doldfeld, Gauss's class number problem for imaginary quadratic fields, *Bull. Am. Math. Soc.*, **13**, 23-37 (1985).

[3] D. Hilbert, Beweis für die Darstellbarkeit der ganzen Zahlen durch eine feste Anzahl n-ter Potenzen (Waringsches Problem), *Math. Ann.*, **67**, 281-300 (1909).

[4] J. I. Igusa, Lectures on Forms of Higher Degree (Notes by S. Raghavan), Tata Institute of Fundamental Research, Bombay (1978).

[5] Yu.I. Manin, Cubic Forms – Algebra, Geometry, Arithmetic (translated from Russian by M. Hazewinkel), North-Holland, Amsterdam (1974).

- [6] L. J. Mordell, Diophantine Equations, Academic, London (1969).
- [7] I. Niven and H. Zuckerman, An Introduction to the Theory of Numbers, Wiley, New York (1980).
- [8] H. Pieper, Variationen über ein zahlentheoretisches Thema von C. F. Gauss, Birkhäuser, Basel (1978).
- [9] C. L. Siegel, Lectures on Quadratic Forms (Notes by K. G. Ramanathan), Tata Institute of Fundamental Research, Bombay (1957).
- [10] A. Weil, Number Theory – An Approach through History, Birkhäuser, Boston (1984).

第4章

代数体

4.1 はじめに

次の Diophantus 方程式
$$x^2 - dy^2 = 1 \tag{4.1}$$
を考えよう．これはたまたま Pell の方程式と呼ばれる．（これの歴史については文献 [9] を参照．）ここで $d \neq 0$ は平方因子をもたない整数とする．

(4.1) のすべての整数解を探すことにする．$d < 0$ のとき $d < -1$ ならば解は $(\pm 1, 0)$ であり，$d = -1$ ならば $(\pm 1, 0), (0, \pm 1)$ がそうである．ところが，$d > 1$ のとき，(4.1) の整数解は無限個存在するという自明ではない事実がある．G をこれらの解全体のなす集合とすれば，G は群の構造をもつ (cf. 演習 2.4)．さらに，G は無限巡回群をなす．生成元は，$|y_1|$ (したがって, $|x_1|$) > 0 が最小の解 (x_1, y_1) である．

これを証明するために，この代数的な問題を次のように見る．理由は後で明らかにするが，$d \equiv 2, 3 \pmod 4$ の場合に制限してみることにする．
$$K = \mathbb{Q}(\sqrt{d}) = \{r + s\sqrt{d} \mid r, s \in \mathbb{Q}\}$$
が $\mathbb{C}$ の部分体になることは簡単に確認できる．（体 L の部分集合 K が部分体 (subfield) であることは，$1 \in K$ で K は L の部分環をなし，0 でない任意の K の元 x に対して $x^{-1} \in K$ が成り立つことである．）実際，$\alpha = r + s\sqrt{d} \neq 0$ に対して，ある $r_1, s_1 \in \mathbb{Q}$ をとって $(1/\alpha) = r_1 + s_1\sqrt{d}$ とかけることを確認すれ

ばよい．K は $\mathbb{Q}$ 上の 2 次元のベクトル空間と考えることができることに注意する．集合
$$A = \mathbb{Z}[\sqrt{d}] = \{x + y\sqrt{d} \mid x, y \in \mathbb{Z}\}$$
は K の部分環である．

A の元 $\alpha = x + y\sqrt{d}$ に対して $\overline{\alpha} = x - y\sqrt{d}$ とおき，α の**共役** (conjugate) と呼ぶ．**ノルム写像** $N : A \to \mathbb{Z}$ が
$$N(\alpha) = \alpha\overline{\alpha}$$
で定義される．もう 1 つの重要な写像は，**トレース** $\mathrm{Tr} : A \to \mathbb{Z}$ で，これは $\mathrm{Tr}(\alpha) = \alpha + \overline{\alpha}$ で定義される．A の任意の元 α は，あるモニック (monic) 多項式 $f(x) \in \mathbb{Z}[x]$ (モニックというのは最高次の係数が 1 のものをいう) の根である．実際，
$$\begin{aligned} f(x) &= (x - \alpha)(x - \overline{\alpha}) \\ &= x^2 - \mathrm{Tr}(\alpha)x + N(\alpha) \end{aligned}$$
である．逆に，後に見るように，任意の K の元 α で $\mathbb{Z}$ 上のモニックな多項式の根であるものは A に属する．したがって，A はまさに K の整数の環である (すなわち，$\mathbb{Z}$ 上のモニックな多項式の K における根全体である)．

単位元 1 をもつ環 R の**単元群** $R^\times$ とは，R の可逆元のつくる群と定義される，すなわち
$$R^\times = \{u \in R \mid uv = vu = 1 \text{ がある } v \in R \text{ で成り立つ}\}.$$
群 $A^\times$ は次のように特徴づけられる：
$$A^\times = \{u = x + y\sqrt{d} \in A \mid N(u) = x^2 - dy^2 = \pm 1\}.$$
もし，A がノルム -1 の元をもたなければ，G は $A^\times$ と同型である (そうでないと，$A^{\times 2} = \{u^2 \mid u \in A^\times\}$ と同型になってしまう)．よって，(4.1) の整数解のなす群 G は $A^\times$ により完全に決定される．

一般に K を $\mathbb{C}$ の部分体とする．このとき，K は 1 を含み，したがって $\mathbb{Z}$ を含む．結局 $\mathbb{Q} \subseteq K$ である．K を $\mathbb{Q}$ 上のベクトル空間と見なすと，有限次元で A はそれの整数環 ($\mathbb{Z}$ 上モニックな多項式の K における根であるもののなす環) である．

群 $A^\times$ の構造は何であろうか？ この章はこの問題に答える有名な Dirichlet の定理を証明することに費やされる．

4.2 数体

k を K の部分体とするとき，K は k の**体拡大** (field extension) であると呼び，K/k とかく．K を k 上のベクトル空間と見たときの次元 $[K:k]$ が有限のとき，体拡大 K/k は**有限拡大** (finite extension) であるという．$n = [K:k]$ を拡大 K/k の**次数** (degree) と呼ぶ．$n = 2$ または 3 のときに，それぞれ K/k は **2 次拡大** (quadratic extension) または **3 次拡大** (cubic extension) という．

【定義 4.1】 $K/\mathbb{Q}$ が有限拡大のとき，K は (代数的) **数体** ((algebraic) number field) と呼ばれる．

数体 K は $[K:\mathbb{Q}] = 2$ または 3 のときに，それぞれ **2 次体** (quadratic field) または **3 次体** (cubic field) と呼ばれる．

【定義 4.2】 複素数 α はある 0 でない多項式 $f(x) \in \mathbb{Q}[x]$ に対して $f(\alpha) = 0$ となるとき，**代数的数** (agebraic number) といい，そうでないとき，α は**超越的** (transcendental) であるという．

よく知られた超越的数としては e と π がある．証明は文献 [1] の pp.4-6 を参照．

K/k が $n = [K:k]$ の数体の拡大で，α を 0 でない K の元とすれば，$n+1$ 個のベクトル
$$1, \alpha, \ldots, \alpha^n$$
は k 上の 1 次従属でなければならない．すべてが 0 ということはないあるスカラー $a_0, a_1, \ldots, a_n$ に対して

$$a_0 + a_1\alpha + \cdots + a_n\alpha^n = 0$$

が成り立つ．これは，K の任意の元は k 上高々 n 次の多項式の根であることを示している．K の元 $\alpha \neq 0$ に対して，k 上の多項式 $f(x)$ を $f(\alpha) = 0$ となるものの中で最小次数のものとする．$g(x)$ がもう 1 つの k 上の多項式で $g(\alpha) = 0$ となるものとすれば，

$$g(x) = q(x)f(x) + r(x)$$

で $q(x), r(x) \in k[x]$，余り $r(x)$ の次数 $< \deg f(x)$ であるとかけ，$r(\alpha) = 0$ である．$\deg f(x)$ の最小性より $r(x) = 0$ を得る，すなわち $g(x) = q(x)f(x)$ である．したがって，$f(x)$ は $g(x)$ を $k[x]$ において割り切る．これを $f(x)|g(x)$ とかく．$g(x)$ は $k[x]$ において $f(x)$ の**倍元** (multiple) であるともいう．さらに，$\deg g(x) = \deg f(x)$ ならば k のある定数 $c \neq 0$ を用いて $g(x) = cf(x)$ と表される．したがって $f(x)$ の最高次の係数が 1 であるとすれば，$f(x)$ は一意的である．

【定義 4.3】 1 をもつ（可換）環 A 上の多項式 $a_0 + a_1x + \cdots + a_nx^n$ は $a_n = 1$ のとき，**モニック** (monic) と呼ばれる．

【定義 4.4】 0 でない代数的数 α の k 上の**最小多項式** (minimal polnomial) とは，k 上のモニックな多項式 $f(x)$ で $f(\alpha) = 0$ となる次数最小のもののことである．

明らかに α の最小多項式 $f(x)$ は k 上の**既約** (irreducible)，すなわち k 上の多項式 $f_1(x), f_2(x)$ で

1. $f(x) = f_1(x)f_2(x)$

かつ

2. $0 < \deg f_j(x) < \deg f(x), \quad j = 1, 2$

となるものが存在しないことである．これは確かに成り立つ．なぜならば，そうでないと $f_1(x)$ または $f_2(x)$ が α を根としてもってしまい，$f(x)$ の定義に反するからである．

これから先，断りのない限り，$k = \mathbb{Q}$ とし，「最小多項式」は「$k = \mathbb{Q}$ 上の最

小多項式」を意味するものとする．

$f(x)$ を代数的数 $\alpha \neq 0$ の最小多項式で $\deg f(x) = n$ とする．このとき，$f(x)$ は $\mathbb{C}$ において n 個の根 $\alpha_1 = \alpha, \alpha_2, \ldots, \alpha_n$ をもち，

$$f(x) = (x - \alpha_1) \cdots (x - \alpha_n)$$

と表される．さらに，$\alpha_1, \ldots, \alpha_n$ は異なる．というのは，そうでないとすると，例えば $\alpha_1 = \alpha_2$ とすると，

$$f(x) = (x - \alpha)^2 q(x)$$

と表され，これを微分することにより

$$f'(x) = 2(x - \alpha)q(x) + (x - \alpha)^2 q'(x)$$

となるが，これは α が $f'(x)$ の根であることになり，$\deg f'(x) < \deg f(x)$ となるからである．

【定義 4.5】 $f(x)$ を代数的数 $\alpha \neq 0$ の最小多項式，$\alpha_1 = \alpha, \ldots, \alpha_n$ を $f(x)$ の異なる根とする．このとき $\alpha_1, \ldots, \alpha_n$ は α の**共役** (conjugate) と呼ばれる．

対称性に注意する．α の最小多項式は，それと共役なものの最小多項式でもある．よって α_i, α_j $(i, j = 1, \ldots, n)$ は互いに共役である．

必ずしも代数的とは限らない複素数 $\beta_1, \ldots, \beta_n$ が与えられたとき，$\mathbb{Q}(\beta_1, \ldots, \beta_n)$ で $\beta_1, \ldots, \beta_n$ を添加して $\mathbb{Q}$ から得られた体，すなわち $\beta_1, \ldots, \beta_n$ と $\mathbb{Q}$ を含む最小の体を表すことにする．これは $\mathbb{C}$ の部分体で $\beta_1, \ldots, \beta_n$ と $\mathbb{Q}$ の両方を含むものの共通部分である．（とくに，任意の数体 K は，$\mathbb{Q}$ 上有限次元ベクトル空間であるから，ある代数的数 $\alpha_1, \ldots, \alpha_n$ があって $K = \mathbb{Q}(\alpha_1, \ldots, \alpha_n)$ となる．）明らかに，

$$\mathbb{Q}(\beta_1, \ldots, \beta_n) = \left\{ \frac{\phi_1(\beta_1, \ldots, \beta_n)}{\phi_2(\beta_1, \ldots, \beta_n)} \,\middle|\, \phi_1, \phi_2 \in \mathbb{Q}[x_1, \ldots, x_n], \phi_2(\beta_1, \ldots, \beta_n) \neq 0 \right\}$$

であって，これは $\beta_1, \ldots, \beta_n$ についての**有理関数体** (field of national function) である．とくに，α を代数的で，$f(x)$ が次数 n の α の最小多項式とする．もし

$g(x)$ がもう 1 つの多項式とすれば，上で見たように，次数 $< n$ の多項式 $r(x)$ があって $g(\alpha) = r(\alpha)$ である．ゆえに

$$\mathbb{Q}(\alpha) = \left\{ \frac{f_1(\alpha)}{f_2(\alpha)} \bigg| f_j(x) \in \mathbb{Q}[x], \deg f_j(x) < n, f_2(\alpha) \neq 0 \right\}$$

である．実際，

$$\mathbb{Q}(\alpha) = \mathbb{Q}[\alpha] = \{ g(\alpha) \mid g(x) \in \mathbb{Q}[x], \ \deg g(x) < n \}$$

であること (定理 4.13) を示そう．そのために少し準備が必要である．

4.3 多項式の判別式

この節を通して，k は任意の体を表すものとする．2 つの k 上の多項式

$$\begin{aligned} f(x) &= a_0 + a_1 x + \cdots + a_n x^n \\ g(x) &= b_0 + b_1 x + \cdots + b_m x^m \end{aligned} \quad (4.2)$$

(ここで $\deg f(x) = n$, $\deg g(x) = m$ とする) の**最大公約数** (g.c.d. : the greatest common divisor) とは，モニックな $k[x]$ 上の多項式 $d(x) = (f(x), g(x))$ で次の条件を満たすものをいう:

(1) $d(x)$ は $f(x)$ と $g(x)$ の両方を割り切る ($k[x]$ の中において)，

(2) $k[x]$ の中のもう 1 つの多項式 $h(x)$ が $f(x)$ と $g(x)$ をともに割り切るならば，$h(x)$ は $d(x)$ も割り切る．

そのような多項式 $d(x)$ が存在することは，整除アルゴリズムを通して示すことができる (代数についての任意の書籍を参照するか，または定理 1.22 をまねてみよ)．そして多項式の一意分解を証明するのにも用いることができる．$f(x)$ と $g(x)$ の**終結式** (resultant) ないしは**消去法** (elimination) $R(f, g)$ とは，次の $(m+n) \times (m+n)$ 型の行列の行列式である:

$$R(f,g) = \begin{vmatrix} a_0 & a_1 & \cdots & a_n & & & \\ & a_0 & a_1 & \cdots & a_n & & \\ & & & \cdots & & & \\ & & a_0 & a_1 & \cdots & a_n \\ b_0 & b_1 & \cdots & b_m & & & \\ & b_0 & b_1 & \cdots & b_m & & \\ & & & \cdots & & & \\ & & b_0 & b_1 & \cdots & b_m \end{vmatrix} \begin{matrix} \left.\vphantom{\begin{matrix}a\\a\\a\\a\end{matrix}}\right\} m \text{ 行} \\ \left.\vphantom{\begin{matrix}a\\a\\a\\a\end{matrix}}\right\} n \text{ 行} \end{matrix}$$

空白の部分の成分はすべて 0 である．

【定理 4.6】 $d(x) = (f(x), g(x))$ とする．このとき $\deg d(x) > 0$ であるための必要十分条件は $R(f,g) = 0$ である．

この証明には次の補題を必要とする．

【補題 4.7】 f, g, d を上と同じとする．そのとき $\deg d(x) > 0$ であるための必要十分条件は，0 でない $f_1, g_1 \in k[x]$ が存在し，

$$\deg f_1 < \deg f, \quad \deg g_1 < \deg g$$

かつ

$$f_1 g = f g_1 \tag{4.3}$$

が成り立つことである．

(証明) $\deg d(x) > 0$ ならば $f = df_1$, $g = dg_1$ で $\deg f_1 < \deg f$, $\deg g_1 < \deg g$ とかける．明らかに $fg_1 = f_1 g$ である．

逆に (4.3) が成り立つとすれば，すべての g の既約因数は fg_1 の分解の中に現れている．$\deg g_1 < \deg g$ であるから，g のある既約因数は f を割り切り，よって $\deg d(x) > 0$ である． ■

定理 4.6 の証明 補題 4.7 より，(4.3) が成り立つのが $R(f,g) = 0$ のとき，そのときに限ることを示せば十分である．

とする．(係数を比較することにより) 明らかに (4.3) は次の 1 次方程式の 0 でない解 $(\beta_1,\ldots,\beta_m\,;\,\alpha_1,\ldots,\alpha_n)$ が存在することと同値である：

$$
\begin{aligned}
a_0\beta_1 &= b_0\alpha_1 \\
a_1\beta_1 + a_0\beta_2 &= b_1\alpha_1 + b_0\alpha_2 \\
&\vdots \\
a_n\beta_m &= b_m\alpha_n
\end{aligned}
$$

これは次の行列式：

$$
\begin{vmatrix}
a_0 & & \cdots & b_0 & & \cdots \\
a_1 & a_0 & \cdots & b_1 & b_0 & \cdots \\
& a_1 & \cdots & & b_1 & \cdots \\
\vdots & \vdots & & \vdots & \vdots &
\end{vmatrix}
$$

が 0 になることと同値である．この行列式はちょうど $R(f,g)$ の転置である (したがって等しくなる). ∎

【定義 4.8】 $f(x) = a_0 + a_1 x + \cdots + a_n x^n\ (a_n \neq 0)$ を $k[x]$ における多項式とするとき, $f(x)$ の**判別式** (discriminant) $\Delta(f)$ とは

$$\Delta(f) = (-1)^{n(n-1)/2} \frac{1}{a_n} R(f, f')$$

のことをいう．

演習 4.9
1. $f(x) = ax^2 + bx + c$ ならば, $\Delta(f) = b^2 - 4ac$ であることを示せ．
2. $f(x) = x^3 + Ax + B$ ならば, $\Delta(f) = -4A^3 - 27B^2$ を示せ．

【系 4.10】 $f(x)$ が重根をもつのは $\Delta(f) = 0$ のとき，そのときに限る．

【定理 4.11】 $f(x)$ と $g(x)$ を $k[x]$ における多項式とする．このとき, $k[x]$ の中に多項式 $F(x)$ と $G(x)$ が存在して

$$R(f,g) = F(x)f(x) + G(x)g(x) \tag{4.4}$$

が成り立つ．とくに，$f(x)$ と $g(x)$ が互いに素，すなわち $(f(x), g(x)) = 1$ ならば，$F(x), G(x)$ として

$$f(x)F(x) + g(x)G(x) = 1$$

となるものが選べる．

(証明) いま，

$$f(x) = a_0 + a_1 x + \cdots + a_n x^n \quad (a_n \neq 0)$$
$$g(x) = b_0 + b_1 x + \cdots + b_m x^m \quad (b_m \neq 0)$$

とする．$R(f, g) = 0$ ならば証明すべきことは何もない．よって，$R(f, g) = d \neq 0$ とする．

方程式の系：

$$x^i f(x) = a_0 x^i + a_1 x^{i+1} + \cdots + a_n x^{i+n} \quad (i = 0, 1, \ldots, m-1)$$
$$x^j g(x) = b_0 x^j + b_1 x^{j+1} + \cdots + b_m x^{j+m} \quad (j = 0, 1, \ldots, n-1)$$

を考える．これらの方程式は行列を用いて $AX = Y$ のように書き換えられる．ここで

$$A = \begin{pmatrix} a_0 & a_1 & \cdots & a_n & & \\ & a_0 & \cdots & & a_n & \\ & & \cdots & & & \\ b_0 & b_1 & \cdots & b_m & & \\ & b_0 & \cdots & & b_m & \\ & & \cdots & & & \end{pmatrix}$$

$$X = \begin{pmatrix} 1 \\ x \\ x^2 \\ \vdots \\ x^{m+n-1} \end{pmatrix}$$

$$Y = \begin{pmatrix} f(x) \\ f(x)x \\ \vdots \\ g(x) \\ g(x)x \\ \vdots \\ g(x)x^{n-1} \end{pmatrix}$$

である．A の空白の成分はすべて 0 である．明らかに，$R(f,g) = \det(A) = d \neq 0$ である．

$d \neq 0$ であるから，$A^{-1} = \dfrac{1}{d} \mathrm{adj} A$ である．ここで行列 $\mathrm{adj} A = (A_{ij})$ は A の余因子 A_{ij} からなる．$X = \dfrac{1}{d}(\mathrm{adj} A)Y$ であることは明らかである．X の第 1 成分について解くことにより

$$d = \left(\sum_{j=1}^{m} A_{1j} x^{j-1}\right) f(x) + \left(\sum_{j=m+1}^{m+n} A_{1j} x^{j-m-1}\right) g(x)$$

を得る．

$$F(x) = \sum_{j=1}^{m} A_{1j} x^{j-1}, \quad G(x) = \sum_{j=m+1}^{m+n} A_{1j} x^{j-m-1}$$

とおく．

命題の最後の主張を証明するには，(4.4) の両辺を $R(f,g) \neq 0$ で割ればよい． ∎

【系 4.12】 $f(x)$ を k 上の多項式とする．このとき，$k[x]$ の中の多項式 $F(x)$, $G(x)$ で，その判別式が

$$\Delta(f) = F(x)f(x) + G(x)f'(x) \tag{4.5}$$

となるものが存在する．

(証明)
$$\Delta(f) = \left(\dfrac{1}{a_n}\right)(-1)^{n(n-1)/2} R(f, f')$$

であるから，$g(x) = f'(x)$ ととり，$F(x)$, $G(x)$ をそれぞれ $cF(x)$, $cG(x)$ で置き換えればよい．ここで

$$c = \left(\frac{1}{a_n}\right)(-1)^{n(n-1)/2}$$

である． ∎

4.4 共役体

この節を通して，α は次数 n の代数的数，すなわち α の $\mathbb{Q}$ 上の最小多項式 $f(x)$ の次数が n，とする．次の結果が証明できる．

【定理 4.13】 $$\mathbb{Q}(\alpha) = \mathbb{Q}[\alpha]$$

（証明） すでに

$$\mathbb{Q}(\alpha) = \left\{\frac{f_1(\alpha)}{f_2(\alpha)} \middle| f_j(x) \in \mathbb{Q}[x], \deg f_j(x) < n,\ j = 1, 2,\ f_2(\alpha) \neq 0\right\}$$

であることはわかっている．したがって，$\mathbb{Q}$ 上の多項式 $g(x)$ が次数が n より小さく，$g(\alpha) \neq 0$ であるとき，$\mathbb{Q}[x]$ のある元 $G(x)$ をとると $1/g(\alpha) = G(\alpha)$ とかけることを示せば十分である．$f(x)$ は既約であり，$\deg g(x) < n$ であるから，g.c.d.$(f(x), g(x)) = 1$ である．ゆえに，定理 4.11 より

$$f(x)F(x) + g(x)G(x) = 1$$

となる $Q[x]$ の元 $F(x)$ と $G(x)$ がある．よって $g(\alpha)G(\alpha) = 1$ を得る． ∎

$K = \mathbb{Q}(\alpha) = \mathbb{Q}[\alpha]$ を n 次の代数体，σ を K から $\mathbb{C}$ の中への同型，すなわち $\sigma : K \to \mathbb{C}$ は単射環準同型，とする．$\mathbb{Q}$ の任意の元 a に対して $\sigma(a) = a$ となることは明らか．α の $\mathbb{Q}$ 上の最小多項式を

$$f(x) = a_0 + a_1 x + \cdots + a_{n-1}x^{n-1} + x^n$$

とするとき，

$$\sigma(f(\alpha)) = a_0 + a_1 \sigma(\alpha) + \cdots + a_{n-1}(\sigma(\alpha))^{n-1} + (\sigma(\alpha))^n = 0$$

である．これは $\sigma(\alpha)$ が α の共役であることを示している．したがって，σ は α の共役元の置換である．α の共役元 $\alpha_1 = \alpha, \alpha_2, \ldots, \alpha_n$ はすべて異なるから，ちょうど n 個の同型 $\sigma_i : K \to \mathbb{C}$ が存在する．これらは α に共役元 $\sigma_i(\alpha) = \alpha_i$ を対応させることにより一意的に定まる．$K^{(i)}$ を K の σ_i による像，すなわち $K^{(i)} = \sigma_i(K)$ とする．体 $K^{(1)}, \ldots, K^{(n)}$ は K の**共役** (conjugate) と呼ばれる．$K^{(1)}, \ldots, K^{(n)}$ は必ずしも異なるとは限らないことに注意する．いくつかの例をあげよう．

■ 例 4.14 ■

1. 2 次体 (quadratic field). $d \neq 0, 1$ を平方因子をもたないとして，$K = \mathbb{Q}(\sqrt{d}) = \mathbb{Q}[\sqrt{d}]$ とする．$\alpha = \sqrt{d}$ の最小多項式は $f(x) = x^2 - d$ である．これは 2 つの根 $\alpha = \alpha_1 = \sqrt{d}$, $\alpha_2 = -\sqrt{d}$ をもつ．K から $\mathbb{C}$ への 2 つの同型は $\sigma_1 = 1 = id$ と $\sigma\left(x + y\sqrt{d}\right) = x - y\sqrt{d}$ で定義される共役 $\alpha_2 = \sigma$ である．したがって，$K^{(1)} = K^{(2)} = K$．

2. 3 次体 (cubic field). $\alpha = \sqrt[3]{2}$ で実数の 2 の 3 乗根を表し，
$$\omega = \frac{-1 - \sqrt{-3}}{2}$$
で 1 と異なる 1 の 3 乗根を表す．α の最小多項式は $x^3 - 2$ で，3 個の α の共役元は $\omega^j \alpha$ $(j = 0, 1, 2)$ である．体 $K = \mathbb{Q}[\alpha]$ は $\mathbb{R}$ に含まれるが，その共役 $K^{(2)} = \mathbb{Q}[\omega\alpha]$ と $K^{(3)} = \mathbb{Q}[\omega^2\alpha]$ はそうでない．よって，
$$K \neq K^{(j)} \quad (j = 2, 3)$$
である．

3. 円分体 (cycletomic field). $p > 0$ を素数，$\zeta = \zeta_p = e^{2\pi\sqrt{-1}/p} = \cos(2\pi/p) + \sqrt{-1}\sin(2\pi/p)$，すなわち ζ は 1 の (原始) p 乗根とする．ζ の $\mathbb{Q}$ 上の最小多項式は
$$x^{p-1} + x^{p-2} + \cdots + x + 1$$
となることは容易に確かめられる (cf. 文献 [4])．$K = \mathbb{Q}(\zeta)$ とする．$p - 1$ 個の ζ の共役元は $\zeta, \zeta^2, \ldots, \zeta^{p-1}$ であり，これらはすでに K の中にあるから，$K^{(1)} = \cdots = K^{(p-1)}$ である (4.8 節の 4.8.2 項も参照のこと)．

【定義 4.15】 α を代数的,$K = \mathbb{Q}(\alpha)$ とする.体拡大 $K/\mathbb{Q}$ は
$$K^{(1)} = \cdots = K^{(n)}$$
が成り立つとき,**正規** (nomal),ないしは,**ガロア** (galois) であると呼ばれる.

2次体や円分体 (例 4.14) はガロア拡大の例である.拡大 $\mathbb{Q}(\sqrt[3]{2})/\mathbb{Q}$ はガロア拡大ではない.

$K = \mathbb{Q}(\alpha)$ を $\mathbb{Q}$ のガロア拡大,$\sigma : K \to \mathbb{C}$ を K から $\mathbb{C}$ の中への同型とする.このとき,σ は K の $\mathbb{Q}$ 上の自己同型になる,すなわち,$\mathbb{Q}$ 上では恒等写像で,K からそれ自身の上への同型である.集合
$$Gal(K/\mathbb{Q}) = \{\sigma_1, \ldots, \sigma_n\}$$
を K の $\mathbb{Q}$ 上の自己同型全体とすると,これは写像の合成で群になる.これを K の $\mathbb{Q}$ 上の**ガロア群** (galois group) と呼ぶ.この群は必ずしもアーベル群とは限らない.

【定義 4.16】 $\mathbb{Q}$ のガロア拡大 $K = \mathbb{Q}(\alpha)$ は,そのガロア群 $Gal(K/\mathbb{Q})$ がアーベル群のとき,**アーベル拡大** (abelian extension) といわれる.

$K = \mathbb{Q}(\sqrt{d})$ を $\mathbb{Q}$ の2次拡大とすれば,$Gal(K/\mathbb{Q}) = \{1, \sigma\}$ である.位数が2の任意の群はアーベル群であるから,$K/\mathbb{Q}$ はアーベル拡大である.$\mathbb{Q}$ の非アーベル拡大の例としては,$K = \mathbb{Q}(\alpha, \sqrt{-1})$,$\alpha$ は 2 の (実) 4 乗根,がある (cf. 定理 4.17 と文献 [4] の p.200).

今まで,数体 $\mathbb{Q}(\alpha)$,$\mathbb{Q}$ に1つの代数的数 α を添加して得られる体のみを考えてきた.次の定理は任意の数体がこの形であることを示している.

【定理 4.17】 すべての代数的整数 K は $\mathbb{Q}$ の単純拡大,すなわち,ある代数的数 γ について
$$K = \mathbb{Q}(\gamma)$$
である.

(証明) $K = \mathbb{Q}(\alpha_1, \ldots, \alpha_n) = \mathbb{Q}(\alpha_1, \ldots, \alpha_{n-1})(\alpha_n)$ であるから,α, β の2つ

が与えられたとき，ある γ があって $\mathbb{Q}(\alpha,\beta) = \mathbb{Q}(\gamma)$ を示せれば，n についての帰納法で定理は証明される．

$\{\alpha_1,\ldots,\alpha_m\}$ と $\{\beta_1,\ldots,\beta_n\}$ はそれぞれ，$\alpha = \alpha_1,\ \beta = \beta_1$ の $\mathbb{Q}$ 上の最小多項式 $f(x), g(x)$ の異なる根の集合とする．$\mathbb{Q}$ は無限個の元をもつから，$\lambda \in \mathbb{Q}$ があって
$$\lambda \neq \frac{\alpha_i - \alpha}{\beta - \beta_j} \quad (i = 1,\ldots,m;\ j = 2,\ldots,n)$$
が成り立つ．$\gamma = \alpha + \lambda\beta$ とおく．明らかに，$\mathbb{Q}(\gamma) \subseteq \mathbb{Q}(\alpha,\beta)$ である．したがって，$\mathbb{Q}(\alpha,\beta) \subseteq \mathbb{Q}(\gamma)$ を示せば十分である．

$g(x)$ と $h(x) = f(\gamma - \lambda x)$ を $K = \mathbb{Q}(\gamma)$ 上の多項式と見なしてよい．$h(\beta) = f(\gamma - \lambda\beta) = f(\alpha) = 0$ であるから，$x - \beta$ は $\mathbb{C}[x]$ において $g(x)$ と $h(x)$ の共通因数である．実際，$x - \beta$ は定数の違いを除いて $\mathbb{C}[x]$ における $g(x)$ と $h(x)$ の唯一の共通因数である．というのは，もしもう1つあったとすると，それはある $j = 2,\ldots,n$ についての $x - \beta_j$ の倍元でなければならない．よって，$0 = h(\beta_j) = f(\gamma - \lambda\beta_j)$ となる．したがって，$\gamma - \lambda\beta_j = \alpha_i$ がある $i = 1,\ldots,m$ について成り立つ．ところが，$\gamma = \alpha + \lambda\beta$ である．ゆえに
$$\lambda = \frac{\alpha_i - \alpha}{\beta - \beta_j}$$
これは λ のとり方に矛盾する．

β の K 上の最小多項式 $\phi(x)$ は正の次数もち，$g(x)$ と $h(x)$ の両方を割り，したがって $x - \beta$ を割る．ゆえに，$\phi(x) = x - \beta$ となり，$\beta \in \mathbb{Q}(\gamma)$ を得る．最終的に $\alpha = \gamma - \lambda\beta$ も K に入る． ∎

4.5 代数的整数

各数体 K に環 $\mathcal{O}_K$ を関連づけてみる（これは $\mathbb{Q}$ に対する環 $\mathbb{Z}$ に類似する）．まず次の定義を必要とする：

【定義 4.18】 空でない集合 M は次の条件を満たすとき，単位元 1 をもつ可換環 A 上の**加群** (module) または **A-加群** (A-module) と呼ばれる：

1. M は加法（こう呼ぶ演算）の下で，アーベル群である．

2. M において，スカラー積 (scalar multiplication) が存在する．すなわち，ベクトル $\alpha \in M$ とスカラー $a \in A$ が与えられたとき，M の中にベクトル $a\alpha$ が存在し，$\alpha, \beta \in M, a, b \in A$ ならば次の性質をもつ:

   i. $(a+b)\alpha = a\alpha + b\alpha$,
   ii. $a(\alpha + \beta) = a\alpha + a\alpha$,
   iii. $(ab)\alpha = a(b\alpha)$,
   iv. $1\alpha = \alpha$.

とくに，A が体ならば M は A 上の**ベクトル空間** (vector space) である．

■ 例 4.19 ■

1. アーベル群 G は $\mathbb{Z}$-加群である．

2. 単位元 1 をもつ可換環 A はそれ上の加群である．

$\mathbb{Z}$-加群 M は次のように表されるとき**有限** (finite) $\mathbb{Z}$-加群または**有限生成** (finitely generated) $\mathbb{Z}$-加群といわれる:

$$\begin{aligned} M &= \mathbb{Z}\alpha_1 + \cdots + \mathbb{Z}\alpha_n \\ &= \{a_1\alpha_1 + \cdots + a_n\alpha_n \mid a_j \in \mathbb{Z}\} \end{aligned} \quad (4.6)$$

ここで $\alpha_1, \ldots, \alpha_n$ は M の適当な元である．集合 $\{\alpha_1, \ldots, \alpha_n\}$ は M の任意の元 α が一意的に

$$\alpha = a_1\alpha_1 + \cdots + a_n\alpha_n \quad (a_j \in \mathbb{Z})$$

と表されるとき，$\mathbb{Z}$-**基底** ($\mathbb{Z}$-basis) といわれる．M が $\mathbb{Z}$-基底 $\{\alpha_1, \ldots, \alpha_n\}$ をもつとき，M を**階数** (rank) n の**自由** (free)$\mathbb{Z}$-加群であるという．このとき (4.6) は

$$M = \mathbb{Z}\alpha_1 \oplus \cdots \oplus \mathbb{Z}\alpha_n$$

のように表される．

【定義 4.20】 代数的数 α はそれが $\mathbb{Z}$ 上のモニックな多項式の根になっているとき，**整** (integral)，または**代数的整数** (algebraic integer) といわれる．代数的整数 α が代数体 K に含まれるとき，α は K の**整数** (integer) であるという．

α が代数的整数ならば，それの共役もそうであることに注意する．というのは，すべて同じ $\mathbb{Z}$ 上の多項式を満たすからである．

【定理 4.21】 α を $\mathbb{C}$ の元とする．次は同値である．

1. α は整である；

2. $\mathbb{Z}[\alpha]$ は有限 $\mathbb{Z}$-加群である；

3. 有限 $\mathbb{Z}$-加群 $M \neq \{0\}$ が存在して，$\alpha M \subseteq M$ が成り立つ．

(証明) もし $\alpha = 0$ ならば定理は自明である．よって $\alpha \neq 0$ とする．(1) $\Rightarrow$ (2) $\Rightarrow$ (3) $\Rightarrow$ (1) が成り立つことを示そう．

(1) $\Rightarrow$ (2)．α は代数的整数であるから，ある $a_0, a_1, \ldots, a_{n-1} \in \mathbb{Z}$ に対して，
$$\alpha^n = a_0 + a_1\alpha + \cdots + a_{n-1}\alpha^{n-1} \tag{4.7}$$
が成り立つ．有限 $\mathbb{Z}$-加群
$$M = \mathbb{Z} + \mathbb{Z}\alpha + \cdots + \mathbb{Z}\alpha^{n-1}$$
を考える．明らかに，$M \subseteq \mathbb{Z}[\alpha]$ である．(4.7) より $\alpha M \subseteq M$ である．これをくり返すことにより，$\alpha^m \in M$ がすべての整数 $m \geq 1$ について成り立つ．すなわち，$\mathbb{Z}[\alpha] \subseteq M$ である．したがって，$\mathbb{Z}[\alpha] = M$ を得る．

(2) $\Rightarrow$ (3) は $M = \mathbb{Z}[\alpha]$ とすればよい．

(3) $\Rightarrow$ (1)．M を
$$M = \mathbb{Z}\alpha_1 + \cdots + \mathbb{Z}\alpha_n \neq \{0\}$$
で $\alpha M \subseteq M$ が成り立つものとする．各 $i = 1, \ldots, n$ に対して
$$\alpha\alpha_i = \sum_{j=1}^{n} a_{ij}\alpha_j \quad (a_{ij} \in \mathbb{Z}) \tag{4.8}$$
と表される．(4.8) を行列で表すと，
$$\alpha \begin{pmatrix} \alpha_1 \\ \vdots \\ \alpha_n \end{pmatrix} = \begin{pmatrix} a_{11} & \cdots & a_{1n} \\ \vdots & \ddots & \vdots \\ a_{n1} & \cdots & a_{nn} \end{pmatrix} \begin{pmatrix} \alpha_1 \\ \vdots \\ \alpha_n \end{pmatrix}$$

ないしは,
$$(\alpha I - A)\boldsymbol{v} = \boldsymbol{0} \tag{4.9}$$
である. ここで, $A = (a_{ij}) \in M(n, \mathbb{Z})$, I は $n \times n$ 型の単位行列, そして
$$\boldsymbol{v} = \begin{pmatrix} \alpha_1 \\ \vdots \\ \alpha_n \end{pmatrix}$$
である.

仮定より $M \neq \{0\}$ としているから, $\boldsymbol{v} \neq \boldsymbol{0}$ である. したがって, (4.9) は
$$\det(\alpha I - A) = 0 \tag{4.10}$$
のときのみ成り立つ. (4.10) の左辺は
$$\alpha^n + a_{n-1}\alpha^{n-1} + \cdots + a_0$$
の形をしている. ここで $a_0, a_1, \ldots, a_{n-1} \in \mathbb{Z}$ である. これは α が代数的整数であることを示している. ∎

【系 4.22】 代数的数体 K に対して
$$\mathcal{O}_K = \{\alpha \in K \mid \alpha \text{ は代数的整数}\}$$
とおく. このとき $\mathcal{O}_K$ は環であって, $\mathcal{O}_K \supseteq \mathbb{Z}$ である.

(証明) $\alpha, \beta \in \mathcal{O}_K$ をともに 0 でないとする. このとき, $\mathbb{Z}[\alpha], \mathbb{Z}[\beta]$, したがって $M = \mathbb{Z}[\alpha, \beta] \neq \{0\}$ はすべて有限 $\mathbb{Z}$-加群である. γ を $\alpha - \beta, \alpha\beta$ の 1 つとすると, $\gamma M \subseteq M$ であり, これは $\alpha - \beta, \alpha\beta \in \mathcal{O}_K$ を示している. ゆえに $\mathcal{O}_K$ は環である. $\mathbb{Z} \subseteq \mathcal{O}_K$ は明らかである. ∎

【定義 4.23】 環 $\mathcal{O}_K$ は K の**整数環** (ring of integers) と呼ばれる.

演習 4.24 $\mathcal{O}_\mathbb{Q} = \mathbb{Z}$ であることを示せ.

【定理 4.25】 $\alpha \in K$ ならば $\mathbb{Z}$ の 0 でないある元 a に対して $a\alpha \in \mathcal{O}_K$ となる.

(証明) $a_0, a_1, \ldots, a_{n-1} \in \mathbb{Q}$ があって

$$\alpha^n + a_{n-1}\alpha^{n-1} + \cdots + a_1\alpha + a_0 = 0$$

である. a として $a_0, a_1, \ldots, a_{n-1}$ の分母の最小公倍数をとる. このとき,

$$(a\alpha)^n + aa_{n-1}(a\alpha)^{n-1} + \cdots + a^{n-1}a_1(a\alpha) + a^n a_0 = 0$$

である. これは, $a\alpha$ が $\mathbb{Z}$ 上のモニック多項式の根であることを示している. ∎

【系 4.26】 K は $\mathcal{O}_K$ の商体 (quotient field), すなわち

$$K = \left\{ \frac{\alpha}{\beta} \ \middle| \ \alpha, \beta \in \mathcal{O}_K, \beta \neq 0 \right\}$$

である.

4.6 整数基

$u_1, \ldots, u_n$ を数体 K の $\mathbb{Q}$ 上の基底とする. $\alpha \in K$ を固定し, これを K において掛けることは, $\mathbb{Q}$ 上の線形変換 $L = L_\alpha : K \to K$ である. ゆえに L_α は基底 $\{u_1, \ldots, u_n\}$ に関しての行列 $A_\alpha = A = (a_{ij}) \in M(n, \mathbb{Q})$ で表すことができる. これは

$$\alpha u_i = \sum_{j=1}^n a_{ij} u_j$$

で定義される. B がもう1つの基底 $\{v_1, \ldots, v_n\}$ に関する行列であるとすると, ある行列 $P = GL(n, \mathbb{Q})$ を用いて $B = P^{-1}AP$ と表される.

$n \times n$ 型の正方行列 $A = (a_{ij})$ の**トレース** (trace) $\mathrm{tr}(A)$ は

$$\mathrm{tr}(A) = a_{11} + \cdots + a_{nn}$$

で定義される. B を $n \times n$ 型の行列とするとき $\mathrm{tr}(AB) = \mathrm{tr}(BA) \in \mathbb{Q}$ であることは容易に確認できる. ゆえに, K から $\mathbb{Q}$ への次の2つの写像が定義できる:

1. トレース: $\mathrm{Tr}_{K/\mathbb{Q}}(\alpha) = \mathrm{tr}(A_\alpha)$,

2. ノルム (norm)：$N_{K/\mathbb{Q}}(\alpha) = \det(A_\alpha)$.

次のことは容易にわかる．（添字 $K/\mathbb{Q}$ をかかないことにする．）：

1. $\mathrm{Tr}(\alpha + \beta) = \mathrm{Tr}(\alpha) + \mathrm{Tr}(\beta)$;

2. $N(\alpha\beta) = N(\alpha)N(\beta)$;

3. $\alpha \in \mathbb{Q}$ に対しては，$\mathrm{Tr}(\alpha) = n\alpha$, $N(\alpha) = \alpha^n$ である．

この章の以下においては，$\sigma_1 = id, \ldots, \sigma_n$ は K から $\mathbb{C}$ の中への異なる n 個の $\mathbb{Q}$-同型 (すなわち，K から $\mathbb{C}$ の中への同型 で $\mathbb{Q}$ においては恒等写像) を表すものとする．

【定理 4.27】 $u_1, \ldots, u_n$ を K の $\mathbb{Q}$ 上の基底とすれば，行列 $P = (\sigma_i(u_j)) \in M(n, \mathbb{C})$ は正則である．

（証明） $\theta \in \mathcal{O}_K$ にとって，$K = \mathbb{Q}(\theta)$ とおく．このとき，$1, \theta, \ldots, \theta^{n-1}$ は K の $\mathbb{Q}$ 上の基底である．まずこの基底に対して定理が成り立つことを示す．$\det(P)$ はよく知られた Van der Monde 行列式

$$\begin{vmatrix} 1 & \sigma_1(\theta) & \cdots & \sigma_1(\theta)^{n-1} \\ 1 & \sigma_2(\theta) & \cdots & \sigma_2(\theta)^{n-1} \\ \vdots & \vdots & & \vdots \\ 1 & \sigma_n(\theta) & \cdots & \sigma_n(\theta)^{n-1} \end{vmatrix} = \pm \prod_{\substack{i,j=1 \\ i<j}}^{n} \{\sigma_i(\theta) - \sigma_j(\theta)\}$$

で，$i \neq j$ に対しては，$\sigma_i(\theta) \neq \sigma_j(\theta)$ であるからこれは 0 ではない．よって，P は正則である．

$\{u_1, \ldots, u_n\}$ と $\{v_1, \ldots, v_n\}$ を K の $\mathbb{Q}$ 上の 2 つの基底とすると，これらは

$$v_j = \sum_{r=1}^{n} a_{rj} u_r$$

で関係づけられており，行列 $A = (a_{ij})$ は正則である．したがって $\det(\sigma_i(v_j)) = \det(\sigma_i(u_r)) \det(a_{rj})$ であって，$\det(\sigma_i(u_j)) = 0$ であることは $\det(\sigma_i(u_r)) = 0$

と同値である.よって,証明の最初の部分により,$\det(\sigma_i(u_j)) \neq 0$ が任意の基底 $u_1, \ldots, u_n$ について成り立つ.

【定理 4.28】 $\alpha \in K$ とすると,

1. $\mathrm{Tr}_{K/\mathbb{Q}}(\alpha) = \sigma_1(\alpha) + \cdots + \sigma_n(\alpha)$,

2. $N_{K/\mathbb{Q}}(\alpha) = \sigma_1(\alpha) \cdots \sigma_n(\alpha)$

が成り立つ.

(証明) σ_i を
$$\alpha u_j = \sum_{r=1}^{n} a_{rj} u_r \quad (a_{rj} \in \mathbb{Q})$$
に作用させて,
$$\sigma_i(\alpha)\sigma(u_j) = \sum_{r=1}^{n} \sigma_i(u_r) a_{rj} \quad (4.11)$$
を得る. 2つの $n \times n$ 行列 $D = \mathrm{diag}(\sigma_1(\alpha), \ldots, \sigma_n(\alpha))$ と $P = (\sigma_i(u_j))$ を考えると, (4.11) は $DP = P\, {}^t A_\alpha$, すなわち, $D = P\, {}^t A_\alpha P^{-1}$ を与えている. したがって,

$$\mathrm{Tr}(\alpha) = \mathrm{tr}(A_\alpha) = \mathrm{tr}({}^t A_\alpha) = \mathrm{tr}(P\, {}^t A_\alpha P^{-1}) = \mathrm{tr}(D)$$
$$= \sigma_1(\alpha) + \cdots + \sigma_n(\alpha)$$

同様にして

$$N(\alpha) = \det(A_\alpha) = \det(D)$$
$$= \sigma_1(\alpha) \cdots \sigma_n(\alpha)$$

を得る. ∎

【系 4.29】 $\alpha \in \mathcal{O}_K$ ならば, $\mathrm{Tr}(\alpha)$ と $N(\alpha)$ は $\mathbb{Z}$ に含まれる.

(証明) 各 $\sigma_i(\alpha)$ は代数的整数であるから, $N(\alpha)$, $\mathrm{Tr}(\alpha)$ は $\mathcal{O}_\mathbb{Q} = \mathbb{Z}$ の元である. ∎

【定理 4.30】 $K/\mathbb{Q}$ を次数 n の有限拡大とするとき，$\mathcal{O}_K$ は階数 n の自由 $\mathbb{Z}$-加群である．

(証明) $\alpha_1, \ldots, \alpha_n$ を K の $\mathbb{Q}$ 上の基底とすれば，0 でない任意の $a \in \mathbb{Z}$ に対して，$a\alpha_1, \ldots, a\alpha_n$ もそうである．ゆえに，定理 4.25 により，K は代数的整数 $\alpha_1, \ldots, \alpha_n$ からなる $\mathbb{Q}$-基底をもつ．このとき $n \times n$ 型の複素行列 $P = (\sigma_i(\alpha_j))$ の成分はすべて代数的整数である．よって基底 $\{\alpha_1, \ldots, \alpha_n\}$ の**判別式** (discriminant) $\Delta = \Delta(\alpha_1, \ldots, \alpha_n)$ は $\Delta = \{\det(P)\}^2$ で定義され，これは代数的整数である．ところで，

$$\begin{aligned}
\Delta &= \{\det(P)\}^2 \\
&= \det({}^t P P) \\
&= \det\left(\sum_{k=1}^n \sigma_k(\alpha_i)\sigma_k(\alpha_j)\right) \\
&= \det(\mathrm{Tr}(\alpha_i \alpha_j))
\end{aligned}$$

は $\mathbb{Q}$ に含まれる．したがって，演習 4.24 と定理 4.27 より，$\Delta \in \mathbb{Z}$ かつ $\Delta \neq 0$ であることがわかる．

代数的整数からなる $K/\mathbb{Q}$ のすべての基底の中から，$\omega_1, \ldots, \omega_n$ で $|\Delta(\omega_1, \ldots, \omega_n)|$ が最小であるものを1つ選ぶ．$\omega_1, \ldots, \omega_n$ が $\mathcal{O}_K$ の $\mathbb{Z}$-基底であることを示そう．明らかに，$\mathcal{O}_K$ の任意の元 α は

$$\alpha = a_1 \omega_1 + \cdots + a_n \omega_n$$

と $a_1, \ldots, a_n \in \mathbb{Q}$ を用いて表せる．すべての a_j が $\mathbb{Z}$ の元であることを示す．そうならないと仮定して，$a_1 \notin \mathbb{Z}$ と仮定しても一般性は失われない．$a_1 = a + r$, $a \in \mathbb{Z}$, $0 < r < 1$ とかく．$K/\mathbb{Q}$ の新しい基底を

$$\begin{aligned}
\alpha_1 &= \alpha - a\omega_1 \\
&= (a_1 - a)\omega_1 + a_2 \omega_2 + \cdots + a_n \omega_n \\
\alpha_j &= \omega_j \qquad (j = 2, \ldots, n)
\end{aligned}$$

と定義すると，これらは代数的整数からなっている．この2つの基底の間の変換行列は

$$\begin{pmatrix} r & 0 & \cdots & 0 \\ a_2 & & & \\ \vdots & & I_{n-1} & \\ a_n & & & \end{pmatrix}$$

である．したがって，

$$\Delta(\alpha_1,\ldots,\alpha_n) = r^2 \Delta(\omega_1,\ldots,\omega_n)$$

を得るが，$|\Delta(\omega_1,\ldots,\omega_n)|$ の最小性に矛盾する． ∎

$\mathcal{O}_K$ の $\mathbb{Z}$-基底 $\{\omega_1,\ldots,\omega_n\}$ は K の**整数基** (integral basis) と呼ばれ，その判別式は K の**判別式** (discriminant) といわれる．K の判別式 d_K は $\{\omega_1,\ldots,\omega_n\}$ には依存しない．なぜならば，2 つのそのような基底はユニモジュラー行列で関係づけられているからである．(判別式はその行列の行列式の平方で変化することを思い出そう．)

4.7 単数群

$\mathcal{O}_K^\times$ を K の (整数環の) **単数群** (group of units) と呼ぶ．$\mathcal{O}_K^\times$ が有限生成であることを示す．まず，準備をしておくことにしよう．

【定理 4.31】 $$\mathcal{O}_K^\times = \{u \in \mathcal{O}_K \mid N(u) = \pm 1\}$$

(証明) u を単数をすれば，$vu = 1$ がある $v \in \mathcal{O}_K$ で成り立つ．よって，

$$N(u)N(v) = N(uv) = N(1) = 1$$

$N(u), N(v) \in \mathbb{Z}$ であるから，$N(u) = \pm 1$ でなければならない．逆に，

$$N(u) = u(\sigma_2(u)\cdots\sigma_n(u)) = \pm 1$$

とすれば，$v = \pm \sigma_2(u)\cdots\sigma_n(u)$ をとって，これは $\mathcal{O}_K$ に含まれる． ∎

σ を $\sigma_1,\ldots,\sigma_n$ の 1 つとする．$\sigma(K)$ が $\mathbb{R}$ に含まれるかどうかに従って，σ は**実** (real) または**虚** (complex) であると呼ばれる．虚である σ に対して，

$\overline{\sigma} : K \to \mathbb{C}$ を $\overline{\sigma}(\alpha) = \overline{\sigma(\alpha)}$ で与えることにより，その共役を定義すれば，$\overline{\sigma} = \sigma_j \neq \sigma$ がある j について成り立つ．したがって複素数同型 $K \to \mathbb{C}$ は組で現れる．もし σ が実（あるいは虚）であるとき，$\sigma(K)$ は K の**実** (real)（あるいは**虚** (complex)）の共役であると呼ばれる．σ が虚ならば，$\sigma(K), \overline{\sigma}(K)$ を**複素共役体** (complex conjugate field) の組という．

r_1 を K から $\mathbb{C}$ の中への実同型の組の個数，r_2 を K から $\mathbb{C}$ の中への虚同型の組の個数とする．このとき，

$$n = r_1 + 2r_2$$

である．

【定理 4.32】(Dirichlet)　K における 1 の累乗根の群 W_K は有限巡回群である．$r = r_1 + r_2 - 1$ とおくと

$$\mathcal{O}_K^\times \cong W_K \times \mathbb{Z}^r$$

が成り立つ．

まず，この定理の証明に必要な 2 つのことがらを証明する．

0 でない整数 m を法とする $\mathbb{Z}$ における合同の概念は，単位元 1 をもつ任意の可換環 A に一般化することができる．a を A の 0 でない元とする．A の元 α, β に対して，$\alpha \equiv \beta \pmod{a}$ とは，ある $b \in A$ があって $\alpha - \beta = ab$ となるときとする．これは同値関係で，A は異なる合同類の共通部分をもたない和集合に分割される．とくに，

$$A = \mathcal{O}_K = \mathbb{Z}\omega_1 \oplus \cdots \oplus \mathbb{Z}\omega_n$$

とする．もし $a \in \mathbb{Z} \subseteq \mathcal{O}_K$ $(a > 0)$ ならば，任意の $\alpha \in \mathcal{O}_K$ は a を法として，ある

$$\beta = r_1\omega_1 + \cdots + r_n\omega_n \quad (r_j \in \mathbb{Z},\ 0 \leqq r_j < a)$$

と合同である．したがって，高々 a^n 個の異なる合同類が存在する．

2 つの A の元 α, β は，ある単数 ε が A にあって $\alpha = \varepsilon\beta$ とかけるとき，**同伴** (associate) であると呼ばれる．次の定理を証明する．

【定理 4.33】 任意の正の整数 $a \in \mathbb{Z}$ に対して，$|N(\alpha)| = a$ となるような $\mathfrak{O}_K$ の元 α で同伴でないものは有限個しか存在しない．

(証明) まず 0 でない $\mathfrak{O}_K$ の元 α に対し，$N(\alpha)/\alpha \in \mathfrak{O}_K$ である．というのは，これは $\alpha = \alpha_1$ を除く α のすべての共役 α_j の積であるからである．各 α_j は代数的整数であるから，それらの積 $N(\alpha)/\alpha$ もそうであり，これらは明らかに K に含まれる．

法 a の合同類は有限個しか存在しない．よって，この定理を証明するには α, β が同じ合同類に入り，$|N(\alpha)| = |N(\beta)| = a > 0$ ならば α と β は同伴であることを示せば十分である．明らかに α, β は 0 でなく，$\alpha - \beta = a\gamma$ がある $\gamma \in \mathfrak{O}_K$ で成り立つから，$\alpha/\beta = 1 \pm (N(\beta)/\beta)\gamma \in \mathfrak{O}_K$ である．同様に $\beta/\alpha \in \mathfrak{O}_K$ もわかる．したがって α/β は単数，すなわち，α, β は同伴である． ∎

$\mathbb{R}^m$ の部分集合 S は，各定数 $C > 0$ に対して有限個のベクトル $(x_1, \ldots, x_n) \in S$ に対してのみ

$$\max_{1 \leqq j \leqq m} |x_j| \leqq C$$

が成り立つとき，**離散的** (discrete) であるといわれる．

【定理 4.34】 $\mathbb{R}^m$ の任意の離散的部分群 Γ は，階数 $r \leqq m$ の自由 $\mathbb{Z}$-加群，すなわち

$$\Gamma = \mathbb{Z}\gamma_1 \oplus \cdots \oplus \mathbb{Z}\gamma_r \quad (r \leqq m)$$

である．

(証明) m に関する帰納法で証明する．

$m = 1$ のとき $\mathbb{R}^m = \mathbb{R}$ で Γ は離散的であるから，Γ の中で最小の正のものを γ_1 ととる ($\Gamma = \{\mathbf{0}\}$ の場合はいうべきことは何もないから，そうでないとする)．このとき $\Gamma = \mathbb{Z}\gamma_1$ である．これを示すためには，$\Gamma \subseteq \mathbb{Z}\gamma_1$ をいえばよい．Γ の任意の元 γ を $\gamma = q\gamma_1 + r$ $(q \in \mathbb{Z}, 0 \leqq r < \gamma_1)$ とかく．このとき $r = \gamma - q\gamma_1 \in \Gamma$ である．γ_1 についての最小性より $r = 0$ が出る．ゆえに，$\gamma = q\gamma_1 \in \mathbb{Z}\gamma_1$ となる．

さて，$\mathbb{R}^{m-1}$ $(m > 1)$ の任意の部分群に対して定理が成り立つと仮定する．

$\Gamma \neq \{\mathbf{0}\}$ が $\mathbb{R}^m$ の離散的部分群ならば,Γ_1 を Γ の $\mathbf{0}$ でない1つの元で生成された $\mathbb{R}^{m-1}(\subseteq \mathbb{R}^m)$ の (離散的) 部分群とする,すなわち,$\Gamma_1 = \mathbb{Z}\gamma_1$ とする.$\gamma_1 \neq \mathbf{0}$ であるから,座標のラベルをはりかえ,第一成分は 0 でないと仮定してよい.$e_1 = (1, 0, 0, \ldots, 0), \ldots, e_m = (0, \ldots, 1)$ が $\mathbb{R}^m$ の基本基底を表すとするとき,明らかに $\{\gamma_1, e_2, \ldots, e_m\}$ は $\mathbb{R}^m$ の基底である.$\mathbb{R}$-線形変換 $L : \mathbb{R}^m \to \mathbb{R}^{m-1}$ を

$$L(x_1\gamma_1 + x_2 e_2 + \cdots + x_m e_m) = (x_2, \ldots, x_m)$$

で定義し,$\Gamma' = L(\Gamma)$ とおく.このとき Γ' は $\mathbb{R}^{m-1}$ の部分群である.Γ' が離散的であることを示す.これを証明するために,$C > 0$ とする.$\gamma' = (x_2, \ldots, x_m) \in \Gamma'$ を

$$\max_{2 \leqq j \leqq m} |x_j| \leqq C \tag{4.12}$$

が成り立つものとする.このとき,$\gamma' = L(\gamma)$ がある Γ の元

$$\gamma = x_1\gamma_1 + x_2 e_2 + \cdots + x_m e_m \quad (0 \leqq x_1 < 1) \tag{4.13}$$

に対して成り立つ.ところが,a で γ_1 の (絶対値の意味で) 最大の成分を表すとすると,(4.13) の任意の γ の (絶対値の意味で) 最大の成分は $\leqq C + a$ である.Γ は離散的であるから,$L(\gamma) = \gamma'$ となるような (4.13) における Γ は有限個である,すなわち,(4.12) が Γ' の有限個の γ' について成り立つ.したがって,Γ' は離散的である.

帰納法の仮定より,$\gamma'_2, \ldots, \gamma'_r$ $(r \leqq m)$ を Γ' の $\mathbb{Z}$-基底とする.$\gamma_2, \ldots, \gamma_r$ を Γ の中で選んで

$$L(\gamma_j) = \gamma'_j \quad (j = 2, \ldots, r)$$

となるものとする.定理を証明するためには,次のことがらを示せば十分である:

(1) $\gamma_1, \ldots, \gamma_r$ は1次独立である;

(2) $\Gamma = \mathbb{Z}\gamma_1 + \cdots + \mathbb{Z}\gamma_r$.

(1) を示すために,$n_1\gamma_1 + \cdots + n_r\gamma_r = \mathbf{0}$ とする.このとき $L(n_1\gamma_1 + \cdots + n_r\gamma_r) = n_2\gamma'_2 + \cdots + n_r\gamma'_r = \mathbf{0}$.ところが,$\{\gamma'_2, \ldots, \gamma'_r\}$ は Γ' の $\mathbb{Z}$-基底であるから,$n_2 = \cdots = n_r = 0$ である.その結果 $n_1 = 0$ でもある.したがって,$\gamma_1, \ldots, \gamma_r$ は1次独立である.

(2) を示すために，まず $\Gamma \subseteq \mathbb{Z}\gamma_1 + \cdots + \mathbb{Z}\gamma_r$ を示そう．$\gamma \in \Gamma$ とする．$\gamma' = L(\gamma) \in \Gamma'$ であることにより，

$$\gamma' = n_2\gamma_2' + \cdots + n_r\gamma_r' \quad (n_j \in \mathbb{Z},\ j = 2,\ldots,r)$$

を得る．よって，

$$L(\gamma - (n_2\gamma_2 + \cdots + n_r\gamma_r)) = \mathbf{0}.$$

これは $\gamma - (n_2\gamma_2 + \cdots + n_r\gamma_r) \in \mathrm{Ker}(L) \cap \Gamma = \Gamma_1$ を示している，すなわち，$\gamma - (n_2\gamma_2 + \cdots + n_r\gamma_r) = n_1\gamma_1$ がある $n_1 \in \mathbb{Z}$ について成り立つ．したがって，$\Gamma \subseteq \mathbb{Z}\gamma_1 + \cdots + \mathbb{Z}\gamma_r$ を得る．もう一方の包含関係 $\mathbb{Z}\gamma_1 + \cdots + \mathbb{Z}\gamma_r \subseteq \Gamma$ は明らかである．これは (2) を示している． ∎

Dirichlet の定理の証明のアイデアは次のようなものである．$K^{(1)},\ldots,K^{(r_1)}$ を K の実共役，$K^{(r_1+1)}, \overline{K^{(r_1+1)}} = K^{(r_1+r_2+1)},\ldots,\overline{K^{(r_1+r_2)}} = K^{(r_1+2r_2)}$ を K の虚共役体の r_2 個の組とする．よって $n = r_1 + 2r_2$ である．$\alpha \in K$ と $1 \leqq i \leqq n$ に対して，$\alpha^{(i)}$ は中への $\mathbb{Q}$-同型：$K \to \mathbb{C}$ による $K^{(i)}$ における像とする．$r = r_1 + r_2 - 1$ とおく．群準同型 $\lambda: \mathfrak{O}_K^\times \to \mathbb{R}^r$ を

$$\lambda(\varepsilon) = (\log|\varepsilon^{(1)}|,\ldots,\log|\varepsilon^{(r)}|)$$

で定義する．このとき，Dirichlet の定理は (定理 2.35 より)，次の定理より得られる．

【定理 4.35】

1. $\mathrm{Ker}(\lambda) = W_K$，$K$ における 1 の累乗根の群，であり，これは有限巡回群である；

2. $\lambda(\mathfrak{O}_K^\times)$ は $\mathbb{R}^r$ における格子，すなわち，階級 r の自由 $\mathbb{Z}$-加群である．

これから与える定理 4.35 の証明は，C.L.Siegel (cf. 文献 [5], [6]) が Göttingen で行った講義によるものである．いくつかの技術的補題が必要である．

【補題 4.36】 任意の定数 $c > 0$ に対して，$\alpha \in \mathfrak{O}_K$ で

$$|\sigma_i(\alpha)| \leqq c, \quad i = 1,\ldots,n \tag{4.14}$$

を満たすものは有限個しかない.

(証明) $\omega_1,\ldots,\omega_n$ を $\mathcal{O}_K$ の整数基とする. このとき, 任意の $\mathcal{O}_K$ の元

$$\alpha = x_1\omega_1 + \cdots + x_n\omega_n \ (x_j \in \mathbb{Z}) \tag{4.15}$$

に対し,

$$\sigma_i(\alpha) = x_1\sigma_i(\omega_1) + \cdots + x_n\sigma_i(\omega_n) \quad (i=1,\ldots,n)$$

となる. これを行列を用いて $\boldsymbol{\alpha} = P\boldsymbol{x}$ とかく. ここで,

$$\boldsymbol{\alpha} = \begin{pmatrix} \sigma_1(\alpha) \\ \vdots \\ \sigma_n(\alpha) \end{pmatrix},$$

$$\boldsymbol{x} = \begin{pmatrix} x_1 \\ \vdots \\ x_n \end{pmatrix}$$

で, $P = (\sigma_i(\omega_j))$ は前に定義した正則行列である. よって, $\boldsymbol{x} = P^{-1}\boldsymbol{\alpha}$ となる. ゆえに, (4.14) の仮定より, 各 j に対して $|x_j| \leqq cc_1$ で, c_1 は P にのみ依存し, したがって K にのみ依存する. 結局, (4.14) を満たす α で (4.15) におけるものは有限個しかない. ■

【補題 4.37】 $A = (a_{ij})$ を $m \times n$ 型の実行列で $(m < n)$ とする.

$$a = \max_{1 \leqq j \leqq m} \sum_{j=1}^{n} |a_{ij}|$$

とおく. $t > 1$ を任意の整数とするとき, 0 でない列ベクトル $\boldsymbol{x} \in \mathbb{Z}^n$ で, $\boldsymbol{y} = A\boldsymbol{x}$ となるものが存在し,

$$\max_{1 \leqq j \leqq n} |x_j| \leqq t, \quad \max_{1 \leqq i \leqq m} |y_i| \leqq 2at^{1-n/m} \tag{4.16}$$

となる. ここで x_j, y_i は $\boldsymbol{x}, \boldsymbol{y}$ のそれぞれの成分を表す.

(証明) $n > m$ であるから，任意の $t > 1$ に対して，

$$t^{n/m} + 1 < (t+1)^{n/m}$$

が成り立ち，よって整数 h を選んで

$$t^{n/m} \leqq h < (t+1)^{n/m} \qquad (4.17)$$

すなわち，

$$t^n \leqq h^m < (t+1)^n \qquad (4.18)$$

が成り立つようにできる．

立体
$$I = \{(y_1, \ldots, y_m) \in \mathbb{R}^m \mid |y_i| \leqq at, i = 1, \ldots, m\}$$

の各辺を分割して，h 個の等しい部分に分ける．よって，I は h^m 個の各辺が $2at/h$ の立体をもつ．$x_j = 0, 1, \ldots, t$ をとることにより $\mathbb{Z}^n$ の中に $(t+1)^n$ 個の点 $\boldsymbol{x} = (x_1, \ldots, x_n)$ が存在する．これらの点 $\boldsymbol{x}$ に対して $|y_i| \leqq at$ であり，よって $\boldsymbol{y} \in I$ である．したがって (4.18) より，(異なる) そのような 2 点 $\boldsymbol{x}'$ と $\boldsymbol{x}''$ に対し，点 $\boldsymbol{y}' = A\boldsymbol{x}', \boldsymbol{y}'' = A\boldsymbol{x}''$ は I の同じ部分立体に入る．$\boldsymbol{x} = \boldsymbol{x}' - \boldsymbol{x}''$ とすると，(4.16) の最初の不等式が成り立ち，(4.17) より

$$|y_i| \leqq \frac{2at}{h} \leqq 2at^{1-n/m}$$

を得る． ∎

$E = \{1, 2, \ldots, r_1 + r_2\} \subseteq \{1, 2, \ldots, n\}$ とおく．$r \in E$ に対して，

$$\overline{r} = \begin{cases} r & (1 \leqq r \leqq r_1) \\ r + r_2 & (r_1 < r \leqq r_2) \end{cases}$$

とする．$X \subseteq E$ に対して $\overline{X} = \{\overline{x} \mid x \in X\}$ とおく．E が 2 つの空でない部分集合 X, Y の共通部分がない和集合で表されていると仮定する．$X \cup \overline{X}$ の元の個数を m とする．このとき明らかに $m < n$ である．

【補題 4.38】 K にのみ依存する定数 $c > 0$ が存在し，次の条件を満たす：$t > 1$ が与えられたとき，$\mathcal{O}_K$ の 0 でない元 α が存在して

$$\left.\begin{array}{ll} c^{1-n}t^{1-n/m} \leqq |\alpha^{(k)}| \leqq ct^{1-n/m} & (k \in X) \\ c^{1-n}t \leqq |\alpha^{(l)}| \leqq ct & (l \in Y) \end{array}\right\} \quad (4.19)$$

が成り立つ．

(証明) $k_1, \ldots, k_u$ を X の元で $\overline{k_i} = k_i$ となるもの，$l_1, \ldots, l_v$ を X の元で $\overline{l_i} \neq l_i$ となるものとする．このとき，$m = u + 2v$ である．補題 4.37 を次のように用いる：

$$\mathcal{O}_K = \mathbb{Z}\omega_1 \oplus \cdots \oplus \mathbb{Z}\omega_n$$

のとき，$m \times n$ 型の実行列 $A = (a_{ij})$ を

$$a_{i,j} = \omega_j^{(k_i)} \quad (1 \leqq i \leqq u)$$

$$\left.\begin{array}{lll} a_{u+i,j} &=& \mathrm{Re}\, \omega_j^{(l_i)} \\ a_{u+v+i,j} &=& \mathrm{Im}\, \omega_j^{(l_i)} \end{array}\right\} \quad (1 \leqq i \leqq v)$$

で定義する．補題 4.37 により，$\boldsymbol{0}$ でない $\mathbb{Z}^n$ のベクトル $\boldsymbol{x}$ を，$\boldsymbol{y} = A\boldsymbol{x}$ のとき (4.16) が成り立つようにとる．$\mathcal{O}_K$ の中で

$$\alpha = \sum_{j=1}^n x_j \omega_j \neq 0$$

をとる．k_i, l_i が上のようなものであるとき，

$$\begin{aligned} |\alpha^{(k_i)}| &= \left|\sum_{j=1}^n x_j \omega_j^{(k_i)}\right| \\ &= \left|\sum_{j=1}^n a_{ij} x_j\right| \\ &= |y_i| \\ &\leqq 2at^{1-n/m} \end{aligned}$$

と

$$|\alpha^{(l_i)}| \leq \left|\sum_{j=1}^{n} x_j \mathrm{Re}\, \omega_j^{(l_i)}\right| + \left|\sum_{j=1}^{n} x_j \mathrm{Im}\, \omega_j^{(l_i)}\right|$$

$$= \left|\sum_{j=1}^{n} a_{u+i,j} x_j\right| + \left|\sum_{j=1}^{n} a_{u+v+i,j} x_j\right|$$

$$\leq 4at^{1-n/m}$$

が成り立つ.

とり方より $|x_j| \leq t$ がすべての j について成り立つ. よって $l \in Y$ に対し,

$$|\alpha^{(l)}| = \left|\sum_{j=1}^{n} x_j \omega_j^{(l)}\right| \leq c_1 t$$

となる. ここで

$$c_1 = \max_l \sum_{j=1}^{n} |\omega_j^{(l)}|$$

である. $c = \max(4a, c_1)$ とおくと, (4.19) の不等式の右側を得る.

不等式の残り半分を証明するために, まず $\{1, \ldots, n\}$ は $X \cup \overline{X}$ と $Y \cup \overline{Y}$ の共通部分をもたない和集合であることに注意する. ゆえに, α が代数的整数であることより, 次を得る:

(1) X の元 k に対し,

$$1 \leq |N(\alpha)| = \left(\prod_{i \in X \cup \overline{X}} |\alpha^{(i)}|\right) \left(\prod_{l \in Y \cup \overline{Y}} |\alpha^{(l)}|\right)$$

$$\leq |\alpha^{(k)}| \left(ct^{1-n/m}\right)^{m-1} (ct)^{n-m}$$

$$= |\alpha^{(k)}| c^{n-1} t^{n/m-1}$$

が成り立つ. よって, $|\alpha^{(k)}| \geq c^{1-n} t^{1-n/m}$ を得る.

(2) Y の元 l に対し,

$$1 \leq |N(\alpha)| = \left(\prod_{k \in X \cup \overline{X}} |\alpha^{(k)}|\right) \left(\prod_{j \in Y \cup \overline{Y}} |\alpha^{(j)}|\right)$$

$$\leq \left(ct^{1-n/m}\right)^m |\alpha^{(l)}|(ct)^{n-m-1}$$

が成り立つ．これは $|\alpha^{(l)}| \geqq c^{1-n}t$ を与える． ∎

【補題 4.39】 補題 4.38 の定数 c に対して，次が成り立つような $\mathcal{O}_K$ の中の 0 でない代数的整数の列 α_ν $(\nu = 1, 2, \ldots)$ が存在する；

$$|\alpha_\nu^{(k)}| > |\alpha_{\nu+1}^{(k)}| \quad (k \in X)$$
$$|\alpha_\nu^{(l)}| < |\alpha_{\nu+1}^{(l)}| \quad (l \in Y)$$

かつ

$$|N(\alpha_\nu)| \leqq c^n.$$

（証明） 整数 M として $M > c^n$ かつ $M^{n/m-1} > c^n$ を満たすものをとる．$t_1 > 1$ かつ $t_{\nu+1} = Mt_\nu$ とする．各 ν に対して，α_ν を（補題 4.38 で与えたように）t_ν に対する 0 でない代数的整数とする．このとき，

$$|\alpha_{\nu+1}^{(k)}| \leqq ct_{\nu+1}^{1-n/m} = c(Mt_\nu)^{1-n/m}$$
$$< c^{1-n}t_\nu^{1-n/m} \leqq |\alpha_\nu^{(k)}|$$

かつ

$$|\alpha_{\nu+1}^{(l)}| \geqq c^{1-n}t_{\nu+1} = c^{1-n}Mt_\nu$$
$$> ct_\nu \geqq |\alpha_\nu^{(l)}|.$$

最後に

$$|N_{K/\mathbb{Q}}(\alpha_\nu)| = \left(\prod_{k \in X \cup \overline{X}} |\alpha_\nu^{(k)}|\right) \left(\prod_{l \in Y \cup \overline{Y}} |\alpha_\nu^{(l)}|\right)$$
$$\leqq (ct_\nu^{1-n/m})^m (ct_\nu)^{n-m} = c^n.$$ ∎

【補題 4.40】 $k \in X$ に対しては $|\varepsilon^{(k)}| < 1$，$l \in Y$ に対しては $|\varepsilon^{(l)}| > 1$ が成り立つような $\mathcal{O}_K$ の単元 ε が存在する．

(証明) 補題 4.39 において α_ν は 0 でない代数的整数であるから，$|N(\alpha_\nu)|$ は正の整数で c^n でおさえられる．定理 4.33 より，$\mathcal{O}_K$ には $N(\alpha) \leqq c^n$ であるような (同伴でない) α は有限個しかない．したがって $\alpha_\mu = \varepsilon \alpha_\nu \ (\mu > \nu)$ が，ある $\mathcal{O}_K^\times$ の元 ε に対して成り立つ．よって

$$|\varepsilon^{(i)}| = \left|\frac{\alpha_\mu^{(j)}}{\alpha_\nu^{(j)}}\right|$$

は，$j \in X$ なら 1 より小さく，$j \in Y$ なら 1 より大きい． ∎

【補題 4.41】 $A = (a_{ij})$ は $r \times r$ 型の実行列で，次の条件を満たすとする:

1. $a_{ii} > 0 \ (i = 1, \ldots, r)$

2. $a_{ij} \leqq 0 \ (i \neq j)$

3. $\sum_{j=1}^{r} a_{ij} > 0 \ (i = 1, \ldots, r)$.

このとき，$\det(A) \neq 0$ である．

(証明) これが成り立たないと仮定する．すなわち，$\det(A) = 0$ とする．このとき，ある $\mathbf{0}$ でない列ベクトル

$$\boldsymbol{t} = \begin{pmatrix} t_1 \\ \vdots \\ t_r \end{pmatrix}$$

に対して，$A\boldsymbol{t} = \mathbf{0}$ でなければならない．ゆえに，もし

$$t_s = \max_{1 \leqq j \leqq r} |t_j|$$

ならば

$$\sum_{j=1}^{r} a_{sj} t_j = 0$$

より

$$a_{ss} = |a_{ss}|$$
$$= \left| \sum_{j=1, j\neq s}^{r} \frac{a_{sj}t_j}{t_s} \right| \leq \sum_{j=1, j\neq s}^{r} |a_{sj}| \left| \frac{t_j}{t_s} \right|$$
$$\leq \sum_{j\neq s} |a_{sj}|$$
$$= -\sum_{j\neq s} a_{sj}$$

を得る. よって,
$$\sum_{j=1}^{r} a_{sj} \leq 0$$
となる. これは仮定の 3 番目に矛盾するから補題は証明されたことになる. ∎

定理 4.35 の証明 (1) まず $\mathrm{Ker}(\lambda) = (\mathcal{O}_K^\times)_{tor}$ を示す. $\varepsilon \in \mathrm{Ker}(\lambda)$ とすれば, $\log|\varepsilon^{(j)}| = 0$, すなわち,

$$|\varepsilon^{(j)}| = 1 \quad (j = 1, \ldots, r = r_1 + r_2 - 1)$$

が成り立つ. ところが, $j = 1, \ldots, r_2$ に対しては $|\varepsilon^{(r_1+r_2+j)}| = |\varepsilon^{(r_1+j)}|$ である. よって $j = r_1 + r_2, n$ を除いては $|\varepsilon^{(j)}| = 1$ であることがわかる. ところで,

$$1 = |N(\varepsilon)| = \prod_{j=1}^{n} |\varepsilon^{(j)}| = |\varepsilon^{(r_1+r_2)}|^2 = |\varepsilon^{(n)}|^2$$

は $|\varepsilon^{(j)}| = 1$ が $j = 1, \ldots, n$ に対して成り立つことを示しており, 補題 4.36 から, $\mathrm{Ker}(\lambda)$ は有限群で, したがって, $\mathrm{Ker}(\lambda) \subseteq (\mathcal{O}_K^\times)_{tor}$ である. 逆に, $u \in (\mathcal{O}_K^\times)_{tor}$ とすれば, $u^t = 1$ がある $t \geq 1$ に対して成り立ち, よって各 $j = 1, \ldots, n$ に対して $|u^{(j)}|^t = 1$, すなわち, $|u^{(j)}| = 1$ である. したがって, $u \in \mathrm{Ker}(\lambda)$ となる.

さらに, $(\mathcal{O}_K^\times)_{tor} = W_K$ であることは明らかである. W_K が巡回群であることを示さなければならない.

$$W_K = \left\{ \exp\left(\frac{2\pi\sqrt{-1}a_j}{b_j} \right) \,\middle|\, j = 1, \ldots, \omega \right\}$$

とする. $b = b_1, \ldots, b_\omega$ と $\zeta = e^{\frac{2\pi\sqrt{-1}}{b}}$ に対して,

$$Z = \{n \in \mathbb{Z} \mid \zeta^n \in W_K\}$$

とおくと, Z は $\mathbb{Z}$ の部分群である. $\mathbb{Z}$ の部分群は $m\mathbb{Z}$ の形であるから, W_K は ζ^m で生成される.

(2) まず $\lambda(\mathcal{O}_K^\times)$ が離散的であることを示そう. $c > 0$ が与えられたとき, $\mathcal{O}_K^\times$ の元で

$$-c \leqq \log|\varepsilon^{(j)}| \leqq c$$

すなわち,

$$e^{-c} \leqq |\varepsilon^{(j)}| \leqq e^c \ (j = 1, \ldots, r) \tag{4.20}$$

が成り立つようなものが有限個しかないことを示さなければならない. ε を $\mathcal{O}_K$ の単数で (4.20) を満たすものとする. $|N(\varepsilon)| = 1$ であるから, すべての $j = 1, \ldots, n$ に対して

$$|\varepsilon^{(j)}| \leqq e^{nc}$$

である. 補題 4.36 より, そのような $\mathcal{O}_K$ の元 ε は有限個しか存在しない. ゆえに $\lambda(\mathcal{O}_K^\times)$ は離散的であり, 定理 4.34 より

$$\lambda(\mathcal{O}_K^\times) = \mathbb{Z}\gamma_1 \oplus \cdots \oplus \mathbb{Z}\gamma_s \quad (s \leqq r)$$

である. あとは $s = r$ であることを示すことが残っているだけである. $\lambda(\mathcal{O}_K^\times)$ が $\mathbb{R}$ 上のベクトル空間 $\mathbb{R}^r$ の基底を含むことを示そう. もし, $s < r$ ならばこれは不可能ということになる.

$K^\times$ の元 α に対して,

$$l^{(i)}(\alpha) = \begin{cases} \log|\alpha^{(j)}| & (j = 1, \ldots, r_1) \\ 2\log|\alpha^{(j)}| & (j = r_1+1, \ldots, r_1+r_2) \end{cases} \tag{4.21}$$

とおく. このとき,

$$\log|N_{K/\mathbb{Q}}(\alpha)| = \sum_{j=1}^{r_1+r_2} l^{(j)}(\alpha)$$

である．したがって，任意の元 $\varepsilon \in \mathcal{O}_K^\times$ に対して
$$\sum_{j=1}^{r_1+r_2} l^{(j)}(\varepsilon) = 0$$
である．

$\varepsilon_1, \ldots, \varepsilon_r \in \mathcal{O}_K^\times$ が与えられたとして，$r \times r$ の実行列 $A = (l^{(j)}(\varepsilon_i))$ を考える．ベクトル $\lambda(\varepsilon_1), \ldots, \lambda(\varepsilon_r)$ が $\mathbb{R}^r$ の中で1次独立であるのは
$$\det(A) = 2^{r_2-1} \det(\log|\varepsilon_i^{(j)}|) \neq 0$$
のとき，そのときに限る．補題 4.40 と 4.41 を次のように適用する:

各 $1 \leqq i \leqq r$ に対し，$Y = \{i\}$，$X = E \setminus Y$ とする．補題 4.40 より，$\varepsilon_i \in \mathcal{O}_K^\times$ を選んで
$$|\varepsilon_i^{(i)}| > 1 \quad \text{かつ} \quad |\varepsilon_i^{(j)}| < 1 \quad (j \neq i)$$
とできる．$r \times r$ 型実行列 $A = (a_{ij}) = (l^{(j)}(\varepsilon_i))$ は，補題 4.41 の仮定を満たす．明らかに，$a_{ii} > 0, a_{ij} < 0 \ (i \neq j)$ であり，
$$\sum_{j=1}^{r_1+r_2} l^{(j)}(\varepsilon_i) = 0$$
であるから，各 $i = 1, \ldots, r$ に対して，
$$\sum_{j=1}^{r} a_{ij} = \sum_{j=1}^{r} l^{(j)}(\varepsilon_i) = -l^{(r_1+r_2)}(\varepsilon_i) > 0$$
である．ゆえに補題 4.41 より，$\det(A) \neq 0$ となり $\lambda(\varepsilon_i), \ldots, \lambda(\varepsilon_r)$ は1次独立である． ∎

ζ を有限巡回群 W_K の位数 w の生成元とする．これまでで，単数 $\varepsilon_1, \ldots, \varepsilon_r$ で，任意の $\varepsilon \in \mathcal{O}_K^\times$ が一意的に
$$\varepsilon = \zeta^a \varepsilon_1^{a_1} \cdots \varepsilon_r^{a_r} \quad (a_j \in \mathbb{Z},\ 0 \leqq a < w)$$
と表せるようなものが存在することがいえたわけである．これらの単数 $\varepsilon_1, \ldots, \varepsilon_r$ を K の**基本単数** (fundamental units) という．

Dirichlet の定理の一般化については文献 [3] の定理 3.3.11 を参照せよ．

4.8 2次体と円分体

4.8.1 2次体

さて，Diophantus 方程式
$$x^2 - dy^2 = 1$$
に戻る（ここで $d \neq 0, 1$ は平方因子をもたない整数である）．この方程式を解くために 2 次体 $K = \mathbb{Q}(\sqrt{d})$ に Dirichlet の定理を適用する．$\mathcal{O}_K$ の整数基を見つける必要がある．

【定理 4.42】 $d \neq 0, 1$ は平方因子をもたない整数であり，$K = \mathbb{Q}(\sqrt{d})$ とする．このとき，$1, \omega$ は $\mathcal{O}_K$ の整数基である．ここで，
$$\omega = \begin{cases} \sqrt{d} & (d \equiv 2, 3 \pmod{4} \text{ のとき}) \\ \frac{(1+\sqrt{d})}{2} & (d \equiv 1 \pmod{4} \text{ のとき}) \end{cases}$$

(証明) $d \equiv 1 \pmod{4}$ に対しては $\omega = (1 + \sqrt{d})/2$ はモニック多項式 $f(x) = x^2 - \text{Tr}(\omega)x + N(\omega) = x^2 - x - (d-1)/4 \in \mathbb{Z}[x]$ の根である．したがって $\omega \in \mathcal{O}_K$ であって，$\mathbb{Z} + \mathbb{Z}\omega \subseteq \mathcal{O}_K$ である．

逆に，$\alpha = x + y\sqrt{d}$ $(x, y \in \mathbb{Q})$ が代数的整数であるとする．このとき，$\text{Tr}(\alpha) = 2x = m, N(\alpha) = x^2 - dy^2$ は $\mathbb{Z}$ に含まれる．もし m が偶数ならば，$x = m/2$，したがって dy^2 は $\mathbb{Z}$ に含まれる．ところが d は平方因子をもたないから，y が $\mathbb{Z}$ に含まれなければならない．そして $\alpha \in \mathbb{Z} + \mathbb{Z}\sqrt{d}$ となる．もし m が奇数ならば，$dy^2 - m^2/4 \in \mathbb{Z}$ であり，d が平方因子をもたないことを考えると，これが可能になるのは $y = n/2$ (n は奇数) のときだけである．これは $m^2 - dn^2 \equiv 0 \pmod{4}$ を示している．m^2 と n^2 はともに $\equiv 1 \pmod{4}$ であるから，$d \equiv 1 \pmod{4}$ でなければならない．したがって α は
$$\mathbb{Z} + \mathbb{Z}\sqrt{d} \quad (d \equiv 2, 3 \pmod{4} \text{ のとき});$$
$$\mathbb{Z}\frac{1}{2} + \mathbb{Z}\frac{\sqrt{d}}{2} = \mathbb{Z} + \mathbb{Z}\frac{1+\sqrt{d}}{2} \quad (d \equiv 1 \pmod{4} \text{ のとき})$$
に含まれる． ∎

【系 4.43】 K は $\mathbb{Q}$ の 2 次拡大，d_K を K の判別式とする．このとき，$K = \mathbb{Q}(\sqrt{d_K})$.

(証明)　実際，もし $K = \mathbb{Q}(\sqrt{d})$ とすれば d_K は

$$[\det(\omega_j^{(i)})]^2 = \begin{vmatrix} 1 & \omega \\ 1 & \overline{\omega} \end{vmatrix}^2 = (\omega - \overline{\omega})^2$$

$$= \begin{cases} 4d & (d \equiv 2, 3 \pmod 4) \text{ のとき}) \\ d & (d \equiv 1 \pmod 4) \text{ のとき}). \end{cases}$$

である．したがって，どちらにしろ $K = \mathbb{Q}(\sqrt{d}) = \mathbb{Q}(\sqrt{d_K})$ である． ■

さて，$d \equiv 2, 3 \pmod 4$ とする．このとき $\mathcal{O}_K = \mathbb{Z} + \mathbb{Z}\sqrt{d}$ の 0 でない元 $\alpha = x + y\sqrt{d}$ が単数であるのは

$$N(\alpha) = x^2 - dy^2 = \pm 1$$

のとき，そのときに限る．(2 つの単数を掛けたとき：$(x_1 + y_1\sqrt{d})(x_2 + y_2\sqrt{d}) = x_1 x_2 + dy_1 y_2 + (x_1 y_2 + x_2 y_1)\sqrt{d}$, 群 G (cf. 演習 2.4) が，$A^\times$ がノルム -1 の元を含むか含まないかによって，それぞれ $A^{\times 2}$ または $A^\times$ に同型になることは明らかである.)

$d > 0$ ならば，$K = \mathbb{Q}(\sqrt{d})$ とその共役 $\overline{K} = \mathbb{Q}(-\sqrt{d}) = K$ はともに実数体であり，$r_1 = 2, r_2 = 0$ で $r = r_1 + r_2 - 1 = 1$ である．K における 1 の累乗根は実数 $1, -1$ のみであり，$W_K = \{\pm 1\}$ である．Dirichlet の単数定理より，$\eta \in \mathcal{O}_K^\times$ を，任意の $u \in \mathcal{O}_K^\times$ に対して，

$$u = \pm \eta^n \ (n \in \mathbb{Z})$$

となるようにとれる．生成元 η は 4 個の単数 $\pm \eta, \pm \eta^{-1}$ のどれかと置き換えることができることは明らかである．さらに，これら 4 つの生成元の中に 1 より大きいものが唯 1 つある．それを ε とかく．この ε を K の**基本単数** (fundamental unit) と呼ぶ．

$d > 1$ のときに (4.1) を解くという観点からは，これは $1 + dy^2$ がある $y = y_1$ に対して平方 (これを x_1^2 ($x_1 > 0$) とおく) になるまで $y = 1, 2, 3, \ldots$ を代入し

ていくことに帰する．これは Dirichlet の定理で保証されていることに注意する．このとき，x と y の符号を変更することを除いて，G は (x_1, y_1) で生成される．

方程式 (4.1) は**ノルム形式** (norm form) で定義された Diophantus 方程式の最も簡単なものである．ノルム形式の方程式についてのより多くの結果については文献 [7] を参照するとよい．

4.8.2 円分体

$\zeta_m = \cos(2\pi/m) + \sqrt{-1}\sin(2\pi/m)$ $(m \geq 1)$ を 1 の原始 m 乗根とする．このとき $\mathbb{Q}(\zeta_m)$ の形の体は**円分体** (cyclotomic field) と呼ばれる．(ζ は，それが 1 の m 乗根からなる群 μ_m の生成元であるとき，**原始的** (primitive) であるという．) r を m と n の最小公倍数とするとき，$\mathbb{Q}(\zeta_r)$ は $\mathbb{Q}(\zeta_m)$ と $\mathbb{Q}(\zeta_n)$ の両方を含む．$\zeta = \zeta_m$ の共役は ζ のベキであるから，$K = \mathbb{Q}(\zeta)$ はガロア拡大である．任意の $\sigma \in \mathrm{Gal}(K/\mathbb{Q})$ に対して，$\sigma(\zeta)$ は 1 の累乗根であり，したがって，$\sigma(\zeta) = \zeta^j$, $(0 < j < m)$ と，唯 1 つの $j = j(\sigma)$ でかける．写像

$$\Phi = \Phi_m : \mathrm{Gal}(K/\mathbb{Q}) \to (\mathbb{Z}/m\mathbb{Z})^\times$$

が $\Phi(\sigma) = j(\sigma)$ で定義されるが，これは明らかに単射群準同型である．したがって，$(\mathbb{Z}/m\mathbb{Z})^\times$ の部分群と同型であるから，$\mathrm{Gal}(K/\mathbb{Q})$ はアーベル群である．写像 Φ は実は上への写像であるが，このことはより深いことがらである．

この節を終えるにあたって，ガウス和を定義しよう．これは Gauss によって初めて導入された概念であり，数論を通して重要な役割をはたすものである．奇素数 p を固定しておく．**ガウス和** (gauss sum) とは

$$g = \sum_{x \in \mathbb{F}_p^\times} \left(\frac{x}{p}\right) \zeta^x \tag{4.22}$$

のことである．ここで $\left(\dfrac{x}{p}\right)$ は Legendre の記号で，$\zeta = \exp(2\pi\sqrt{-1}/p)$ である．$g \in \mathbb{Q}(\zeta)$ であることと，

$$g^2 = \sum_{x,y \in \mathbb{F}_p^\times} \left(\frac{xy}{p}\right) \zeta^{x+y} \tag{4.23}$$

であることに注意する．固定した $\mathbb{F}_p^\times$ の元 x に対して，乗法写像 $m_x(y) = xy$ は $\mathbb{F}_p^\times$ の置換である．よって (4.23) において y についての和を xy についての和に置き換えることができて，

$$g^2 = \sum_{x,y} \left(\frac{x^2 y}{p}\right) \zeta^{x+xy} = \sum_{x,y} \left(\frac{y}{p}\right) \zeta^{x(1+y)}$$
$$= \sum_{x,y\ (y\neq -1)} \left(\frac{y}{p}\right) \zeta^{x(1+y)} + \left(\frac{-1}{p}\right)(p-1)$$

とかける．次に

$$1 + \zeta + \cdots + \zeta^{p-1} = 0$$

であることより，$y \neq -1$ を固定して，和 $\sum_x \zeta^{x(1+y)}$ は (項を入れ換えることを認めて) $\zeta + \cdots + \zeta^{p-1} = -1$ と等しい．定理 2.51 より

$$g^2 = \left(\frac{-1}{p}\right)(p-1) - \sum_{y\neq -1} \left(\frac{y}{p}\right)$$
$$= \left(\frac{-1}{p}\right)p - \sum_{x\in\mathbb{F}_p^\times} \left(\frac{y}{p}\right)$$
$$= \left(\frac{-1}{p}\right)p$$

である．したがって次の定理が証明されたことになる．

【定理 4.44】 (4.22) で定義されたガウス和 g は

$$g^2 = \left(\frac{-1}{p}\right)p$$

を満たす．

【系 4.45】 $\mathbb{Q}$ の任意の 2 次拡大 $K = \mathbb{Q}(\sqrt{d})$ は，ある 1 の累乗根 ζ をとれば，$\mathbb{Q}(\zeta)$ に含まれる．

(証明) $\sqrt{-1} = i$ とおく．$2 = -i(1+i)^2$ であるから $\sqrt{2} \in \mathbb{Q}(\zeta_8)$ である．奇素数 p に対して，それぞれ $\left(\frac{-1}{p}\right) = 1$ または -1 のときに，$\sqrt{p} \in \mathbb{Q}(\zeta_p)$ また

は $\sqrt{p} \in \mathbb{Q}(\zeta_p, i)$ が成り立つ．よって $d = \pm 2^\alpha p_1 \cdots p_r$ ($\alpha = 0, 1$ かつ p_j は奇素数) ならば

$$\sqrt{d} \in \mathbb{Q}(\zeta_8, \zeta_{p_1}, \ldots, \zeta_{p_r}) \subseteq \mathbb{Q}(\zeta_m)$$

がある m に対して成り立つ． ■

$\mathbb{Q}(\sqrt{d})$ は $\mathbb{Q}$ のアーベル拡大であった．系 4.45 は Kronecker によって予想され，Weber によって証明された有名な結果の特別な場合である．

【定理 4.46】(Kronecker-Weber)　$\mathbb{Q}$ の任意のアーベル拡大は，ある円分体 $\mathbb{Q}(\zeta)$ に含まれる．

証明は文献 [3] の 13 章を参照せよ．基になる体 $\mathbb{Q}$ を虚 2 次体 (imagenary quadratic field) $K = \mathbb{Q}(\sqrt{d}), d < 0$ で置き換えたとき，ζ の役割はある楕円曲線上の有限位数の点の成分をとることにあたる; 例えば，文献 [2] の XIII 章を参照．また，文献 [8] も参照せよ．

参考文献

[1] A. Baker, Transcendental Number Theory, Cambridge Univ. Press, Cambridge (1979).

[2] J. W. S. Cassels and A. Fröhlich, Algebraic Number Theory, Academic, London (1967).

[3] L. J. Goldstein, Analytic Number Theory, Prentice-Hall, Englewood Cliffs, New Jersey (1971).

[4] S. Lang, Algebra, Addisen-Wesley, Reading, Massachusetts (1970).

[5] R. Narasimhan, S. Raghavan, S. S. Rabghachari and Suder Lal, Algebraic Number Theory, Mathematical Pamhlet No.4, Tata Institute of Fundamental Research, Bombay (1966).

[6] T. Ono, A course on Number Theory at the Johns Hopkins Univ., 1978 (unpublished).

[7] G. Schmidt, Norm from equations, *Ann. Math.*, **96**, 526-551 (1972).

[8] A. Weil, Number Theory – An Approach through History, Birkhäuser, Boston (1984).

第5章

代数曲線

5.1 はじめに

これまで高々2次の方程式のみを考察してきた．$x^2 - dy^2 = 1$ の整数解に群構造があることにより，これらの解を求めるために代数的手法を採用することができた．さて，例として Diophantus 方程式

$$y(y-1) = x(x-1)(x+1) \tag{5.1}$$

をとりあげてみよう．

これを整数の範囲で解くということは，2個の連続した整数の積でもあるような3個の連続した整数の積を求めるということである．そのような3次式の解は，一般的には群の構造をもたない．しかし，これらの方程式の有理数解にはエレガントな群構造がある．さらに，この章で見ることになるのだが，多くの (訳注：とくに種数1の) 高次方程式

$$f(x,y) = 0$$

は3次の

$$y^2 = x^3 + Ax + B$$

に帰着 (換算) させることができる．方程式 $f(x,y) = 0$ は平面における曲線を表す．ゆえに曲線の幾何学がその算術に密接に関連するということは驚くことではないだろう．

一般に，添字集合 I の各 j に対して，

$$f_j(\boldsymbol{x}) \in \mathbb{Q}[x_1, \cdots, x_n]$$

とする．代数幾何においては，方程式 (これは無限個あることもある) を研究することは，

$$f_j(\boldsymbol{x}) = 0, \quad j \in I$$

の $\mathbb{C}^n$ における共通解のつくる集合 X を考察することである．ここで，X を $\mathbb{Q}$ 上で定義された**多様体** (variety) と呼ぶ．もし X が自明でない多様体の和集合でないとき，X は**既約** (irreducible) 多様体と呼ばれる．Hilbert の基本定理によって，任意の多様体は必然的に有限個の方程式によって定義される．簡単にするために，唯 1 つの方程式 $f(x,y) = 0$ によって定義された多様体に限定することにしよう．

5.2 準備

K/k を任意の体の拡大として，$f(\boldsymbol{x}) \in k[x_1, \cdots, x_n]$ とする．$f(\boldsymbol{x})$ が K 上**既約** (irreducible over K) であるとは，$f(\boldsymbol{x})$ が $K[x_1, \cdots, x_n]$ 上において次数が少なくとも 1 以上である 2 つの多項式の積で表せないときとする．断りのない限り，既約であるというのは k 上既約であるときとする．

環 $k[x_1, \cdots, x_n]$ は一意分解整域である．これは，$k[x_1, \cdots, x_n]$ における任意の多項式 $f(\boldsymbol{x})$ が積

$$f(\boldsymbol{x}) = \prod_{j=1}^{r} p_j(\boldsymbol{x})^{m_j}, \quad m_j \in \mathbb{N} \tag{5.2}$$

とかけ，ここで $p_j(\boldsymbol{x})$ は $k[x_1, \cdots, x_n]$ における異なる既約多項式であることを意味する．既約因子 $p_j(\boldsymbol{x})$ は順序配置と 0 でない定数倍を除いて一意的である．

(5.2) の表現において，$m_j = 0$ という場合もあり得るとしたほうが，しばしば便利である．例えば，$k[x_1, \cdots, x_n]$ における 2 つの 0 でない多項式，

$$f(\boldsymbol{x}) = \prod_{j=1}^{r} p_j(\boldsymbol{x})^{m_j}, \quad m_j \geqq 0$$

$$g(\boldsymbol{x}) = \prod_{j=1}^{r} p_j(\boldsymbol{x})^{n_j}, \quad n_j \geqq 0$$

の**最大公約数** (greatest common divisor) (f, g) は，定義より，

$$\prod_{j=1}^{r} p_j(\boldsymbol{x})^{\min(m_j, n_j)}$$

の 0 でない定数倍である任意の多項式である．

断りのない限り，$K \subseteq \mathbb{C}$ で $k = \mathbb{Q}$ であるとする．とくに，K は代数体 ($K = \mathbb{Q}$ の場合も含む) であるか，または $K = \mathbb{R}, \mathbb{C}$ とする．$\mathbb{Q}[x_1, \cdots, x_n]$ の中の多項式が $\mathbb{C}$ 上既約であるとき，それを**絶対既約** (absolutely irreducible) 多項式という．

5.3 斉次多項式と射影空間

$\mathbb{Q}[x_1, \cdots, x_n]$ の元 $f(x_1, \cdots, x_n)$ を次数 m の**斉次多項式** (homogeneous polynomial)，すなわち，

$$f(tx_1, \cdots, tx_n) = t^m f(x_1, \cdots, x_n)$$

が成り立つものとする．$\mathbb{C}^n$ における点 $(a_1, \cdots, a_n)$ が，

$$f(x_1, \cdots, x_n) = 0 \tag{5.3}$$

を満たすのは，$\mathbb{C}$ のすべての元 t に対して $(ta_1, \cdots, ta_n)$ が (5.3) を満たすときに限る．もちろん，$\boldsymbol{0} = (0, \cdots, 0)$ は常に (5.3) を満たしており，これを**自明な解** (trivial solution) と呼ぶ．このことにより射影空間の概念に到る．

任意の体 K に対して，

$$K^n = \{(x_1, \cdots, x_n) | x_j \in K, j = 1, \cdots, n\}$$

を K の n 個の元の組からなるベクトル空間とする．集合，

$$K^{n+1} \setminus \{\boldsymbol{0}\} = \{\, \boldsymbol{x} \in K^{n+1} \mid \boldsymbol{x} \neq \boldsymbol{0} \,\}$$

において同値関係 $x \sim y$ を，ある $t \in K^\times$ が存在して $y = tx$ となるときと定義する．このとき同値類の集合，

$$\mathbb{P}^n(K) = K^{n+1} \setminus \{\mathbf{0}\}/\sim$$

は K 上の**射影空間** (projective space) と呼ばれる．つまり，K^{n+1} におけるすべての零でないベクトルで，ある $t \in K^\times$ によって $y = tx$ が成り立つとき 2 つのベクトル x と y を同じものと見なしたものから $\mathbb{P}^n(K)$ は構成される．また $\mathbb{P}^n(K)$ は K^{n+1} の原点 $\mathbf{0}$ を通る直線で構成されるものとも考えられる．**アフィン空間** (affine space) $\mathbb{A}^n(K) = K^n$ は，包含写像

$$\mathbb{A}^n(K) \ni (x_1, \cdots, x_n) \mapsto (x_1, \cdots, x_n, 1) \in \mathbb{P}^n(K)$$

によって $\mathbb{P}^n(K)$ の部分集合と見なされる．

5.4 平面代数曲線

$\mathbb{Q}$ 上で定義された**曲線** (curve：詳しくは**平面代数曲線** (plane algebric curve) である) C とは，$f(x,y) \in \mathbb{Q}[x,y]$ である多項式

$$f(x,y) = 0 \tag{5.4}$$

の $\mathbb{C}^2$ における解の集合，つまり $\{(x,y) | f(x,y) = 0\} \subseteq \mathbb{C}^2$ ということである．ここで，

$$f(x,y) = \prod_{j=1}^{r} p_j(x,y)^{m_j}$$

を多項式 $f(x,y)$ の既約因数分解とする．このとき，

$$p_j(x,y) = 0 \quad (j = 1, \cdots, r)$$

でそれぞれ定義された曲線 C_j はすべて既約である．曲線 C は $C_1, \cdots, C_r$ の和集合であり，$C_1, \cdots, C_r$ は C の**既約成分** (irreducible compornent) と呼ばれる．ここでの既約とは $\mathbb{Q}$ 上で既約という意味であることに注意しなければならない．

$\mathbb{Q}$ 上の**射影曲線** (projective curve) とは，斉次方程式

$$F(X, Y, Z) = 0 \tag{5.5}$$

の $\mathbb{P}^2(\mathbb{C})$ における解の集合のことである．ここで $F(X,Y,Z)$ は $\mathbb{Q}[X,Y,Z]$ の元である．(5.4) を**斉次化** (homogenize) して (5.5) のような方程式を得るには，$x = X/Z$, $y = Y/Z$ とおき全体に $Z^{\deg(f)}$ をかけることによって得られる．さて，今これがなされたとする．このとき (5.5) のことを，(5.4) によって定義されたアフィン曲線 C に対する**射影モデル** (projective model) という．(5.4) の解は (5.5) の解のうち $Z \neq 0$ であるものに一致する，なぜなら (a, b) が (5.4) の点であることと $(a, b, 1)$ が (5.5) の解であることは同値であるからである．(5.5) の点 (a, b, c) で $c = 0$ であるものは，曲線 C の**無限遠点** (point at infinity) と呼ばれる．また**無限遠直線** (line at infinity) とは，$\mathbb{P}^2(\mathbb{C})$ の点 (X, Y, Z) で $Z = 0$ であるような点全体の集合のことである．(5.4) の点は射影曲線 (5.5) の**アフィン部分** (affine part) と呼ばれる．つまりアフィン部分とは射影曲線から無限遠点を取り除いたものであり，そういった意味では射影曲線は**完備**であるといえる．このことから，時によっては射影モデルを扱う必要が生じるのである．

5.5 曲線の特異点

C を (5.5) で定義された射影曲線とする．$\deg(F) = n$ のとき，曲線 C は**次数** n であるという．次数 $n = 1, 2, 3, 4, 5$ にしたがって，曲線 C は**直線** (lines)，**2 次** (quadratic)，**3 次** (cubic)，**4 次** (quartic)，**5 次** (quintic) であるという．(5.5) の点 P が次の条件「P において $F(X, Y, Z)$ の**位数** (order) $< r$ のすべての偏微分導関数が 0 になり，位数 r のある偏微分導関数が 0 でない」を満たすとき，**重複度** (multiplicity) $r \geq 1$ の**重複点** (multiple point) または r-**重点** (r-fold point) と呼ぶ．$r = 1$ のとき，点 P を**正則点** (regular point) または**非特異点** (non-singular point) と呼ぶ．無限遠点でない点 P が正則点であることは，dy/dx, dx/dy のうち少なくとも 1 つがきちんと定義されていること，つまりこの曲線が点 P で唯 1 つの接線をもつことと同値である．$r > 1$ のとき，点 P を曲線 C の**特異点** (singular point) と呼ぶ．$r = 2, 3$ のとき，それぞれ点 P

を **2 重点**, **3 重点**と呼ぶ. 曲線が特異点をもつとき, その曲線は**特異** (singular) であるといい, そうでないときは**非特異** (non-singular) または**滑らか** (smooth) であるという.

■ **例 5.1** ■ 1. C を $y^2 = x^3$ (図 5.1 参照) で定義されるアフィン曲線とする. この方程式を斉次化するために, $x = X/Z, y = Y/Z$ とおいて次の式を得る.

$$F(X,Y,Z) = Y^2 Z - X^3 = 0$$

曲線 C の特異点は, 次の方程式を満たさなければならない.

$$\frac{\partial F}{\partial X} = -3X^2 = 0$$
$$\frac{\partial F}{\partial Y} = 2YZ = 0$$
$$\frac{\partial F}{\partial Z} = Y^2 = 0$$

これは, $Z \neq 0$ であるような $(0,0,Z)$ の形のものである. したがって, $(0,0,1)$ が曲線 C の唯一の特異点である. 実際,

$$\left.\frac{\partial^2 F}{\partial Y^2}\right|_{(0,0,1)} \neq 0$$

であるから, これは 2 重点である.

2. 曲線 $F(X,Y,Z) = Y^2 Z - X^3 - X^2 Z = 0$ の特異点の配置状態を見るために, まずこれのアフィン部分 (図 5.2 参照) を考える. 上の式について $Z = 1$ として計算すると,

$$y^2 = x^3 + x^2$$

$f(x,y) = y^2 - x^3 - x^2$ とおくと, 点 (x_0, y_0) が特異点であるとは,

$$\frac{\partial f}{\partial x} = -x(3x+2) = 0$$
$$\frac{\partial f}{\partial y} = 2y = 0$$

が成り立つときに限る.

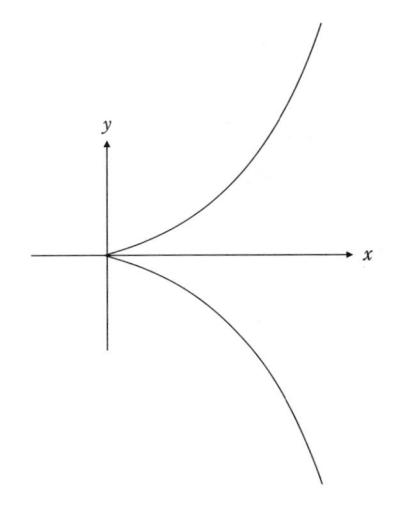

図 5.1　2重点 (尖点)

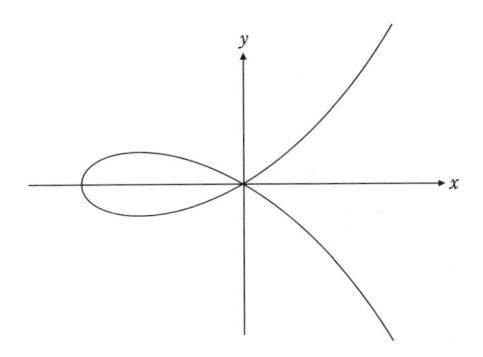

図 5.2　2重点 (結節点)

　原点 $\mathbf{0} = (0,0)$ がそのような唯一の点であり，さらにそれは2重点である．他に特異点があるとすればそれは無限遠点である，つまり $Z = 0$ のときで，このとき $X = 0$ となり $Y = 1$ としてよい．しかし，

$$\frac{\partial F}{\partial Z}\bigg|_{(0,1,0)} = 1 \neq 0$$

であり，よって無限遠点は特異点ではない．

演習 5.2

1. $\mathbb{P}^2(\mathbb{C})$ において，直線と 2 次曲線は非特異であることを示せ．
2. $y^2 = x^3 - x$ で定義される曲線は (無限遠点を含めて) 特異点をもたないことを示せ．
3. 原点 $\mathbf{0} = (0,0)$ は $(x^2+y^2)^2 + 3x^2y - y^3 = 0$ で定義される曲線 (cf. 図 5.3) の 3 重点であることを示せ．

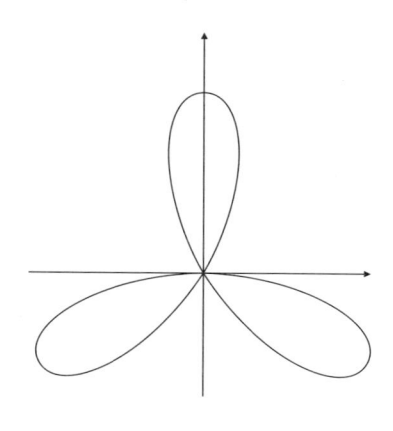

図 5.3　3 重点

注意 5.3

1. 既約曲線は高々有限個の特異点しかもたない．
2. 曲線 C の 2 つ以上の成分の共通点は，常に曲線 C の特異点である．

5.6　双有理幾何

K を $\mathbb{C}$ の部分体，C を K に係数をもつ方程式 $f(x,y) = 0$ で与えられた既約曲線とする．L を体で $K \subseteq L \subseteq \mathbb{C}$ とするとき，曲線 C 上の点 $P = (x,y)$ は

$x, y \in L$ のとき L-**有理点** (L-rational point) と呼ばれる (または $L = \mathbb{Q}$ のときについては単に**有理点**と呼ばれる).

目標は, $\mathbb{Q}$ 上既約な $\mathbb{Q}$ 上で定義された曲線の有理点を調べることである. 曲線の次数 (または後で説明する種数) が大きくなるにしたがって, 問題は複雑になっていく. そこで簡単な曲線から始めよう.

断りのない限り, $K = L = \mathbb{Q}$ と仮定する. 次の有理関数体を考える:

$$\mathbb{Q}(x_1, \cdots, x_n) = \left\{ \phi(x_1, \cdots, x_n) = \frac{f(x_1, \cdots, x_n)}{g(x_1, \cdots, x_n)} \,\middle|\, f, g \in \mathbb{Z}[x_1, \cdots, x_n], g \neq 0 \right\}$$

これは多項式環 $\mathbb{Q}[x_1, \cdots, x_n]$ の商体である. $\phi = f/g \in \mathbb{Q}(x_1, \cdots, x_n)$ かつ $P = (a_1, \cdots, a_n)$ を有理点とすると, すなわちすべて $a_i \in \mathbb{Q}$ とするとき (もし $g(P) \neq 0$ ならば), $\phi(P) \in \mathbb{Q}$ である.

【定義 5.4】 $f(x, y) = 0$ で定義された既約曲線 C は, 有理関数 $\phi_1(t), \phi_2(t) \in \mathbb{Q}(t)$ が存在して次の条件を満たすとき, **有理曲線** (rational curve) と呼ばれる:

1. ほとんどすべて (有限個を除く) の $t \in \mathbb{C}$ に対して $f(\phi_1(t), \phi_2(t)) = 0$ である.

2. C 上のほとんどすべての点 P に対して $t \in \mathbb{C}$ が存在して $P = (\phi_1(t), \phi_2(t))$ とかける.

このとき C は t で**パラメータ化される** (parametrized) という.

■ **例 5.5** ■ 次の例においては, 曲線は,

$$y = tx$$

という直線の傾き t でパラメータ化される.

(1) 単位円 (図 5.4 参照) $x^2 + (y-1)^2 = 1$ は以下のパラメータ表現をもつ.

$$x = \phi_1(t) = \frac{2t}{1+t^2}$$
$$y = \phi_2(t) = \frac{2t^2}{1+t^2}$$

ここで $\phi_j(\sqrt{-1})$ は定義されないことに注意する．さらに C 上の点 $(0, 2)$ は $\mathbb{C}$ のどのような t に対しても $(\phi_1(t), \phi_2(t))$ とは表せない．

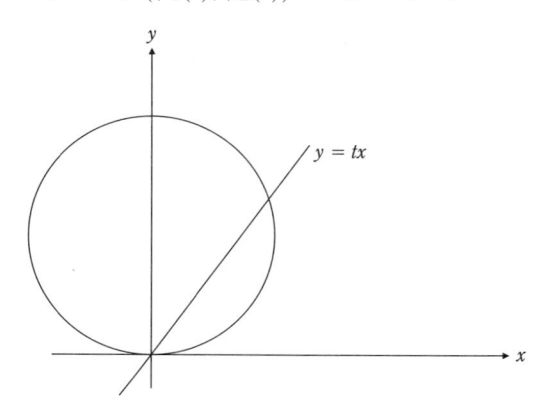

図 5.4 円のパラメータ化

(2) 特異 3 次曲線 (図 5.5 参照) $y^2 = x^3$ は以下のパラメータ表現をもつ．
$$x = \phi_1(t) = t^2$$
$$x = \phi_2(t) = t^3$$

(3) もう 1 つの特異 3 次曲線 (図 5.6 参照) $y^2 = x^2(x+1)$ は以下のパラメータ表現をもつ．
$$x = \phi_1(t) = t^2 - 1$$
$$y = \phi_2(t) = t(t^2 - 1)$$

これらの曲線におけるほとんどすべての有理点は，t を $\mathbb{Q}$ からとることによって得られることに注意する．

2 つの曲線 C_1, C_2 が次の条件を満たすとする：C_2 のほとんどすべての点の成分が C_1 の点の成分の有理関数であって，またその反対も成り立つ．これは有理関数,
$$\phi_j(x, y) = \frac{f_j(x, y)}{g_j(x, y)} \in \mathbb{Q}(x, y) \quad (j = 1, 2)$$

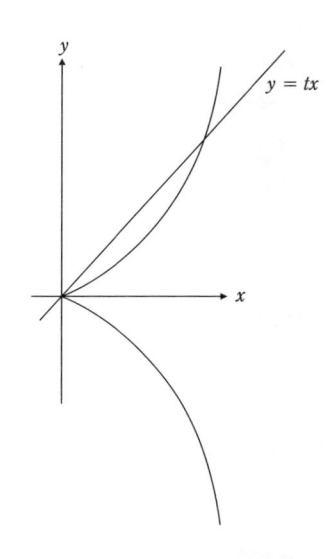

図 5.5 (尖点をもつ) 特異曲線のパラメータ化

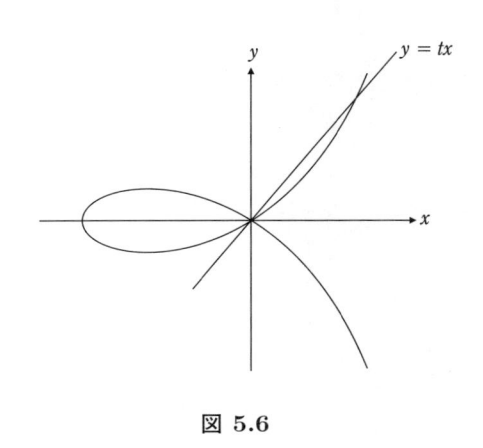

図 5.6

が存在して，条件:
 1. C_1 のほとんどすべての点 P に対して，$g_1(P)g_2(P) \neq 0$ である．
 2. 集合 $\{\Phi(P) = (\phi_1(P), \phi_2(P)) | P \in C_1, g_1(P)g_2(P) \neq 0\}$ は，C_2 のほとんどすべての点を表すことを意味する．

同様なことが逆の向きについても成り立つ．そのような2つの曲線 C_1, C_2 を，$\mathbb{Q}$ 上で**双有理同値** (birational equivalent) であると呼ぶ．曲線 C_1, C_2 が双有理同値ならば，一方の曲線のほとんどすべての点は，他方の曲線上のほとんどすべての点から**有理写像** (rational map)：

$$\Phi : C_1 \longrightarrow C_2, \qquad \Psi : C_2 \longrightarrow C_1 \tag{5.6}$$

によって得られる．これらは以下の2つによって与えられる．

$$\Phi(P) = (\phi_1(P), \phi_2(P)),$$
$$\Psi(Q) = (\psi_1(Q), \psi_2(Q)).$$

もし，$\Psi \circ \Phi : C_1 \longrightarrow C_1$ と $\Phi \circ \Psi : C_2 \longrightarrow C_2$ が (定義されるときは常に) 恒等写像であるならば，(5.6) は $\mathbb{Q}$ 上で**双有理対応** (birational correspondence) であると呼ばれる．Φ と Ψ はそれぞれ，C_1 と C_2 のほとんどすべての点で定義されていることに注意する．

■ **例 5.6** ■ (Tate 文献 [8]) C_1 を次の式で与えられる Fermat 曲線とする．

$$x^3 + y^3 = 1 \tag{5.7}$$

(5.7) において有理式の置き換え，

$$x = \frac{6}{X} + \frac{Y}{6X}, \ y = \frac{6}{X} - \frac{Y}{6X} \iff X = \frac{12}{x+y}, \ Y = 36\frac{x-y}{x+y} \tag{5.8}$$

を行うならば，方程式，

$$Y^2 = X^3 - 432 \tag{5.9}$$

をもつ曲線 C_2 を得る．そして (5.8) は C_1 と C_2 の間の双有理対応を与える．

注意 5.7 曲線の間の双有理的同値は同値関係である．もし曲線 C_1 と曲線 C_2 が双有理的同値ならば，C_1 が無限個の有理点をもつのは，C_2 が同じくそうであるときに限る．したがって双有理的同値な曲線の類の中で最も簡単な形のものを選んでよいことになる．

5.7 代数幾何からのいくつかの結果

ここでは代数幾何からの事実をいくつか見直す必要がある．これらの結果のうちいくつかは非常に深遠であり，残りのものはそれらから容易にわかる．そのうち最も重要なものの 1 つとして，2 つの曲線の交わりに関する次の定理がある．定理で * 印の付いたものには証明を与えていないが，それらの証明 (この章に関するもの) については文献 [7] で見ることができる．ここで扱う曲線は射影的で $K = \mathbb{C}$ であると仮定する．よって失われる点はないことになる (訳注：つまり無限遠点も考慮する)．

【定理 5.8】 * (Bezout) m 次と n 次の 2 つの射影曲線は，共通成分をもたなければ，(本質的に数えて) mn 個の点で交わる．

したがって，2 つの直線は 1 点で交わるということになる (ただし，これは無限遠点である可能性もある)．またアフィンの場合においては，これは誤りであることに注意しよう．例として，直線は 2 次曲線とは 2 点で，3 次曲線とは 3 点で交わり，2 つの 3 次曲線どうしは 9 点で交わるなどがあげられる．ここで両方の曲線に対して特異点でない交点は唯一度数えられ，どちらか一方の 2 重点は少なくとも 2 回数えられる．交点を数える回数をその点の**交差重複度** (intersection multiplicity) と呼ぶ．詳しくは文献 [2] または文献 [4] を参照していただきたい．

次数 n の射影曲線は，次の斉次多項方程式で与えられる：

$$F(X,Y,Z) = \sum_{i+j \leqq n,\ i,j=0}^{n} a_{ij} X^i Y^j Z^{n-i-j} = 0 \qquad (5.10)$$

よって，$F(X,Y,Z)$ は $(n+1)(n+2)/2$ 個の項をもつ．すべてではないが，これらのうちいくつかは 0 である．そのような 2 つの多項式 F と G が同じ曲線を定義するのは，0 でない定数 c があって $F = cG$ となるときに限る．よって，次数 n の曲線は，射影空間 $\mathbb{P}^m(\mathbb{C})$ における点の全体と同一視できる．ここで，

$$m = \frac{(n+1)(n+2)}{2} - 1 = \frac{n(n+3)}{2}$$

である．$n(n+3)/2$ 個の点の集合を通る次数 n の曲線は常に存在する，なぜならば (5.10) における多項式の係数は，$m+1$ 個の任意の係数をもつ m 個の 1 次

連立方程式 (これらは m 個の点を (5.10) に代入することによって求められる) の 0 でない解としてとれるからである．もしも高次の項の係数がすべて 0 ならば，適当なベキ，例えば X のベキをかけることにより，求めるベキ次数の方程式を得ることができる．後ほど必要になるので，それを次の定理として記しておく．

【定理 5.9】 任意に与えられた $n(n+3)/2$ 個の点の集合を通る次数 n の曲線が常に存在する．とくに任意の 5 個の点を通る 2 次曲線，任意の 9 個の点を通る 3 次曲線は存在する．

Bezout の定理の応用をいくつか与えておこう．

【定理 5.10】 斉次多項式 F_1, F_2 で定義された 2 つの 3 次曲線は共通成分をもたないと仮定する．これらの 9 個の交点のうちの 8 個を通る斉次曲線 F で定義された別の 3 次曲線は，残りの 9 番目の点もまた通る．

(証明) ある 2 つの定数 c_1, c_2 があって，$F = c_1 F_1 + c_2 F_2$ とかけることを示せば十分である．任意の c_1, c_2 に対して $F \neq c_1 F_1 + c_2 F_2$ であると仮定して，これが矛盾であることを示す．明らかに $F_1 \neq c_2 F_2$ である，そうでなければこれらはすべての成分を共通にもつことになってしまうからである．2 点 A, B が与えられたとして，変数が 3 つの 2 連 1 次方程式を解くことにより，曲線

$$F^* = F_{A,B} = cF - c_1 F_1 - c_2 F_2 = 0$$

が 2 点 A, B を通り $1 \leq \deg F^* \leq 3$ であるように，定数 c, c_1, c_2 を選ぶことができる．$P_1, \cdots, P_8$ を与えられた 3 つの 3 次曲線が共通に通る 8 個の点と仮定すると，$F_{A,B} = 0$ は 2 点 A, B はもちろん点 $P_1, \cdots, P_8$ をも通る．ここで，点 $P_1, \cdots, P_8$ のうち高々 3 個が，ある直線上にある．そうでなければ，この直線は $F_1 = 0$ と $F_2 = 0$ の共通成分になってしまうからである．同様に，これらの点のうち高々 6 個がある 2 次曲線上にある．点 $P_1, \cdots, P_8$ のうちの 2 点，例えば P_1 と P_2 は常に直線 L 上にあり，また 5 点，例えば $P_4, \cdots, P_8$ は 2 次曲線 C 上にある．そこで次の 3 つの場合が考えられる．

1. P_3 は L 上にある．

2. P_3 は C 上にある.

3. P_3 は L 上にも C 上にもない.

(場合 1) $A(\neq P_j, j = 1, 2, 3)$ を直線 L 上の点，B を L 上にも 2 次曲線 C 上にもない点とする．L と曲線 $F^* = 0$ は 4 点 P_1, P_2, P_3, A を共通にもつことにより，L は F^* の成分である．$F^* = 0$ の残りの成分は C でなければならない．したがって，B は $F_{A,B} = 0$ 上にはあり得ないことになり，これは矛盾である．

(場合 2) $A(\neq P_j, j = 3, \cdots, 8)$ を点として C 上にとり，B は L 上にも C 上にもない点とする．このとき，$F^* = 0$ と C は 6 点よりも多くの点で交わり，そしてそれらは C を共通成分としてもたなければならない．また，$F^* = 0$ の残りの成分は L でなければならない．よって $F^* = 0$ は B を通らないことになり，これは矛盾である．

(場合 3) A, B を両方とも L 上にとると，P_3 は $F_{A,B} = 0$ 上にはないことが示せる．これもまた矛盾である． ∎

5.8 曲線の種数

予想できることではあるが，曲線の次数が増えれば増えるほど，その曲線を調べることは複雑になる．少なくとも有理数解の考察に関する限り，曲線がどのようにして複雑になるのかを示すのはまさしく種数なのである．断りのない限り，曲線は射影的で $\mathbb{Q}$ に係数をもつ既約多項式で定義されたものとする．

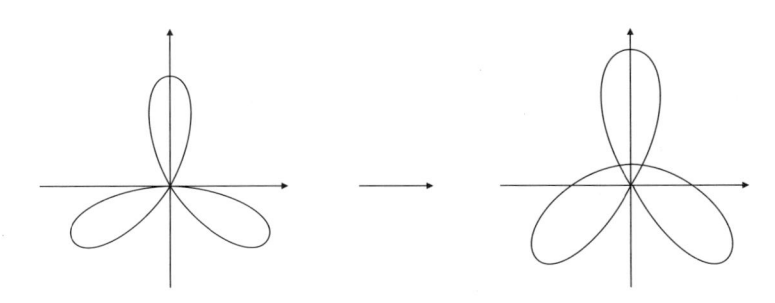

図 5.7 3 重点 (左) をいくつかの 2 重点 (右) に変換

【定理 5.11】* 位数 (order) > 2 の特異点をもつ既約な曲線 C は，特異点として 2 重点のみをもつ曲線に対して双有理同値である．

図 5.7 で示すように，3 重点をもつ曲線は 3 個の 2 重点をもつ曲線に変形される．

【定理 5.12】 C_1 を m 個の 2 重点のみを特異点としてもつ n 次の既約な曲線とする．このとき，
$$g = g(C_1) = \frac{(n-1)(n-2)}{2} - m \qquad (5.11)$$
は負でない整数である．

(証明) $g < 0$ であるとすれば，2 重点の個数 m は少なくとも $(n-1)(n-2)/2+1$ である．直線と既約な 2 次曲線は特異点をもたないので $n > 2$ である．次数 N の曲線で $N(N+3)/2$ 個の点を通るものが常に存在することはわかっている．もし $N = n - 2$ ならば次のようになる：
$$\frac{N(N+3)}{2} = \frac{(n-2)(n+1)}{2} = \frac{(n-1)(n-2)}{2} + n - 2.$$
C_2 を C_1 における $(n-1)(n-2)/2+1$ 個の 2 重点と，さらに C_1 における $n-3$ 個の点を通る次数 $n-2$ の曲線とする．曲線のそれぞれの 2 重点は他の曲線と交わったところで少なくとも 2 回数えられているから，C_1 と C_2 は少なくとも次の個数の点で交わっている．
$$2\left\{\frac{(n-1)(n-2)}{2} + 1\right\} + n - 3 = n(n-2) + 1$$
ところが，これは Bezout の定理より不可能である． ∎

【定理 5.13】* C を既約な曲線とする．また C_1 と C_2 を 2 重点のみを特異点としてもつ曲線とする．ここで C が C_1 と C_2 に双有理同値であるならば $g(C_1) = g(C_2)$ である．

$g(C) = g(C_1) = g(C_2)$ とおいて，これを既約曲線 C の**種数** (genus) と呼ぶ．ここで g は負でない整数であったことに注意しよう．

【系 5.14】 曲線の種数は双有理的同値の下で不変である．

注意 5.15 ここでの種数の定義は幾何的であり，他にも種数を定義する方法がある．Riemann-Roch の定理を含む算術的な定義については文献 [2] または文献 [6]，また対応する多様体 (manifold) における取っ手の数として位相的に定義する方法など，それらの同値性については文献 [4] が参照になるだろう．

■ **例 5.16** ■

1. L を直線とする．このとき $n = 1$ かつ $m = 0$ である．ゆえに，
$$g(L) = \frac{(n-1)(n-2)}{2} - m = \frac{(1-1)(1-2)}{2} - 0 = 0$$
となり種数 $g = 0$ である．

2. C を既約な 2 次曲線とすると，その次数は 2 である．なぜならば既約な 2 次曲線は特異点をもたないからであり，$m = 0$ である．したがって，
$$g = \frac{(n-1)(n-2)}{2} - m = \frac{(2-1)(2-2)}{2} - 0 = 0$$
となり種数 $g = 0$ である．

3. C を 3 次曲線 $y^2 = x^3 + x^2$ とする．そのとき曲線 C は特異点として唯 1 つの 2 重点をもち，それゆえに種数 $g = 0$ となる．

4. すでに $y^2 = x^3 - x$ で定義される曲線 E が非特異であることはわかっている．その種数は $g = 1$ である．

5. Fermat 曲線 $F : X^n + Y^n = Z^n$ $(n \geqq 3)$ は非特異である．なぜならば，
$$\frac{\partial F}{\partial X} = \frac{\partial F}{\partial Y} = \frac{\partial F}{\partial Z} = 0$$
これは $\mathbb{P}^2(\mathbb{C})$ において解をもたないからである．したがって，種数は $g = (n-1)(n-2)/2$ である．

【**定理 5.17**】 $f(x) = x^3 + Ax + B \in \mathbb{Q}[x]$ とする．このとき，曲線
$$E : y^2 = f(x) \tag{5.12}$$

が種数 $g(E) = 1 \Leftrightarrow E$ は非特異 $\Leftrightarrow \Delta(f) = -4A^3 - 27B^2 \neq 0 \Leftrightarrow f(x)$ は異なる根 (roots) をもつ．

(証明) (5.11) により，$g(E) = 1 \Leftrightarrow E$ は非特異, は明らかである．また，$\Delta(f) = 0 \Leftrightarrow f(x)$ は重根をもつこともわかっている (系 4.10). したがって，E が特異点をもつ $\Leftrightarrow \Delta(f) = 0$, を示せば十分である．$F(X, Y, Z) = 0$ を (5.12) の射影モデルとすれば，$\partial F/\partial Z$ は E の無限遠点，すなわち $(0, 1, 0)$ では 0 にならない．ゆえに，

$$E \text{ が特異点をもつ} \iff \frac{\partial (y^2 - f)}{\partial x} = f'(x) \text{ かつ } \frac{\partial (y^2 - f)}{\partial y} = 2y \quad (5.13)$$

が E のアフィン部分で同時に 0 になる $\Leftrightarrow f(x)$ と $f'(x)$ が共通解 (根) をもつ $\Leftrightarrow R(f, f') = 0 \Leftrightarrow \Delta(f) = 0$. ∎

$\mathbb{Q}$ 上で定義された直線，

$$ax + by + c = 0 \quad (5.14)$$

は無限個の有理点をもつ (x を任意の有理数にとり (5.14) を y について解く). しかしながら，$\mathbb{Q}$ 上で定義された 2 次曲線は，その上に有理点をもたないこともある (例えば，$x^2 + y^2 + 1 = 0$). もしくは $x^2 + y^2 = 0$ の場合のように唯 1 つだけ有理点をもつこともある．代数曲線における有理点の考察においては，そのような 2 次曲線は除外することにしよう．この除外の下では，直線や 2 次曲線は有理曲線である，したがって次のように 1 つのパラメータ t で表すことができる：

$$\begin{aligned} x &= \phi_1(t) \\ y &= \phi_2(t) \end{aligned} \quad (5.15)$$

$\phi_1(t), \phi_2(t) \in \mathbb{Q}(t)$ であるから，本質的に (5.15) の有理点は有理数上で t を変化させることによって $P(t) = (\phi_1(t), \phi_2(t))$ として得られる．ここで直線と 2 次曲線は種数 0 の曲線であることに注意しよう．Hilbert と Hurwitz の定理 (文献 [3] 参照) は，任意の種数 0 の曲線は直線あるいは 2 次曲線のどちらかと双有理同値であり，したがって有理曲線であるということを述べている．有理曲線は常に無限個の有理点をもち，有限個の例外としてこれらの有理点は有理数と 1 対 1 に対応する．いったんそのような曲線を (5.15) のような形にすれば，問題は完全に解決する．

種数 1 の曲線は扱うのがもっと難しいが，Poincaré (文献 [5]) によれば，そのような曲線は $\Delta(f) \neq 0$ である (5.12) の形に帰着させられる．種数が 1 より大

きい任意の曲線は有限個の有理点のみしかもたない，これは 1922 年に Mordell が予想し，Faltings（文献 [1]）が最近証明したことである．それに対して，種数 1 の曲線が無限個の有理点をもつのかもたないのか，つまり有限個の解のみしかもたないかどうかがどのようにして決まるかについてはいまだに未解決である．そういった意味では，種数 1 の曲線は数学の中で最も興味深い素材の 1 つといえるだろう．本書の残りの部分は，それらの考察にあてるつもりである．ここで 2 つの定理を証明を与えずに述べておく．

【定理 5.18】[*] (Hilbert-Hurwitz) 種数 0 で次数 $n \geqq 3$ の任意の曲線は，次数 $n-2$ のある曲線と双有理的同値である．

【定理 5.19】[*] (Poincaré) 有理点をもつ種数 1 の任意の曲線は，ある 3 次曲線と双有理的同値である．

より簡略化された内容が次の定理とその系で与えられる．

【定理 5.20】 有理点をもつ任意の非特異な 3 次曲線は，曲線

$$Y^2 = f(X) \tag{5.16}$$

$\deg f(X) = 3$ と双有理同値である．さらに $\Delta(f) \neq 0$ である．

(証明)(Nagell) P を 3 次曲線

$$g(x, y) = 0 \tag{5.17}$$

の上の有理点とすれば，点 P における接線は有理直線である．この接線の方程式は，曲線 (5.17) と有理点 P で 2 回ぶつかる．したがってその第 3 の交点 Q もまた有理点である．

原点を点 Q に移動することにより，ϕ_j を次数 j の斉次多項式として，

$$g(x, y) = \phi_3(x, y) + 2\phi_2(x, y) + \phi_1(x, y)$$

と仮定してかまわない．この曲線と直線 $y = tx$ との交点は，

$$\psi_3 x^2 + 2\psi_2 x + \psi_1 = 0 \tag{5.18}$$

で与えられる．ここで $\psi_j = \phi_j(1,t)$ は t の次数 j の多項式である．(5.18) を解いて，

$$x = \frac{-\psi_2 \pm (\psi_2^2 - \psi_1\psi_3)^{1/2}}{\psi_3} \qquad (5.19)$$

を得る．したがって，(5.18) は，

$$(\psi_3 x + \psi_2)^2 = \psi_2^2 - \psi_1\psi_3$$

と同値である．

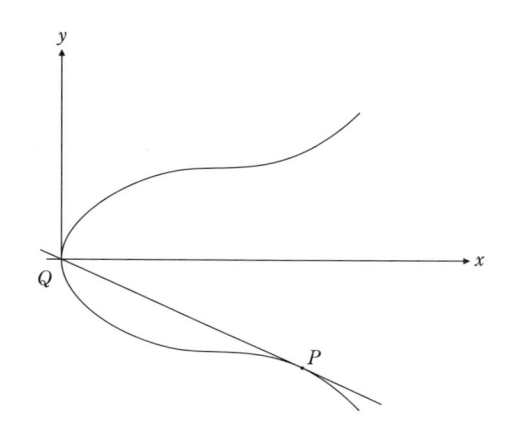

図 5.8 3 次曲線の標準化

明らかに，$\deg(\psi_2^2 - \psi_1\psi_3) \leqq 4$ である．もし $\deg(\psi_2^2 - \psi_1\psi_3) < 4$ ならば，$f = \psi_2^2 - \psi_1\psi_3$, $t = y/x = X$, $\psi_3 x + \psi_2 = Y$ とおく．これは (5.16) と (5.17) の間に双有理対応を与える．なぜならば X と Y を x と y の有理関数として解くことができ，その逆もできるからである．種数が 1 であるから，$\deg f = 3$ かつ $\Delta(f) \neq 0$ である．さて，$\deg(\psi_2^2 - \psi_1\psi_3) = 4$ とする．もし $y = t_0 x$ が点 P におけるこの曲線の接線ならば，(5.19) より t_0 は $\psi_2^2 - \psi_1\psi_3$ の有理根である．$t = t_0 + 1/x$ とおく．このとき，

$$\psi_2^2 - \psi_1\psi_3 = \frac{f(x)}{x^4}$$

とある多項式 $f(x), \deg f(x) \leqq 3$ を用いてかける．実際は $\deg f(x) = 3$ である，なぜならば $\deg f(x) < 3$ とすれば種数の不変性に矛盾するからである．$x^2(\psi_3 x + \psi_2) = Y$ とおく．容易にわかるように，再び X, Y について x, y の有理数として解くことができ，逆もまた同様である． ∎

【系 5.21】 種数 1 で有理点を通るような任意の曲線は，

$$Y^2 = X^3 + AX + B \quad (A, B \in \mathbb{Q})$$

(判別式は $\Delta = -4A^3 - 27B^2 \neq 0$) と双有理的同値である．

(証明) Poincaré の定理より，種数 1 で有理点をもつ任意の曲線は非特異 3 次曲線に双有理同値であり，定理 5.20 よりそれは (5.16) の形にすることができる．もし，$f(X) = aX^3 + bX^2 + cX + d$ $(a \neq 0)$ ならば，全体に a^2 をかけて aX と aY を X と Y でそれぞれ置き換える．したがって，$a = 1$ と仮定してかまわない．$X \mapsto X - b/3$ の置き換えで 2 乗の項をなくし，求めるべき形が得られる．定理 5.17 より，この曲線の種数が 1 であるのは $\Delta \neq 0$ のときに限る． ∎

補足として次の定理を述べ，証明を与える．

【定理 5.22】 4 次曲線 C

$$y^2 = ax^4 + bx^3 + cx^2 + dx + e \quad (a \neq 0) \tag{5.20}$$

が有理点をもつとすれば，これは曲線

$$Y^2 = f(X) \tag{5.21}$$

と双有理的同値である．ここで $f(X)$ は，次数 $\leqq 3$ の多項式である．さらに，$\deg(f(X)) = 3 \Leftrightarrow g(C) = 1$ である．

(証明)(Mordell) (または定理 5.20 の証明の最後のパラグラフを参照せよ．)
　 (5.20) の有理点を (x_0, y_0) として，x を $X - x_0$ で置き換えて，$(0, y_0)$ が (5.20) の上の与えられた有理点としてよい．よって e は完全平方である．ゆえに x を $1/X$ に，y を Y/X^2 に置き換えて，a は完全平方であるとしてよい．もし $a = 0$

ならばそれで済んでしまう．そうでないときは，x を $X/\sqrt{a}$ で y を $Y/\sqrt{a}$ で置き換えることにより $a = 1$ としてよい．さらに，$x = X - b/4$ を代入することにより，(5.20) で bx^3 の項をなくすことができる．結局，(5.20) は，

$$y^2 = x^4 - 6cx^2 + 4dx + e \tag{5.22}$$

とかける．さらに，

$$x = \frac{1}{2}\left(\frac{Y-d}{X-c}\right), \quad y = -x^2 + (2X+c) \tag{5.23}$$

とおくことにより，(5.22) の曲線と (5.21) の形の曲線の間の双有理的対応が成り立つことがわかる．これを見るために，まずはじめに (5.22) に (5.23) の y を代入して，

$$-2x^2(2X+c) + (2X+c)^2 = -6cx^2 + 4dx + e$$

つまり，

$$x^2(X-c) + dx = g(X) \tag{5.24}$$

を得る，ここで $\deg g(X) \leqq 2$ である．そして (5.23) の x を (5.24) に代入して，

$$(Y-d)^2 + 2d(Y-d) = 4(X-c)g(X)$$

を得る．

$f(X) = 4(X-c)g(X) + d^2$ とおくことにより，これは (5.21) を与えている．■

5.9 楕円曲線

次の問題を考えたい：(平面代数)曲線はどのようなときに無限個の有理点をもつのか？

前にも述べたように，種数が 0 の曲線は自明な場合を除いて無限個の有理点をもつ．一方それに対して，Faltings (文献 [1]) によれば，種数が 1 より大きい曲線は有限個の有理点のみしかもたないという．ところが種数 1 の曲線が与えられたとき，それが無限個の有理点をもつかどうかは誰にもわからない．(どちらの

場合も起きてしまうのである．) 楕円曲線，すなわち種数 1 の曲線の研究は数学の中でも最も豊富で活発な分野である．楕円曲線 E は，種数が 1 で少なくとも 1 個の有理点をもつ (射影) 曲線として定義される．前に見たように，楕円曲線 E は 3 次で与えられ，それは **Weierstrass の型**

$$y^2 = x^3 + Ax + B \tag{5.25}$$

にとれる．ここで多項式 $f(x) = x^3 + Ax + B$ の判別式 $\Delta = \Delta(f)$ は，

$$\Delta = -4A^3 - 27B^2 \neq 0 \tag{5.26}$$

を満たす．正確さを期するために次の定義をする．

【定義 5.23】 $\mathbb{C}$ の部分体 k 上で定義された**楕円曲線** (elliptic curve) E を E/k とかく．これは，

$$Y^2 Z = X^3 + AXZ^2 + BZ^3 \quad (A, B \in k) \tag{5.27}$$

で与えられる射影曲線であり，$\Delta = -4A^3 - 27B^2$ で与えられる量は E の**判別式** (discriminant) と呼ばれるものだが，これが 0 でないとする．

射影曲線 (5.27) には無限遠点がただ 1 点のみ存在する，それは $Z = 0$ で与えられ $O = (0, 1, 0)$ である．これは有理点と見なされ，E を点 $O = (0, 1, 0)$ を無限遠点にもつアフィン曲線 (5.25) と考えてよい．

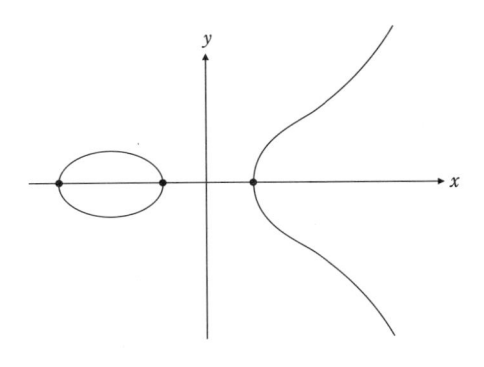

図 5.9 3 個の実根をもつ場合の楕円曲線

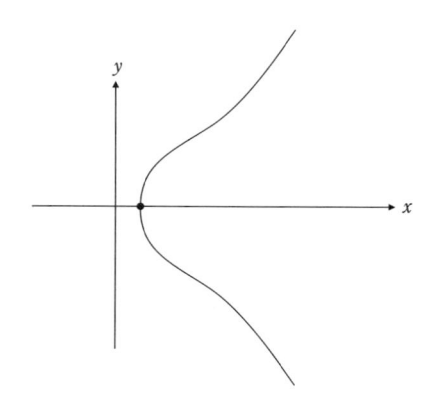

図 5.10 1 個の実根をもつ場合の楕円曲線

K を $k \subseteq K \subseteq \mathbb{C}$ である任意の体とすると，$\mathbb{P}^2(K)$ における (5.27) のすべての解，すなわち K^2 における (5.25) のすべての解と無限遠点の集合を $E(K)$ と表す．$K = \mathbb{C}$ のときは $E(K)$ は E そのものである．また，$E(\mathbb{R})$ は，$f(x) = x^3 + Ax + B$ の実数解の個数が 3 個かまたは 1 個かにしたがって，図 5.9 または図 5.10 のように見える．

5.10 群の法則

図 5.11 で示されているように，楕円曲線 E において 2 項演算を定義する．P, Q を E 上の 2 点とするとき，点 P, Q を通る直線 ($P = Q$ ならば点 P での接線) は E と 3 番目の点で交わる，これを PQ と表す．さらに $PQ = (x, y)$ とするとき，和 $P + Q$ は PQ の x 軸に関する対称点 $(x, -y)$ を表すものと定義する．和 $O + O$ は O と定義する．(E のアフィン部分で O と点 P を結ぶということは，P を通る垂直な直線を描くことを意味する．垂直な直線と E との 3 つの交点は $(x, y), (x, -y), O$ である．x 軸に関する O の対称点は O そのものである．)

これで E は O を単位元とするアーベル群になる (楕円曲線をいくつか考えるときは E の単位元を O_E とかくことにする)．$P = (x, y)$ の逆元は $(x, -y)$ である．公理で唯 1 つ確認しなければならないことは結合律である，つまり E 上

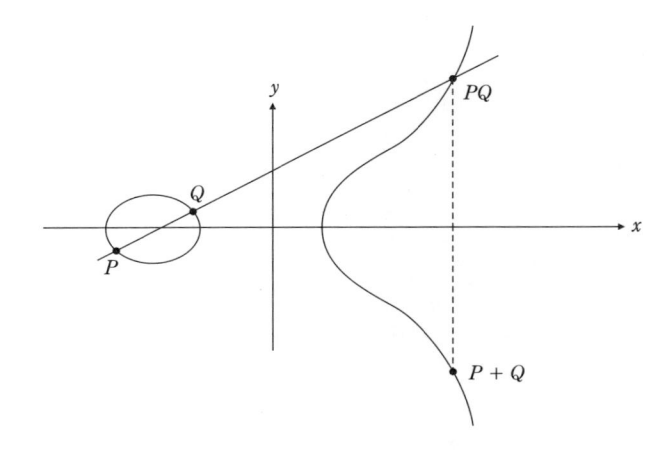

図 5.11　非特異 3 次曲線上の加法

の任意の 3 点 $P_i(i=1,2,3)$ に対して，

$$(P_1+P_2)+P_3 = P_1+(P_2+P_3)$$

ということである．そのためには $P_1(P_2+P_3) = (P_1+P_2)P_3$ を証明すれば十分である．C_1（あるいは C_2）を図 5.12 で描かれている 3 直線 L_1, L_2, L_3（あるいは l_1, l_2, l_3）からなる 3 次曲線とする．このとき，E は 3 次曲線 C_1 と C_2 における 8 つの共通の点を通り，それらは次の通りである．

$$P_1,\ P_2,\ P_3,\ P_1P_2,\ P_2P_3,\ P_1+P_2,\ P_2+P_3,\ O$$

したがって，定理 5.10 より E は C_1 と C_2 の第 9 番目の交点を通るが，$P_1(P_2+P_3)$ と $(P_1+P_2)P_3$ は C_1 と C_2 の上記以外の交点であるから，それらは一致しなければならない．

【定理 5.24】 E は k 上定義されており，$k \subseteq K \subseteq \mathbb{C}$ であるとき，集合 $E(K)$ は E の部分群である．これを E の K-有理点の群という．

（証明）　示さなければならないことは，$P_1 = (x_1, y_1), P_2 = (x_2, y_2) \in E(K)$ ならば $P_1P_2 \in E(K)$ ということである．これら 2 つの点は E のアフィン部分に

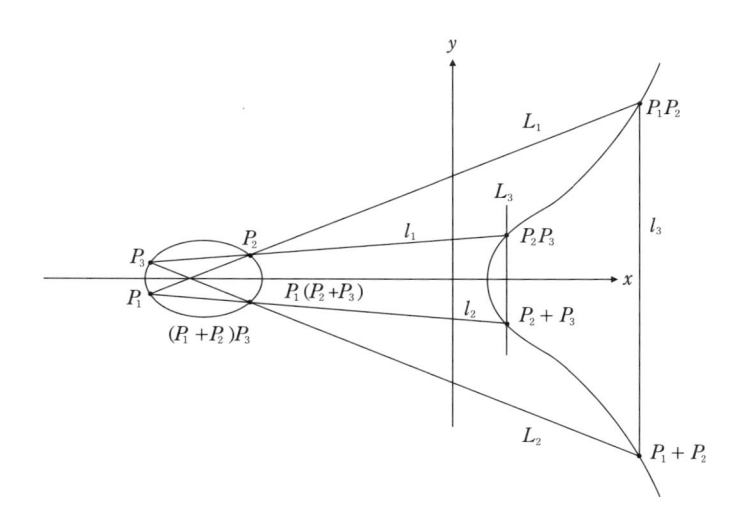

図 5.12 加法の結合律

あり，$P_1 \neq -P_2$ と仮定してよい．P_1P_2 の座標を決定するために 2 つの場合を考える．

(1) $P_1 \neq P_2$ のとき，P_1 と P_2 を通る直線の傾きは，

$$m = \frac{y_1 - y_2}{x_1 - x_2} \tag{5.28}$$

である．

(2) $P = (x, y)$ の倍 (duplication) $2P$ に対しては $P = P_1 = P_2$ と考える．$y \neq 0$ と仮定してよい，そうでないと $2P = O$ で P は位数 2 の点になる．(5.25) での P における接線の傾きは，

$$m = \frac{3x^2 + A}{2y} \tag{5.29}$$

である．

どちらの場合でも P_1 と P_2 を通る直線は，

$$y = mx + b \quad (m, b \in K) \tag{5.30}$$

とかける．ここで，

である．(5.30) を (5.25) に代入して，

$$x^3 - m^2x^2 + (A - 2mb)x + B - b^2 = 0 \tag{5.32}$$

を得る．$P_1 P_2 = (x_3, y_3)$ とすると x_1, x_2, x_3 は (5.32) の 3 つの根であり，したがって，解と係数の関係より，

$$x_1 + x_2 + x_3 = m^2$$

となる．これは $x_3 = m^2 - (x_1 + x_2)$ が K に属することを示している．$y_3 \in K$ であることは (5.30) よりわかる． ■

P の x 座標を $x(P)$ (あるいは y 座標を $y(P)$) と表す．これまでのことより，

$$\begin{aligned}x(P_1 + P_2) &= \left\{\frac{y(P_1) - y(P_2)}{x(P_1) - x(P_2)}\right\}^2 - \{x(P_1) + x(P_2)\} \quad (P_1 \neq \pm P_2)\\ x(2P) &= \left\{\frac{3[x(P)]^2 + A}{2y(P)}\right\}^2 - 2x(P) \quad (y(P) \neq 0)\end{aligned} \tag{5.33}$$

がわかる．

注意 5.25

1. $P_1 \pm P_2$ の座標は P_1, P_2 の座標の有理関数である．
2. $p \neq 2, 3$ を素数，$A, B \in \mathbb{F}_p$ で，$\Delta = -4A^3 - 27B^2 \in \mathbb{F}_p^\times$ であるとする．このとき，

$$y^2 = x^3 + Ax + B \qquad (A, B \in \mathbb{F}_p) \tag{5.34}$$

は，$\mathbb{F}_p$ 上の楕円曲線 E を定義する．任意の $\mathbb{F}_p$ を含む体 K に対して，E 上の，K-有理点の集合，すなわち (5.34) の解で x, y が K に属するものと無限遠点 O を合わせた集合は，方程式 (5.28)-(5.33) によって純粋に代数的に定義された加法の下で群をなす．もし $p = 2$ であるときは，(5.33) の第 2 式が崩れてしまう．
3. 位数 2 の点．$P = (x, y) \in E$ を位数 2 の点とすれば $P = -P = (x, -y)$ であり，$y = 0$ である．a_1, a_2, a_3 を $f(x) = x^3 + Ax + B$ の 3 つの根とすれ

ば，$P_j = (a_i, 0)$ は3個の位数2の点である．O とあわせて，これらはアーベル群 $\mathbb{Z}/2\mathbb{Z} \times \mathbb{Z}/2\mathbb{Z}$ と同型である．実際に，i, j, k をすべて異なるとするとき $P_i + P_j = P_k$ が成り立つことは明らかである．したがって $\mathbb{C}$ の部分体 K に対して O と位数2の点からなる部分群 $E(K)$ は，

$$\begin{cases} \mathbb{Z}/2\mathbb{Z} \times \mathbb{Z}/2\mathbb{Z}, & (a_i \in K, i = 1, 2, 3 \text{ のとき}) \\ \mathbb{Z}/2\mathbb{Z}, & (\text{ただ1つのみ } a_i \in K \text{ となるとき}) \\ \{0\}, & (\text{その他のとき}) \end{cases}$$

に同型になる．

4. **位数 N の点.** $E = E(\mathbb{C})$ とする．位数が $N \geqq 1$ で割り切れる点のなす群を $E[N]$ とすると，これは $\mathbb{Z}/N\mathbb{Z} \times \mathbb{Z}/N\mathbb{Z}$ と同型である（A.7節を参照のこと）．

■ **例 5.26** ■

1. E は，

$$y^2 = x^3 - x + 1$$

で定義されているとする．$\Delta = -4A^3 - 27B^2 = -23 \neq 0$ であるから，E は楕円曲線である．点 $P = (1,1)$ は E 上の有理点である．(5.28)-(5.33) の公式を用いて，$2P = (-1, 1), 3P = (0, -1), 4P = (3, -5), 5P = (5, 11), 6P = (1/4, 7/8)$ などであることがわかる．後で（第7.7節において）点 mP ($m = 1, 2, 3, \cdots$) はすべて異なり，したがって E は無限個の有理点をもつことを知る．

2. E は，

$$Y^2 = X^3 - 432$$

で定義されているとする．E が，

$$E_1 : x^3 + y^3 = 1$$

と双有理的同値であることはすでに見た．双有理的対応は，

$$x = \frac{6}{X} + \frac{Y}{6X}, \quad y = \frac{6}{X} - \frac{Y}{6X}$$

$$X = \frac{12}{x+y}, \qquad Y = 36\frac{x-y}{x+y}$$

(5.35)

で与えられる．(x,y) が E_1 の有理点ならば $x \neq -y$ である．また，もし (X,Y) が E の有理点ならば $X \neq 0$ である．したがって，(5.35) は $E(\mathbb{Q})$ から $E_1(\mathbb{Q})$ への1対1上への写像 (全単射) を与える．Fermat の最終定理によれば E_1 のアフィン部分での有理点は $(1,0)$ と $(0,1)$ のみである．したがって，E の有理点は $O, (12, 36), (12, -36)$ のみであり，ゆえに，

$$E(\mathbb{Q}) \cong \mathbb{Z}/3\mathbb{Z}$$

である．

演習 5.27

1. $(0,1)$ は $y^2 = x^3 - 2x + 1$ 上の位数 4 の点であることを示せ．[ヒント：$y(2P) = 0$.]
2. $P = (3,8)$ は $y^2 = x^3 - 43x + 166$ 上の位数 7 の点であることを示せ．[ヒント：$8P = P$ を示せ．]

参考文献

[1] G. Faltings, Endlichkeissätze abelsche varieäten über Zahlkörpern, *Invent. Math.*, **73** (1983), 349-366.

[2] W. Fulton, Algebraic Curves, W. A. Benjamin, New York, (1969).

[3] D. Hilbert and A. Hurewitz, Über die diophantischen Gleichungen von Geschlecht Null, *Acta Math.*, **14** (1890), 217-224.

[4] D. Mumford, Algebraic Geometry I: Complex Projective Varieties, Springer Verlag, Berlin (1976).

[5] H. Poincaré, Sur les propriétés arithmétiques des courbes algébriques, *J. Math. Pures Appl.*, **71** (1901),161-233.

[6] W. M. Schmidt, Lectures on Equations over Finite Fields: An Elementary Approach, Part II at the University of Colorado, Boulder, 1974-1975 (unpublished).

[7] J. G. Semple and L. Roth, Algebraic geometry, Oxford Univ. Press (1949).

[8] J. Tate, Arithmetic of elliptic curves, Phillips Lectures at Haverford College 1961 (unpublished).

[9] R. J. Walker, Algebraic Curves, Princeton UNiv. Press, Princeton, New Jersey (1950).

第6章
Mordell-Weilの定理

6.1 はじめに

1901年にPoincaré（文献[6]）は（暗黙のうちに仮定したといったほうがよいかもしれないが）次のことを予想した：$\mathbb{Q}$上定義された任意の楕円曲線上の有理点は，有限個の点から可能な限りの和をとることによって得られる．

これは1922年にMordell（文献[3]）によって証明された．それから，少し後の1928年にWeilは彼の論文（文献[7]）において，この結果を数体K上で定義されたアーベル多様体(Abelian variety)の場合に拡張した．K上のアーベル多様体Xは，おおまかにいえば，Kに係数をもついくつかの変数の有限個の斉次多項方程式の射影空間における共通零点の集合であり，点P_1, P_2の座標の有理関数として$P_1 \pm P_2$の座標が与えられるようなアーベル群としての演算をもつものである（文献[5]）．Weilはアーベル多様体X，すなわち，Kに座標をもつこれらの多項方程式の解のK-有理点のなす群$X(K)$が有限生成であることを証明した．詳細は文献[2]または文献[7]を参照していただきたい．後になって彼は自分が論文で導入した概念を用いて，楕円曲線の特別な場合に対してより簡明な証明も与えている．これから行おうとしていることは，この証明に従うことである（文献[4]または文献[8]を参照）．大変興味深い説明がCassels（文献[1]）にある．
Eを

$$y^2 = x^3 + Ax + B \quad (A, B \in \mathbb{Q}) \tag{6.1}$$

で定義された楕円曲線とする．置き換え

$$x = \frac{X}{c^2}, \quad y = \frac{Y}{c^3} \quad (c \in \mathbb{Q}^\times)$$

は (6.1) と

$$E' : Y^2 = X^3 + c^4 A X + c^6 B \tag{6.2}$$

との間の双有理対応というだけでなく，この 2 つの楕円曲線の群同型でもある．とくに，$E(\mathbb{Q}) \cong E'(\mathbb{Q})$ である．

この置き換えは，直線を直線にもっていき，したがって，(6.1) 上の 3 点が 1 直線上にあることと対応する (6.2) の 3 点が 1 直線上にあることが同値である．実際，ここでは必要はないが逆もまた正しいのである．すなわち，2 つの楕円曲線 E_i が，

$$y^2 = x^3 + A_i x + B_i \quad (A_i, B_i \in \mathbb{Q}, \; i = 1, 2)$$

で定義されているとき，任意の「$\mathbb{Q}$-同型」$\phi : E_1 \longrightarrow E_2$ に対して，定数 $c \in \mathbb{Q}^\times$ が存在して $A_2 = c^4 A_1, B_2 = c^6 B_1$ で，

$$\phi(x, y) = (c^2 x, c^3 y)$$

となる．とくに無限個の同型でない楕円曲線が存在する．よって一般性を損なうことなく，これからは $A, B \in \mathbb{Z}$ であると仮定してよい．

曲線 (6.1) は種数が 1 であるから，$f(x) = x^3 + Ax + B$ のすべての根を a_1, a_2, a_3 とするとこれらは異なる．すべての a_i は $\mathbb{Q}$ の元であると仮定しよう．そうでないときは $f(x)$ の根を含む数体を扱うことにより，証明は本質的に同じになるからである．$f(x)$ のこれらの根は実際，$\mathbb{Z}$ の中にある．というのは，$a = s/t$ で $(s, t) = 1$ かつ $f(a) = 0$ とすれば，

$$\frac{s}{t} \left(\frac{s^2 + At^2}{t^2} \right) = -B \; \in \mathbb{Z}$$

であるが，これは $t = 1$ のときに限って $(s, t) = 1$ となるからである（演習 4.24 も参照のこと）．

6.2　有理点の高さ

$x = s/t \in \mathbb{Q}^\times, \; (s, t) = 1$ に対して，x の高さ $H(x)$ を $H(x) = \max(|s|, |t|)$

で定義する．$H(0) = 1$ とおく．$P = (x, y)$ が有理数座標をもつ点のとき，P の高さ $H(P)$ は正の整数 $H(x)$ として定義される．明らかに，任意の実数 $c > 0$ に対して，楕円曲線 E 上の有理点で $H(P) \leqq c$ を満たすものは，ほんの有限個しかない．$E(\mathbb{Q})$ の任意の点が有界な高さ（この上限 $c = c(E)$ は E にのみ依存する）をもつ点の和であれば，群 $E(\mathbb{Q})$ は有限生成になるであろう．これは証明の中心的アイデアである．少し考察してみよう．

【定理 6.1】 $E(\mathbb{Q})$ を，
$$y^2 = x^3 + Ax + B \qquad (A, B \in \mathbb{Z}) \tag{6.3}$$
で定義された楕円曲線の $\mathbb{Q}$-有理点の群として，$P = (x, y) \in E(\mathbb{Q})$ とする．このとき，$x = s/t^2$, $y = u/t^3$, $(s, t) = (u, t) = 1$, $t \geqq 1$ と表される．

（証明）$x = s/S, y = u/U, (s, S) = (u, U) = 1, S, U \geqq 1$ とする．このとき，
$$u^2 S^3 = U^2 s^3 + AsU^2 S^2 + BU^2 S^3 \tag{6.4}$$
である．$S = t^2$, $U = t^3$ を示すために $S^3 = U^2$ を示そう．(6.4) より $U^2 | u^2 S^3$ であるが，$(u, U) = 1$ より $U^2 | S^3$ である．再び (6.4) より，$S^2 | s^3 U^2$ であるが $(s, S) = 1$ より $S^2 | U^2$ である．(6.4) とこれは $S^3 | s^3 U^2$ を示しており，$S^3 | U^2$ が示された．$S, U \geqq 1$ であるから $S^3 = U^2$ である． ∎

【定理 6.2】 E が (6.3) で定義されているとする．$c = c(E) = (1 + |A| + |B|)^{1/2}$ とおく．このとき，任意の $P = (x, y) \in E(\mathbb{Q})$ に対して，
$$H(y) \leqq c(H(P))^{3/2}$$
が成り立つ．

（証明）$P = (s/t^2, u/t^3), (s, t) = (u, t) = 1, t \geqq 1$ と表されることはわかっている．(6.3) において，
$$u^2 = s^3 + Ast^4 + Bt^6$$
とおく．$|s| \leqq H(x)$ かつ $t^2 \leqq H(x)$ であるから，
$$u^2 \leqq (1 + |A| + |B|) H(x)^3$$

を得る．ゆえに，
$$H(y) \leqq \max(|u|, t^3) \leqq cH(P)^{3/2}$$
が成り立つ． ∎

記号 6.3 $f, g : S \longrightarrow \mathbb{R}^+$ を集合 S から正の実数の集合 $\mathbb{R}^+$ の中への 2 つの関数とする．f と g にのみ依存する定数 $c > 0$ が存在して $f(x) \leqq cg(x)$ が任意の $x \in S$ に対して成り立つとき，$f(x) = O(g(x))$ という記号を用いることにする．この表記の下で，上の定理は $E(\mathbb{Q})$ 上で $H(y(P)) = O(H(P)^{3/2})$ であると表せる．明らかに，もし $f = O(g), g = O(h)$ であれば $f = O(h)$ である．また S の有限部分集合 S_1 は常に無視できることに注意する．すなわち，S 上 $f = O(g) \Leftrightarrow S \setminus S_1$ 上 $f = O(g)$ である．

6.3 共線点の横座標

E は
$$y^2 = f(x) = x^3 + Ax + B \quad (a, b \in \mathbb{Q})$$
で定義された楕円関数とする．$f(x)$ の 3 つの根 a_1, a_2, a_3 を含む $x(P_1)$ と $x(P_2)$ の有理関数として $x(P_1 + P_2)$ を表す特別のものがある．これは Mordell の定理の Weil による証明においては重要な役割をはたす (文献 [8] 参照)．$P_i = (x_i, y_i) \in E(\mathbb{Q}), i = 1, 2$ とおく．

(1) まず $P_1 \neq \pm P_2$ とする．$x_3 = x(P_1 + P_2)$ を計算するために P_1 と P_2 を通る直線，
$$y = y_1 + \frac{y_2 - y_1}{x_2 - x_1}(x - x_1)$$
と (6.3) との交点を考える．x の 3 つの値 x_1, x_2, x_3 を求めるために，方程式
$$\left\{ y_1 + \frac{y_2 - y_1}{x_2 - x_1}(x - x_1) \right\}^2 = x^3 + Ax + B \quad (6.5)$$
を解く．$a = a_1, a_2$ または a_3 のとき，(6.5) において $x = X + a, x_1 = X_1 + a, x_2 = X_2 + a$ とおく．$f(a) = 0$ であるから $X = 0$ は $f(X + a)$ の根である．そして

(6.5) は,

$$\left\{ y_1 + \frac{y_2 - y_1}{X_2 - X_1}(X - X_1) \right\}^2 = X^3 + C_2 X^2 + C_1 X \tag{6.6}$$

となる. (6.6) の定数項は 3 つの解 $X = x_1 - a, x_2 - a, x_3 - a$ の積であり,

$$(x_1 - a)(x_2 - a)(x_3 - a) = \left(y_1 - \frac{y_2 - y_1}{x_2 - x_1} X_1 \right)^2 \tag{6.7}$$

を得る. $x(P_1 + P_2) = x_3$ であるから, X_1 を $x_1 - a$ で置き換えて, これは,

$$x(P_1 + P_2) - a = \frac{1}{(x_1 - a)(x_2 - a)} \left\{ \frac{y_1(x_2 - a) - y_2(x_1 - a)}{x_2 - x_1} \right\}^2 \tag{6.8}$$

の形をとる.

(2) P_1 と P_2 を通る直線と (6.3) との交点の第 3 の点の x-座標は

$$x_3 = \left(\frac{y_2 - y_1}{x_2 - x_1} \right)^2 - (x_2 + x_1)$$

でも与えられる. P_1 と P_2 が (6.3) 上にあることを用いて, これは次のようにかける.

$$x(P_1 + P_2) = \frac{(x_1 + x_2)(x_1 x_2 + A) + 2B - 2y_1 y_2}{(x_2 - x_1)^2} \tag{6.9}$$

(3) $P = (x, y), y \neq 0$ の倍 $2P$ に対しては, 方程式 (6.7) は P_1 と P_2 を結ぶ直線の傾き $(y_2 - y_1)/(x_2 - x_1)$ を除いてはまだ有効である. ここでは (6.3) の P における接線の傾きを用いて,

$$x(2P) - a = \frac{1}{(x - a)^2} \left\{ y - \frac{3x^2 + A}{2y}(x - a) \right\}^2$$

$$= \frac{1}{(x - a)^2} \left\{ \frac{2y^2 - (3x^2 + A)(x - a)}{2y} \right\}^2$$

を得る. $x = a$ は $f(x) = x^3 + Ax + B$ の根であるから, 整除アルゴリズムを用いることにより,

$$y^2 = (x - a)(x^2 + ax + A + a^2)$$

がわかる．よって，
$$2y^2 - (3x^2 + A)(x-a) = (x-a)(-x^2 + A + 2ax + 2a^2)$$
を得る．ゆえに，各 $j = 1, 2, 3$ に対して，
$$x(2P) - a_j = \left(\frac{-x^2 + A + 2a_j x + 2a_j^2}{2y}\right)^2 \tag{6.10}$$
を得る．

6.4 線形代数の復習

Van der Monde の行列
$$M = \begin{pmatrix} 1 & a_1 & a_1^2 \\ 1 & a_2 & a_2^2 \\ 1 & a_3 & a_3^2 \end{pmatrix}$$
の行列式は，
$$D = \prod_{i>j}(a_i - a_j)$$
で与えられる．$D \neq 0$ と仮定する，すなわち，a_1, a_2, a_3 はすべて異なる．さらに，a_1, a_2, a_3 はすべて $\mathbb{Z}$ の元と仮定する．このとき D は 0 でない整数で，$\mathbb{Q}$ の元 $\alpha_1, \alpha_2, \alpha_3$ に対して連立方程式 $M\boldsymbol{u} = \boldsymbol{\alpha}$，ここで，
$$\boldsymbol{u} = \begin{pmatrix} u_1 \\ u_2 \\ u_3 \end{pmatrix}$$
$$\boldsymbol{\alpha} = \begin{pmatrix} \alpha_1 \\ \alpha_2 \\ \alpha_3 \end{pmatrix}$$
は，一意的な解 $\boldsymbol{u} = M^{-1}\boldsymbol{\alpha}$ をもつ．実際，
$$u_i = \frac{1}{D}(c_{i1}\alpha_1 + c_{i2}\alpha_2 + c_{i3}\alpha_3) \tag{6.11}$$

と表される．ここで c_{ij} は M の $\mathbb{Z}[a_1, a_2, a_3]$ における余因子である．さらに，もし α_j がすべて整数ならば，Du_i $(i = 1, 2, 3)$ もそうである．

6.5 降下

$E(\mathbb{Q})$ が有限生成であることの証明は**降下** (descent) ということを内包している．$E(\mathbb{Q})$ の点の有限集合 $\{Q_1, \cdots, Q_n\}$ の適当な点を与えられた点 P から引き算することにより，より小さい高さの点を何倍かした点を得る．高さは正の整数であるから，このプロセスは停止する．

【命題 6.4】 $E(\mathbb{Q})$ の点 Q が与えられたとき，E と Q にのみ依存する定数 $c_1 > 0$ が存在して，任意の $E(\mathbb{Q})$ の点 P に対して

$$H(P+Q) \leqq c_1 (H(P))^2$$

となる．

(証明)　$P = (x/t^2, y/t^3), Q = (m/l^2, n/l^3), P+Q = (X/Z^2, Y/Z^3)$ とかく．$P \neq O, \pm Q$ と仮定する．このとき，(6.9) より，

$$\frac{X}{Z^2} = \frac{(xl^2 + mt^2)(mx + Al^2 t^2) + 2Bl^4 t^4 - 2nylt}{(mt^2 - nl^2)^2}$$

$(X, Z) = 1$ であるから，Z^2 (あるいは $|X|$) は，この等式の右辺の分母 (あるいは分子) の絶対値より小さい．$H(y(P)) = O(H(P))^{3/2}$ であることより，

$$H(P+Q) \leqq \max(|X|, Z^2) \leqq c_1 H(P)^2$$

となる．ここで c_1 は m, n, l, A, B にのみ依存する． ∎

【命題 6.5】 定数 $c_2 > 0$ が存在して，任意の $P \in E(\mathbb{Q})$ に対して，

$$H(P) \leqq c_2 H(2P)^{1/4}$$

が成り立つ．

(証明) $P \neq O$, $(a_j, 0), j = 1, 2, 3$ と仮定してよい. $P = (x/t^2, y/t^3)$, $2P = (X/Z^2, Y/Z^3)$ とおく. (6.10) より, $j = 1, 2, 3$ に対して,

$$(X - a_j Z^2)^{1/2} = \frac{Z}{2yt}(-x^2 + At^4 + 2a_j xt^2 + 2a_j^2 t^4)$$

すなわち,

$$\alpha_j = u_1 + a_j u_2 + a_j^2 u_3$$

がわかる. ここで,

$$\alpha_j = (X - a_j Z^2)^{1/2}$$
$$u_1 = \frac{-x^2 + At^4}{2yt}Z, \ u_2 = \frac{Zxt}{y}, \ u_3 = \frac{Zt^4}{yt}$$

である. 各 j に対して, $\alpha_j \in \mathbb{Z}$ であるから, (6.11) より $i = 1, 2, 3$ に対して, Du_i は整数であり, したがって

$$D(Au_3 - 2u_1) = \frac{Dx^2 Z}{yt} \tag{6.12}$$

も整数である.

$$y^2 = x^3 + Axt^4 + Bt^6, \ (x, t) = 1$$

であることより, x と y の任意の公約数 d は B の因数であることは明らかである. (6.12) を

$$D(Au_3 - 2u_1) = \left(\frac{x}{d}\right)^2 \frac{DZd}{(y/d)t}$$

とかけば, DZd^2/yt は整数であって, $(x/d)^2$ は $D(Au_3 - 2u_1)$ の約数である. よって, x^2 は $DB^2(Au_3 - 2u_1)$ の因数である.

最後に,

$$\frac{B^2 DZ}{yt}t^4 = B^2 Du_3$$

であることは, t^4 が $B^2 Du_3$ の約数であることを示している.

すでに x^2 (あるいは t^4) は $DB^2(Au_3 - 2u_1)$ (あるいは $B^2 Du_3$) の約数であることは示した. ところが u_j はどれも $\alpha_j = (X - a_j Z^2)^{1/2}$ の固定された 1 次形式である. ゆえに, $H(P)^2 \leqq \max(x^2, t^4) = O(X - a_j Z^2)^{1/2}$ である. また,

$$(X - a_j Z^2)^{1/2} = O(H(2P))^{1/2}$$

であるから，これで証明は完了する．

【定理 6.6】 Q を $E(\mathbb{Q})$ の定点とする．このとき Q と E にのみ依存する実数 $c = c(Q) > 0$ が存在して，

$$H(R) \leqq c(H(P))^{1/2}$$

が，$E(\mathbb{Q})$ の任意の 2 点 P と R で

$$P + Q = 2R$$

を満たすものに対して成り立つ．

(証明)　命題 6.4 と 6.5 を適用して，$c = c_2 c_1^{1/4}$ とおけば，

$$H(R) \leqq c_2 H(2R)^{1/4} = c_2 H(P+Q)^{1/4}$$
$$\leqq c_2 (c_1 H(P)^2)^{1/4} = c(H(P))^{1/2}$$

を得る．

6.6　Mordell-Weil の定理

G を乗法的にかかれたアーベル群とすると，各整数 $n \geqq 1$ に対して，$G^{(n)} = \{g^n | g \in G\}$ は G の部分群である．加法的記法では $nG = \{ng | g \in G\}$ とかく．

最初に，**弱 Mordell-Weil の定理**：$E\mathbb{Q}/2E\mathbb{Q}$ は有限である，ことを証明する．**(強)Mordell-Weil の定理**はそれより直ちに出る．

$\beta : \mathbb{Q}^\times \longrightarrow G = \mathbb{Q}^\times/\mathbb{Q}^{\times 2}$ を，$\mathbb{Q}^\times$ の元 x に G におけるそれの剰余類を対応させる標準的準同型とする．G は各元が位数 2 をもつ無限アーベル群である．そして G の各有限部分群は位数 2^s ($s \geqq 0$ は整数) の形である．$j = 1, 2, 3$ に対して，写像 $\phi_j : E(\mathbb{Q}) \longrightarrow G$ を次のように与える．

$$\phi_j(P) = \begin{cases} 1 & (P = O \text{ のとき}) \\ \beta(\{x(P) - a_i\}\{x(P) - a_k\}) & (P = (a_j, 0) \text{ のとき}) \\ \beta(x(P) - a_j) & (\text{その他のとき}) \end{cases}$$

(訳注：ここで $\{i,j,k\} = \{1,2,3\}$ とする．)
$[y^2 = \Pi(x-a_i)$ であるから，$x \neq a_1, a_2, a_3$ ならば $\beta((x-a_1)(x-a_2)) = \beta(x-a_3)$ である．] さて，$\phi: E(\mathbb{Q}) \longrightarrow G^3 = G \times G \times G$ を $\phi(P) = (\phi_1(P), \phi_2(P), \phi_3(P))$ で定義する．公式 (6.8) と (6.10) から，ϕ は群準同型である．さらに，ϕ は次の性質をもつ：

【定理 6.7】 G^3 における ϕ の像 $\phi(E(\mathbb{Q}))$ は有限である．

(証明) $P = (x/t^2, y/t^3) \in E(\mathbb{Q})$ とする．このとき，
$$y^2 = (x - a_1 t^2)(x - a_2 t^2)(x - a_3 t^2)$$
である．d が $x - a_i t^2$ と $x - a_j t^2$ $(i \neq j)$ の公約元とすれば，$d | (a_i - a_j) t^2$ である．ところが $(d, t) = 1$ である．よって，$d | a_i - a_j$ となる．ゆえに，上の方程式は，
$$y^2 = d \frac{x - a_1 t^2}{d_1} \cdot \frac{x - a_2 t^2}{d_2} \cdot \frac{x - a_3 t^2}{d_3}$$
のようにかける．ここで，$d = d_1 d_2 d_3 | D = \Pi_{i>j}(a_i - a_j)$ で，右辺のすべての因数は正であって，どの 2 つをとっても互いに素である．したがって，完全平方である．結局，
$$\beta\left(\frac{x}{t^2} - a_j\right) = \beta\left(\frac{x - a_j t^2}{d_j} \cdot \frac{1}{t^2} \cdot d_j\right) = \beta(d_j)$$
を得る．よって，$E(\mathbb{Q})$ の任意の点 P に対して，$\phi(P) = (\beta(d_1), \beta(d_2), \beta(d_3))$ であり，$d_j | D$ である．D の因子は有限個しかないので，これで終わる． ∎

【定理 6.8】 $\qquad\qquad\qquad \mathrm{Ker}(\phi) = 2E(\mathbb{Q})$

(証明) $P \in 2E(\mathbb{Q})$ とすれば，点の 2 倍公式 (6.10) から明らかに $P \in \mathrm{Ker}(\phi)$ である．逆に，P が $\mathrm{Ker}(\phi)$ に属するならば，ある $Q \in E(\mathbb{Q})$ があって $P = 2Q$ となることを示さなければならない．
$$x(P) - a_j = \alpha_j^2, \quad j = 1, 2, 3 \tag{6.13}$$
とする．u_1, u_2, u_3 を変数とする 1 次方程式
$$u_1 + a_j u_2 + a_j^2 u_3 = \alpha_j \quad (j = 1, 2, 3) \tag{6.14}$$

の [(6.11) で与えられる] 一意的な解が存在する．(6.14) を (6.13) に代入し，$a_j^3 + Aa_j + B = 0$ を用いると，求めるべき方程式は連立的に次のように表せる：

$\{u_1^2 - 2u_2u_3B - x(P)\}\boldsymbol{v}_0 + (2u_1u_2 - 2u_2u_3A - Bu_3^2 + 1)\boldsymbol{v}_1 + (u_2^2 + 2u_1u_3 - Au_3^2)\boldsymbol{v}_2 = \boldsymbol{0}$

ここで

$$\boldsymbol{v}_0 = \begin{pmatrix} 1 \\ 1 \\ 1 \end{pmatrix}, \quad \boldsymbol{v}_1 = \begin{pmatrix} a_1 \\ a_2 \\ a_3 \end{pmatrix}, \quad \boldsymbol{v}_2 = \begin{pmatrix} a_1^2 \\ a_2^2 \\ a_3^2 \end{pmatrix}$$

である．$\boldsymbol{v}_0, \boldsymbol{v}_1, \boldsymbol{v}_2$ の 1 次独立性より，

$$u_1^2 - 2u_2u_3B = x(P) \tag{6.15}$$

$$2u_1u_2 - 2u_2u_3A - Bu_3^2 = -1 \tag{6.16}$$

$$u_2^2 + 2u_1u_3 - Au_3^2 = 0 \tag{6.17}$$

を得る．(6.17) と (6.16) より，$u_3 \neq 0$ がわかる．

さて，(6.16) と (6.17) から u_1 を消去して，

$$u_2^3 + Au_2u_3^2 + Bu_3^3 = u_3$$

を得る．$u_3 \neq 0$ であるから，これは，

$$\left(\frac{1}{u_3}\right)^2 = \left(\frac{u_2}{u_3}\right)^3 + A\left(\frac{u_2}{u_3}\right) + B$$

を与える．よって，点 $Q = (x, y)$，ただし

$$x = \frac{u_2}{u_3}, \quad y = \frac{1}{u_3} \tag{6.18}$$

は，$E(\mathbb{Q})$ に属する．(6.17) の両辺を u_3^2 で割ることにより，

$$u_1 = \frac{-x^2 + A}{2y} \tag{6.19}$$

を得る．(6.14) で u_j などを (6.18) と (6.19) から x, y で置き換えることにより，

$$\alpha_j = \frac{-x^2 + A}{2y} + \frac{xa_j}{y} + \frac{a_j^2}{y}$$

を得る．(6.13) に代入することにより，これは $P = 2Q$ のときの 2 倍公式 (6.10) である． ■

【定理 6.9】(弱 Mordell-Weil の定理)　剰余群 $E(\mathbb{Q})/2E(\mathbb{Q})$ は有限である．

(証明)　定理 2.35 より $E(\mathbb{Q})/\mathrm{Ker}(\phi)$ は $\phi(E(\mathbb{Q}))$ と同型である．定理 6.9 は定理 6.7 と 6.8 より出る． ■

【系 6.10】　剰余群 $E(\mathbb{Q})/2E(\mathbb{Q})$ の位数は，ある整数 $s \geq 0$ があって 2^s である．

さて，(強)Mordell-Weil の定理を証明するところまでたどりついた．Dirichlet の定理 (定理 4.32) との類似に注意する．

【定理 6.11】(Mordell-Weil の定理)　群 $E(\mathbb{Q})$ は有限生成である．

(証明)　$E(\mathbb{Q})/2E(\mathbb{Q})$ の $E(\mathbb{Q})$ における剰余類の代表元 $Q_1, \cdots, Q_n$ の集合を選ぶ．このとき，任意の $E(\mathbb{Q})$ の元 P は，ある $P_1 \in E(\mathbb{Q})$ と $1 \leqq i(1) \leqq n$ に対して，

$$P = Q_{i(1)} + 2P_1$$

とかける．同様に，

$$P_1 = Q_{i(2)} + 2P_2$$
$$P_2 = Q_{i(3)} + 2P_3$$
$$\vdots$$
$$P_{m-1} = Q_{i(m)} + 2P_m$$

したがって，$P = Q_{i(1)} + 2Q_{i(2)} + 2^2 Q_{i(3)} + \cdots + 2^{m-1} Q_{i(m)} + 2^m P_m$ である．$c_i = c(-Q_i)$ を，定理 6.6 の Q を $-Q_i$ で置き換えて得られる定数とする．$c = \max(c_1, \cdots, c_n)$ とおく．このとき，定理 6.6 より，$1 < j \leqq m$ に対して $H(P_j) \leqq cH(P_{j-1})^{1/2}$ を得る．ゆえに，もし $H(P_{j-1}) > c^2$ ならば，

$$H(P_j) \leqq cH(P_{j-1})^{1/2} < H(P_{j-1})$$

を得る．したがって，$E(\mathbb{Q})$ は有限集合

$$\{Q_1, \cdots, Q_n\} \cup \{P \in E(\mathbb{Q}) \mid H(P) \leqq c^2\}$$

で生成される． ∎

参考文献

[1] J. W. S. Cassels, Mordell finite basis theorem revised, *Math. Proc. Cambridge Phil. Soc.*, **100** (1986), 30-41.

[2] Yu. I. Maninn, Mordell-Weil theorem, Appendix II to Ref. 5 below.

[3] L. J. Mordell, On the rational solutions of the indeterminate equations of the 3rd and the 4th degree, *Proc. Cambridge Phil. Soc.*, **21** (1922), 179-192.

[4] L. J. Mordell, Diophantine Equations, Academic, London (1969).

[5] D. Mumford, Abelian Varieties, Oxford Univ. Press, London (1974).

[6] H. Poincaé, Sur les propriétés arithmétiques des courbes algébriques, *J. Math. Pures Appl.*, **71** (1901), 161-223.

[7] A. Weil, L'arithmétiques des courbes algébriques, *Acta Math.*, **52** (1928), 281-315.

[8] A. Weil, Sur un théorème de Mordell, *Bull. Sci. Math.*, **54** (1930), 182-191.

第7章

Mordell-Weil群の計算

7.1 はじめに

G を (加法的にかかれた) アーベル群とすると，G の元 $g_1, \cdots, g_r$ は，次の条件を満たすとき**独立** (independent) と呼ばれる:

$$m_1 g_1 + \cdots + m_r g_r = 0, \quad (m_j \in \mathbb{Z})$$

ならば $m_1 = \cdots = m_r = 0$ である．したがって，$g_1, \cdots, g_r$ の少なくとも1つが有限位数であれば，$g_1, \cdots, g_r$ は独立ではない．$\mathbb{Q}$ 上定義された任意の楕円曲線 E に対して，E における有理点のなす群 $E(\mathbb{Q})$ は有限生成である．E の (Mordell-Weil) **階数** (rank) $r_{\mathbb{Q}}(E)$ は，$E(\mathbb{Q})$ における独立な元の最大個数と定義する．とくに，$r_{\mathbb{Q}}(E) = 0$ であるのは $E(\mathbb{Q})$ が有限 (有限位数の点からなる) とき，そのときに限る．$r = r_{\mathbb{Q}}(E)$ とおくとき，

$$E(\mathbb{Q}) \cong \underbrace{\mathbb{Z} \oplus \cdots \oplus \mathbb{Z}}_{r \text{ 個}} \times E(\mathbb{Q})_{tor}$$

である．$E(\mathbb{Q})$ を，同型を度外視して知るためには，

1. $r = r_{\mathbb{Q}}(E)$
2. $E(\mathbb{Q})_{tor}$

を知る必要がある．

どのような場合でも決定することができるものとしてわかっているような，任意の楕円曲線の階数 $r_\mathbb{Q}$ を計算する一般的な方法というものはない．しかし，Fermat の降下法を使えば，時として答えを与えてくれる．次の形で与えられる，いくつかの曲線

$$E : y^2 = x^3 + Ax \tag{7.1}$$

について，例証してみよう．そのような曲線はすべて原点 $\mathbf{0} = (0,0)$ を通る．A は 4 乗因子をもたない整数と仮定してよい．Tate (文献 [4]) にしたがっていくことにする (文献 [1] も参照).

7.2　2 倍写像の分解

(7.1) で定義された E にもう 1 つの楕円曲線

$$\overline{E} : y^2 = x^3 + \overline{A}x$$

を関連づける．ここで，$\overline{A} = -4A$ である．

$$\overline{\overline{E}} : y^2 = x^3 + 2^4 Ax$$

であるから，直ちに，$\overline{\overline{E}} \cong E$ がわかる．この同型 $\psi : \overline{\overline{E}} \longrightarrow E$ は，

$$\psi(x,y) = \left(\frac{x}{2^2}, \frac{y}{2^3}\right)$$

で与えられる．

【定理 7.1】　E 上の点 $P = (x,y)$ に対して，

$$\phi(P) = \begin{cases} O_{\overline{E}} & (P = O_E \text{ または } \mathbf{0} \text{ のとき}) \\ \left(x + \dfrac{A}{x}, \dfrac{y}{x}\left(x - \dfrac{A}{x}\right)\right) & (\text{その他のとき}) \end{cases}$$

とおく (訳注：ここで $O_{\overline{E}}, O = O_E$ は無限遠点である)．このとき，ϕ は E から $\overline{E}$ への準同型で，$\mathrm{Ker}(\phi) = \{\mathbf{0}, O\}$ である．

（証明）明らかに，$x \neq 0$ に対して，
$$\overline{x} = x(\phi(P)) = x + \frac{A}{x} = \frac{y^2}{x^2}$$
である．まず，$\phi(P) = (\overline{x}, \overline{y})$ は $\overline{E}$ 上にあることに注意する．なぜならば，
$$\overline{y}^2 = \frac{y^2}{x^2}\left(x - \frac{A}{x}\right)^2 = \frac{y^2}{x^2}\left\{\left(x + \frac{A}{x}\right)^2 - 4A\right\} = \overline{x}(\overline{x}^2 + \overline{A})$$
が成り立つからである．次に ϕ が準同型であることを示すために，
$$\phi(P_1 + P_2) = \phi(P_1) + \phi(P_2) \tag{7.2}$$
を示さなければならない．

P_i の 1 つが O またはすべての P_i が $\mathbf{0}$ のときは何もいうことはない．次の 2 つの場合が考えられる．

(場合 1) $P_1 = \mathbf{0}, P_2 = (x, y) \neq O, \mathbf{0}$. (X, Y) を E と $\mathbf{0}$ と P_2 を結んだ直線
$$Y = \frac{y}{x}X \tag{7.3}$$
との第 3 の交点とすると，$\mathbf{0} + P_2 = (X, -Y)$ である．(7.2)，すなわち，
$$\phi(\mathbf{0} + P_2) = \phi(P_2)$$
を示すために，まず (7.3) より
$$x(\phi(\mathbf{0} + P_2)) = \left(\frac{Y}{X}\right)^2 = \left(\frac{y}{x}\right)^2 = x(\phi(P_2))$$
であることに注意する．よって，
$$y(\phi(\mathbf{0} + P_2)) = y(\phi(P_2)) \tag{7.4}$$
を示さなければならない．$X \neq \pm x$ と仮定してよい，というのは $X = x$ ならば $2P_2 = \mathbf{0}$ となり，$\mathbf{0} + P_2 = -P_2$ となるからである．また，
$$x(2P_2) = \left(\frac{x^2 - A}{2y}\right)^2$$

となることも確認できる．これは $x^2 - A = 0$ を示しており，したがって，

$$y(\phi(P_2)) = \frac{y}{x}\left(\frac{x^2 - A}{x}\right) = 0 = y(\phi(-P_2)) = y(\phi(\mathbf{0} + P_2))$$

を得る．さらに，$X = -x$ であれば，$y = Y = 0$ となり，(7.4) は明らかであるからである．$X \neq \pm x$ であるから，(7.3) から (7.4) が成り立つための必要十分条件は

$$-\left(X - \frac{A}{X}\right) = x - \frac{A}{x}$$
$$\Leftrightarrow x + X = A\frac{x + X}{xX}$$
$$\Leftrightarrow A = xX \tag{7.5}$$

である．(x, y) と (X, Y) は (7.1) を満たすから，

$$x + \frac{A}{x} = \left(\frac{y}{x}\right)^2, \quad X + \frac{A}{X} = \left(\frac{Y}{X}\right)^2$$

を得る．これらの等式と (7.3) は，

$$x - X = A\frac{x - X}{xX}$$

を示しており，これより (7.5) が得られる．

(場合 2) $P_i \neq O, \mathbf{0}$ $(i = 1, 2)$．定義より $\phi(-P) = -\phi(P)$ である，よって $P_1 \neq -P_2$ と仮定してよい．P_1, P_2, P_3 (どの P_i も O でも $\mathbf{0}$ でもない) が，共線関係にある E 上の点ならば，$\phi(P_1), \phi(P_2), \phi(P_3)$ も共線関係にある $\overline{E}$ 上の点であることを示せば十分である．P_i が直線

$$L : y = mx + b$$

上にあるとすれば，$b \neq 0$ である．さもないと $\mathbf{0}$ が E と L の第 4 の交点になってしまい，Bezout の定理に矛盾するからである．また，$P_1 \neq \pm P_2$ であることは L が垂直でないことを示している．$\phi(P_i)$ がすべて次の直線の上にあることがわかる．

$$\overline{L} : y = \overline{m}x + \overline{b}$$

ここで，
$$\overline{m} = \frac{mb - A}{b}, \quad \overline{b} = \frac{b^2 + Am^2}{b}$$
である．$\mathrm{Ker}(\phi) = \{O, \mathbf{0}\}$ であることは明らかである． ■

【定理 7.2】

1. $X \neq 0$ である $\overline{E}(\mathbb{Q})$ の点 (X, Y) が $\phi(E(\mathbb{Q}))$ に属するためには，$X \in \mathbb{Q}^{\times 2}$ であることが必要十分条件である．

2. 点 $\mathbf{0} = (0,0) \in \phi(E(\mathbb{Q}))$ となるのは $-A \in \mathbb{Q}^{\times 2}$ であるとき，そのときに限る．

（証明）1. ϕ の定義より，十分条件であることを示せばよい．$X = \omega^2, \omega \in \mathbb{Q}^\times$ とする．$P = (x, y)$ を
$$x = \frac{1}{2}\left(X + \frac{Y}{\omega}\right), \quad y = \omega x$$
とする．$Y^2 + 4AX = X^3$ であることを用いて，
$$\begin{aligned}
x^3 + Ax &= x(x^2 + A) \\
&= x\left\{\frac{1}{4}\left(X + \frac{Y}{\omega}\right)^2 + A\right\} \\
&= x\frac{X^3 + 2XY\omega + Y^2 + 4AX}{4X} \\
&= xX\frac{1}{2}\left(X + \frac{Y}{\omega}\right) = Xx^2 = (\omega x)^2 = y^2
\end{aligned}$$
を得る．$x(\phi(P)) = X$ であるから，必要なら y を $-y$ で置き換えて，$\phi(P) = (X, Y)$ であることは明らかである．

2. $\mathbf{0} \in \phi(E(\mathbb{Q}))$ であるための必要十分条件は，ある $x \in \mathbb{Q}^\times$ に対して $(x, 0) \in E(\mathbb{Q})$，すなわち，$x + A = 0$ または $-A \in \mathbb{Q}^\times$ である． ■

$\psi : \overline{\overline{E}} \longrightarrow E$ をこの節の最初のところで定義された同型とし，$\overline{\phi} : \overline{E} \longrightarrow \overline{\overline{E}}$ を準同型 $\phi : E \to \overline{E}$ と同様に定義する．

【定理 7.3】 合成 $\Phi = \psi\overline{\phi}\phi : E \longrightarrow E$ は 2 倍写像，すなわち，任意の E の点 P に対して $\Phi(P) = \pm 2P$ である．

(証明) 任意の E の点 $P = (x, y)$ に対して，$x(\Phi(P)) = x(2P)$ を示せば十分である．Φ を構成している写像の定義により，

$$x(\Phi(P)) = x(\psi(\overline{\phi}(\phi(P))))$$
$$= \frac{1}{2^2} \frac{\left\{\frac{y}{x}\left(x - \frac{A}{x}\right)\right\}^2}{\left(\frac{y^2}{x^2}\right)^2}$$
$$= \left(\frac{x^2 - A}{2y}\right)^2$$

が成り立つ．一方，$y^2 = x^3 + Ax$ を用いて，

$$x(2(P)) = \left(\frac{3x^2 + A}{2y}\right)^2 - 2x$$
$$= \frac{9x^4 + 6Ax^2 + A^2 - 8xy^2}{4y^2}$$
$$= \left(\frac{x^2 - A}{2y}\right)^2$$

を得る． ∎

7.3　階数についての公式

E を (7.1) で定義されたものとし，$r = r_{\mathbb{Q}}(E)$ とする．定理 2.33 により，群 $E(\mathbb{Q})$ は有限生成であるから，

$$\Gamma \stackrel{\text{def}}{=} E(\mathbb{Q}) \cong \underbrace{\mathbb{Z} \times \cdots \times \mathbb{Z}}_{r \text{ 個}} \times \mathbb{Z}/p_1^{n_1}\mathbb{Z} \times \cdots \times \mathbb{Z}/p_k^{n_k}\mathbb{Z}.$$

$G = \mathbb{Z}/p^n\mathbb{Z}$ とおくと，明らかに (演習 2.24(2))，指数は，

$$[G : 2G] = \begin{cases} 2 & (p = 2) \\ 1 & (p > 2) \end{cases}$$

である.

ゆえに, q が $p_j = 2$ となる j の個数とするとき,

$$[\Gamma : 2\Gamma] = 2^r \cdot 2^q$$

である. $P \in E(\mathbb{Q})$ に対して, Q_j が $\mathbb{Z}/p_j^{n_j}\mathbb{Z}$ を生成し, $0 \leq m_j \leq p_j^{n_j} - 1$ として,

$$P = \sum_{j=1}^{k} m_j Q_j$$

とかく. したがって, $2P = O$ となるのは, p_j が奇数なら $m_j = 0$, その他のときは $m_j = 0$ または $2^{n_j - 1}$ であるとき, そのときに限る. これは, 群

$$\Gamma[2] = \{P \in \Gamma \mid 2P = O\}$$

の位数 $|\Gamma[2]|$ が 2^q に等しいことを意味していて,

$$[\Gamma : 2\Gamma] = 2^r |\Gamma[2]| \tag{7.6}$$

を得る. 明らかに

$$|\Gamma[2]| = \begin{cases} 4 & (-A \in \mathbb{Q}^{\times 2} \text{ のとき}) \\ 2 & (\text{その他のとき}) \end{cases} \tag{7.7}$$

である. さて, 準同型 $\phi : E \longrightarrow \overline{E}$, $\overline{\phi} : \overline{E} \longrightarrow \overline{\overline{E}} \cong E$ の合成は, ± 2 を掛けることである. 同型の曲線 E と $\overline{\overline{E}}$ を同一視して, $\overline{E}(\mathbb{Q})$ を $\overline{\Gamma}$ とかくことにより,

$$\Gamma \supseteq \overline{\phi}(\overline{\Gamma}) \supseteq 2\Gamma = \overline{\phi}\phi(\Gamma)$$

を得る. ゆえに,

$$[\Gamma : 2\Gamma] = [\Gamma : \overline{\phi}(\overline{\Gamma})][\overline{\phi}(\overline{\Gamma}) : 2\Gamma] \tag{7.8}$$

である. 定理 2.36 を $G = \overline{\Gamma}, H = \phi(\Gamma), f = \overline{\phi}$ に適用して,

$$[\overline{\phi}(\overline{\Gamma}) : \overline{\phi}\phi(\Gamma)] = \frac{[\overline{\Gamma} : \phi(\Gamma)]}{[\operatorname{Ker}\overline{\phi} : \operatorname{Ker}\overline{\phi} \cap \phi(\Gamma)]} \tag{7.9}$$

を得る．ところで，定理 7.1 と 7.2 により，$\operatorname{Ker}\overline{\phi} = \{O, \mathbf{0}\}$ であり，$\mathbf{0} \in \phi(\Gamma)$ であるのは $-A \in \mathbb{Q}^{\times^2}$ のとき，そのときに限る．したがって，

$$[\operatorname{Ker}\overline{\phi} : \operatorname{Ker}\overline{\phi} \cap \phi(\Gamma)] = \begin{cases} 1 & (-A \in \mathbb{Q}^{\times^2} \text{ のとき}) \\ 2 & (\text{その他のとき}) \end{cases} \quad (7.10)$$

である．ゆえに，等式 (7.6)-(7.10) より，

$$2^r = \frac{[\Gamma : 2\Gamma]}{|\Gamma[2]|}$$

$$= \frac{[\Gamma : \overline{\phi}(\overline{\Gamma})][\overline{\Gamma} : \phi(\Gamma)]}{|\Gamma[2]|[\operatorname{Ker}\overline{\phi} : \operatorname{Ker}\overline{\phi} \cap \phi(\Gamma)]}$$

$$= \frac{[\Gamma : \overline{\phi}(\overline{\Gamma})][\overline{\Gamma} : \phi(\Gamma)]}{4}$$

が成り立ち，階数 r についての次の公式を得る：

$$2^r = \frac{[\Gamma : \overline{\phi}(\overline{\Gamma})][\overline{\Gamma} : \phi(\Gamma)]}{4} \quad (7.11)$$

前と同様に，$\beta : \mathbb{Q}^\times \longrightarrow \mathbb{Q}^\times/\mathbb{Q}^{\times^2}$ を，$\mathbb{Q}^\times$ の元 x にその剰余類 (しばしば x ともかく) を対応させる準同型とする．写像 $\alpha : \Gamma \longrightarrow \mathbb{Q}^\times/\mathbb{Q}^{\times^2}$ を次のように定義する：

$$\alpha(P) = \begin{cases} 1 & (P = O \text{ のとき}) \\ \beta(A) & (P = \mathbf{0} \text{ のとき}) \\ \beta(x(P)) & (x(P) \neq 0 \text{ のとき}) \end{cases} \quad (7.12)$$

【定理 7.4】 写像 α は Γ から $\mathbb{Q}^\times/\mathbb{Q}^{\times^2}$ への準同型で，$\operatorname{Ker}(\alpha) = \overline{\phi}(\overline{\Gamma})$ である．結局，

$$\Gamma/\overline{\phi}(\overline{\Gamma}) \cong \alpha(\Gamma).$$

(証明) α が準同型であることを証明するためには，$P_1 + P_2 + P_3 = O$ ならば，

$$\prod_{j=1}^{3} \alpha(P_j) = 1$$

であることを示せば十分である．なぜならば，このとき，

$$\alpha(P_1 + P_2) = \alpha(-P_3) = \alpha(P_3)$$
$$= \frac{1}{\alpha(P_3)}$$
$$= \alpha(P_1)\alpha(P_2)$$

となるからである．P_j ($j = 1, 2, 3$) が直線 $y = mx + b$ と E の上にあると仮定する．このとき $x_j = x(P_j)$ は方程式

$$(mx + b)^2 = x^3 + Ax$$

すなわち，

$$x^3 - m^2 x^2 + (A - 2bm)x - b^2 = 0 \tag{7.13}$$

の 3 つの解である．$x_1 x_2 x_3 \neq 0$ ならば $x_1 x_2 x_3 = b^2$ である．よって，$\prod_{j=1}^{3} \alpha(p_j)$ $= \prod_{j=1}^{3} \beta(x_j) = \beta(x_1 x_2 x_3) = \beta(b^2) = 1$ となる．$x_1 x_2 x_3 = 0$ ならば，x_j の 1 つが，例えば $x_3 = 0$ である．よって，$b = 0$ で $P_3 = \mathbf{0}$ である．(7.13) より，残りの 2 つの根の積 $x_1 x_2 = A$ を得る．ゆえに，

$\alpha(P_1 + P_2) = \alpha(-\mathbf{0}) = \alpha(\mathbf{0}) = \beta(A) = \beta(x_1 x_2) = \beta(x_1)\beta(x_2) = \alpha(P_1)\alpha(P_2)$

となる．$\mathrm{Ker}(\alpha) = \overline{\phi}(\overline{\Gamma})$ は定理 7.2 より直ちに得られる． ∎

【系 7.5】 公式 (7.11) は，

$$2^r = \frac{|\alpha(\Gamma)||\overline{\alpha}(\overline{\Gamma})|}{4} \tag{7.14}$$

とかける．ここで，$\overline{\alpha} : \overline{\Gamma} \longrightarrow \mathbb{Q}^{\times}/\mathbb{Q}^{\times 2}$ は α と同じように定義される準同型である．

7.4　$\alpha(\Gamma)$ の計算

$\mathbb{Q}^{\times}/\mathbb{Q}^{\times 2}$ の部分群 $\alpha(\Gamma)$ は，ある $P \in \Gamma$ について $x = x(P)$ となるような $\beta(x)$ で構成される．$P = (x, y) \in \Gamma$ に対して，

$$x = \frac{s}{T^2}, \qquad y = \frac{u}{T^3}$$

と，$(s,T) = (u,T) = 1, T \geq 1$ であるものを用いて表されることはすでに見た．
(場合 1) $u \neq 0$ ならば $s \neq 0$ である．P を (7.1) に入れると，
$$u^2 = s^3 + AsT^4$$
を得る．$(A, s) = d$ ならば $A = dA_1, s = ds_1$，よって $u = du_1$ とかけ，上の等式は，
$$u_1^2 = s_1(ds_1^2 + A_1T^4)$$
となる．ところで，s_1 と $ds_1^2 + A_1T^4$ は互いに素である．よって，d の符号を適切にとることにより，
$$s_1 = S^2, \quad ds_1^2 + A_1T^4 = U^2$$
となることがわかる．したがって，
$$dS^4 + \frac{A}{d}T^4 = U^2 \tag{7.15}$$
ここで，$S, T \geq 1, (A/d, S) = 1$ である．さらに，
$$x = dS^2/T^2, \quad \alpha(P) = \beta(d)$$
を得る．
(場合 2) $u = 0$ ならば，$P = \mathbf{0}$ (このとき $\alpha(P) = \alpha(\mathbf{0}) = \beta(A) \in \alpha(\Gamma)$ である) ないしは $x^2 + A = 0$ である．よって，$\alpha(\Gamma)$ は常に $\beta(A)$ を含み，$\pm\beta(x) \in \alpha(\Gamma)$ であるのは $-A = x^2 (x \in \mathbb{N})$ であるとき，そのときに限ることがわかる．

したがって，$z \in \alpha(\Gamma)$ ならば $z = 1, \beta(A), \pm\beta(x)$ (もし $-A = x^2, x \in \mathbb{N}$ ならば) または A の約数 d で，(7.15) が整数解で
$$(A/d, S) = 1 \quad \text{かつ} \quad S, T \geq 1 \tag{7.16}$$
であるものに対して $z = \beta(d)$ となる．

逆に，A の約数 d に対して，(7.15) の任意の整数解で (7.16) を満たすものは，Γ の点 $P = (x, y)$ で $\beta(x) = \beta(d)$ であるものを導く．これを見るために，(7.15) の両辺に d^2S^2/T^6 を掛け，$x = dS^2/T^2, y = dUS/T^3$ とおけばよい．

まとめとして次の定理を得る．

【定理 7.6】 群 $\alpha(\Gamma)$ は，$1, \beta(A), \pm\beta(x)$（もし $-A = x^2$, $x \in \mathbb{N}$ ならば）と，(7.15) が (7.16) を満たす整数解をもつという性質を備えた A の正または負の約数であるような d に対する $\beta(d)$ によって構成される．

$\overline{\alpha}(\overline{\Gamma})$ に対しても同様なことが成り立つ．

7.5 例 その 1

■ **例 7.7** ■ E を
$$y^2 = x^3 - x$$
で定義する．よって $A = -1$．d のとり得る可能性は $d = \pm 1$ である．$\alpha(\Gamma)$ はすでに 1 と $\beta(A) = -1$ を含んでいるから，(7.15) が解をもつかという確認は不要である．よって $\alpha(\Gamma) = \{1, -1\}$ である．$\overline{A} = 4$ に対しては $\overline{d} = \pm 1, \pm 2, \pm 4$ である．$\overline{d} < 0$ ならば $\overline{A_1} = \overline{A}/\overline{d} < 0$ で，(7.15) は (7.16) を満たす解をもてない．また $\beta(4) = 1$ である．よって，考えるべき場合は $\overline{d} = 2$ のときのみである．方程式 (7.15) は $\overline{d} = 2$ に対して解をもつはずである．なぜならば $|\alpha(\Gamma)||\overline{\alpha}(\overline{\Gamma})|$ は少なくとも 4 だからである．実際，解は $S = T = 1, U = 2$ である．よって $\overline{\alpha}(\overline{\Gamma}) = \{1, 2\}$ である．さらに，(7.14) より階数 $r = 0$ である．

■ **例 7.8** ■ E を
$$y^2 = x^3 - 5x$$
で定義する．$A = -5$ である．よって $\alpha(\Gamma)$ は $1, -5$ を含んでいる．考えるべきその他の d の可能性は $d = -1$ と 5 である．方程式 (7.15) は d と A/d について対称的であり，d または A/d に対して解けるかどうかを確認すれば十分である．$d = 5$ のときは (7.15) は解 $S = T = 1, U = 2$ をもち，したがって $\alpha(\Gamma) = \{\pm 1, \pm 5\}$ である．

$\overline{A} = 20, \overline{d} = \pm 1, \pm 2, \pm 4, \pm 5, \pm 10, \pm 20$ である．$\overline{d} < 0$ のときは (7.15) は自明な解以外はもち得ない．また $\beta(\overline{A}) = \beta(20) = 5, \beta(4) = 1$ である．$5 \in \overline{\alpha}(\overline{\Gamma})$ で $\overline{\alpha}(\overline{\Gamma})$ は群であるから，$10 \in \overline{\alpha}(\overline{\Gamma}) \Leftrightarrow 2 \in \overline{\alpha}(\overline{\Gamma})$ である．よって，(7.15) が解ける

かどうかを $\bar{d}=2$ のときに限って確認すればよい．

$$2S^4 + 10T^4 = U^2$$

が (7.16) を満たす解をもったと仮定する．明らかに $U \neq 0$ である．そうでないと，$-5 \in \mathbb{Q}^{\times 2}$ となってしまう．もし $5|U$ ならば $5|2S^4$ で，A_1 と S は互いに素でないことになり，(7.16) に矛盾する．上の方程式を法 5 で節減すると，

$$2S^4 = U^2$$

となる．$\mathbb{F}_5^{\times}$ において $S^4 = 1$，よって $2 = U^2$ となる．ところが 2 は $\mathbb{F}_5^{\times}$ において平方でないことはすでに見た (例 2.52)．したがって (7.15) は (7.16) を満たす解をもたない．よって 2 も 10 も $\overline{\alpha}(\overline{\Gamma})$ に属さず，$\overline{\alpha}(\overline{\Gamma}) = \{1,5\}$ である．(7.14) より，この場合は階数 $r = 1$ である．

■ **例 7.9** ■ E を

$$y^2 = x^3 - 17x$$

で定義する．$A = -17$ で，$1, -17 \in \alpha(\Gamma)$ である．(7.15) を約数 $d = -1, 17$ のどちらか 1 つについてのみ確認する必要がある．$d = -1$ とする．このとき，

$$-S^4 + 17T^4 = U^2$$

は解 $S = T = 1, U = 4$ をもち，$-1 \in \alpha(\Gamma)$ である．これはまた $17 \in \alpha(\Gamma)$ も示している．したがって，$\alpha(\Gamma) = \{\pm 1, \pm 17\}$ である．$\overline{A} = 4 \cdot 17$ であり，$\overline{\alpha}(\overline{\Gamma})$ は $1, 17$ を含む．$\bar{d} = \pm 1, \pm 2, \pm 4, \pm 17, \pm 2 \cdot 17, \pm 4 \cdot 17$ である．$\overline{A} > 0$ であるから $\bar{d}$ は負ではあり得ない．また $\beta(4) = 1, \beta(4 \cdot 17) = 17$ でもある．よって $\bar{d} = 2$ 以外のすべての $\bar{d}$ は切り捨てる．さて，$S = T = 1, U = 6$ は，

$$2S^4 + 34T^4 = U^2$$

の解である．したがって，$\overline{\alpha}(\overline{\Gamma}) = \{1, 2, 17, 2 \cdot 17\}$ であり，$2^r = (4 \cdot 4)/4 = 4$ となる．これは階数 $r = 2$ を示している．

演習 7.10 $E : y^2 = x^3 - 82x$ に対しては $r_{\mathbb{Q}}(E) = 3$ であることを示せ．

7.6 有限位数の点

さて，$E(\mathbb{Q})_{tor}$ の計算に向かうことにする．階数と違って，Nagell と Lutz（文献 [2] 参照）によって独立に得られた結果により，$E(\mathbb{Q})_{tor}$ は有限回のステップで完全に決定することができる．

以前に指摘しておいたように，E が $y^2 = x^3 + AX + B$ $(A, B \in \mathbb{Q})$ で定義されているならば，任意の $\mathbb{Q}^\times$ の元 c に対して，曲線 E は

$$y^2 = x^3 + c^4 AX + c^6 B$$

に同型である．同型である群のねじれ部分群は同型であるから，一般性を損なうことなく，E は $\mathbb{Z}$ に係数をもつ方程式で定義されると再び仮定してよい．再度 Tate（文献 [4] 参照）に従っていくことにする．$E(\mathbb{Q})$ の有限位数の点についての基本的結果は次の定理である．

【定理 7.11】(Lutz-Nagell)　E は

$$y^2 = x^3 + AX + B \qquad (A, B \in \mathbb{Z}) \tag{7.17}$$

で定義されていて，その判別式は $\Delta = -4A^3 - 27B^2 \neq 0$ と仮定する．$P = (x, y) \in E(\mathbb{Q})$ が有限位数の点ならば，$x, y \in \mathbb{Z}$ である．さらに，$y = 0$ または y^2 は Δ を割り切る．

証明を与える前に，重要な概念である付値を導入しておく．

k を任意の体とし，$A = \mathbb{Z}$ または $k[x]$ と仮定する．K を A の商体，すなわち，

$$K = \begin{cases} \mathbb{Q} & (A = \mathbb{Z} \text{ のとき}) \\ k(x) & (A = k[x] \text{ のとき}) \end{cases}$$

とする．$k[x]$ の既約なモニック多項式を，素元であると呼ぶ．p を A の固定された素元とする．任意の $K^\times$ の元 α は，一意的に

$$\alpha = p^r \cdot a/b \quad (a, b \in A, b \neq 0)$$

とかける．ここで，$r \in \mathbb{Z}$ で，p は ab を割り切らない．写像

$$v_p : K \to \mathbb{Z} \cup \{\infty\}$$

を $v_p(\alpha) = r$ と定義して，p における K の**付値** (valuation) と呼ぶ．$v_p(0) = \infty$ とおく．明らかに $v_p(\alpha)$ は α の分解において現れる素元のベキの中の p の指数 (正，負または 0) であり，次の性質をもっている：

1. $v_p(\alpha\beta) = v_p(\alpha) + v_p(\beta)$

2. $v_p(\alpha + \beta) \geqq \min(v_p(\alpha), v_p(\beta))$ \hfill (7.18)

3. $v_p(\alpha) \neq v_p(\beta)$ ならば $v_p(\alpha + \beta) = \min(v_p(\alpha), v_p(\beta))$

任意の固定された A の素元 p に対して

$$A_{(p)} = \{\alpha \in K | v_p(\alpha) \geqq 0\}$$

が K の部分環になることは ((7.18) を用いて) 明らかである．これを p における A の**局所化** (localization) と呼ぶ．さらに，$A_{(p)} \supseteq A$ であり，A は p がすべての素元を動いたときの $A_{(p)}$ の共通部分である．r を正の整数，$\alpha, \beta \in K$ とする．$v_p(\alpha - \beta) \geqq r$ のとき

$$\alpha \equiv \beta \pmod{p^r} \tag{7.19}$$

とかく．明らかに (7.19) は同値関係である．

定理 7.11 の証明 $P = (x, y)$ が $E(\mathbb{Q})$ の有限位数の点とするとき，x, y が $\mathbb{Z}$ のすべての局所化 $\mathbb{Z}_{(p)}$ に含まれることを証明すれば十分である．よって，p を任意の素元として固定する．

$P = (s/T^2, u/T^3)$, $(s, T) = (u, T) = 1$ とかけることはわかっている．ゆえに，$v_p(x) < 0$ ならば $v_p(x) = -2r$, $v_p(y) = -3r$ と，ある $r \geqq 1$ に対して表される．$r \geqq 1$ に対して，

$$E_r = \{(x, y) \in E(\mathbb{Q}) | v_p(x) \leqq -2r\}$$
$$= \{(x, y) \in E(\mathbb{Q}) | v_p(y) \leqq -3r\}$$

とおく．明らかに，

$$E(\mathbb{Q}) \supseteq E_1 \supseteq E_2 \supseteq \cdots$$

である．$P \in E(\mathbb{Q})_{tor}$ ならば P は E_1 に属さないことを示そう．有理数の置き換え
$$x = \frac{t}{s}, \quad y = \frac{1}{s}$$
すなわち，
$$s = \frac{1}{y}, \quad t = \frac{x}{y} \tag{7.20}$$
の下で，(7.17) は
$$E^* : s = t^3 + Ats^2 + Bs^3 \tag{7.21}$$
となる．$E(\mathbb{Q})$ の零元は (7.20) より $(0,0)$ にうつり，これは $\{P \in E \mid P \neq O$ かつ $y(P) \neq 0\}$ と $\{(s,t) \in E^* \mid s \neq 0\}$ の間の 1 対 1 の対応を引き起こす．さらに，これは直線 $y = mx + b$ を $s = -(m/b)t + 1/b$ ($b \neq 0$ のとき)，ないしは $t = 1/m$ ($b = 0$ のとき) にうつす．したがって，E 上の共線上の点は E^* の共線上の点にうつる．$(0,0)$ を E^* の群構造に対する零元に用いると，写像 $\phi : E \to E^*$ は
$$\phi(P) = \begin{cases} \left(\dfrac{1}{y}, \dfrac{x}{y}\right) & (P = (x,y), y \neq 0 \text{ のとき}) \\ (0,0) & (P = O \text{ または } y(P) = 0 \text{ のとき}) \end{cases}$$
と定義でき，群 $E^*(\mathbb{Q})$ と $E(\mathbb{Q})/\{P \in E(\mathbb{Q}) \mid 2P = O\}$ の間の同型になる．(7.20) より，
$$\phi(E_r) = E_r^* = \{(s,t) \in E^*(\mathbb{Q}) | v_p(s) \geqq 3r\}$$
$$= \{(s,t) \in E^*(\mathbb{Q}) | v_p(t) \geqq r\}$$
が成り立つことは明らかである．$E(\mathbb{Q})$ の有限位数の点は E_1 に属さないことを証明するには，$P \in E^*(\mathbb{Q})_{tor}$ ならば P は E_1^* に属さないことを示せば十分である．まず，各 $r \geqq 1$ に対して，E_r^* は $E^*(\mathbb{Q})$ の部分群であることを示す．
$P_i = (s_i, t_i), i = 1, 2$ ならば，$P_1 + P_2$ を得るために P_1 と P_2 を結ぶ直線
$$s = \mu t + \lambda \tag{7.22}$$

を (7.21) と交わらせる．(s_3, t_3) を第 3 の交点とすれば，(7.20) より $P_1 + P_2 = (-s_3, -t_3)$ であることは明らかである．$t_1 = t_2$ で $s_1 \neq s_2$ ならば，$t_3 = t_1 = t_2$ となり何も示すことはない．よって，そうでないと仮定する．

P_1 と P_2 は曲線 (7.21) 上にあるから，

$$s_1 - s_2 = (t_1 - t_2)(t_1^2 + t_1 t_2 + t_2^2) + B(s_1 - s_2)(s_1^2 + s_1 s_2 + s_2^2) + A(t_1 s_1^2 - t_2 s_2^2)$$

を得る．$t_1 s_1^2 - t_2 s_2^2 = (t_1 - t_2) s_2^2 + t_1 (s_1^2 - s_2^2)$ とかくと，上の等式は，

$$(s_1 - s_2)\{1 - B(s_1^2 + s_1 s_2 + s_2^2) - At_1(s_1 + s_2)\} = (t_1 - t_2)\{t_1^2 + t_1 t_2 + t_2^2 + As_2^2\}$$

と表せる．ゆえに (7.22) の傾き μ は

$$\mu = \begin{cases} \dfrac{s_1 - s_2}{t_1 - t_2} = \dfrac{t_1^2 + t_1 t_2 + t_2^2 + As_2^2}{1 - B(s_1^2 + s_1 s_2 + s_2^2) - At_1(s_1 + s_2)} & (t_1 \neq t_2 \text{ のとき}) \\[2mm] \dfrac{ds}{dt}\Big|_{P_1} = \dfrac{As_1^2 + 3t_1^2}{1 - 2As_1 t_1 - 3Bs_1^2} & (P_1 = P_2 \text{ のとき}) \end{cases} \quad (7.23)$$

で与えられる．t_1, t_2, t_3 は

$$\mu t + \lambda = t^3 + A(\mu t + \lambda)^2 t + B(\mu t + \lambda)^3,$$

すなわち

$$t^3 + \frac{2A\lambda\mu + 3B\lambda\mu^2}{1 + A\mu^2 + B\mu^3} t^2 + \cdots = 0$$

の 3 個の根であるから，

$$t_1 + t_2 + t_3 = -\frac{2A\lambda\mu + 3B\lambda\mu^2}{1 + A\mu^2 + B\mu^3} \quad (7.24)$$

を得る．

$P_j = (s_j, t_j) \in E_r^*, v_p(t_j) \geqq r \ (j = 1, 2)$ ならば，(7.18) を用いて (7.23) より $v_p(\mu) \geqq 2r$ がわかる．このとき，(7.22) より $v_p(\lambda) \geqq 3r$ である．結局 (7.24) より，$v_p(t_1 + t_2 + t_3) \geqq 5r$ である．$t(P)$ を E^* 上の点 P の t-成分を表すものとすれば，これは，

$$t(P_1 + P_2) \equiv t(P_1) + t(P_2) \pmod{p^{5r}} \quad (7.25)$$

を示している．よって E_r^* は $E^*(\mathbb{Q})$ の部分群である．

さて，$P \in E^*(\mathbb{Q})_{tor}$ ならば P は E_1^* に含まれないことを示そう．$P \in E_1^*$ と仮定して，$m = ord(P)$ とおく．2 つの場合がある：

(1) p は m を割り切らない．

$r \geqq 1$ を選んで P は E_r^* には属するが E_{r+1}^* には属さないとする．このとき，(7.25) より，
$$mt(P) \equiv t(mP) \equiv 0 \pmod{p^{2r}}$$
が成り立つ．ところで，p と m は互いに素である．よって $v_p(t(P)) \geqq 2r$ であって，これは $P \in E_{2r}^*$ を示している．$2r \geqq r+1$ であるから，これは矛盾である．

(2) p は m を割り切る．

$m = pm_1, P' = m'P$ とおく．このとき，$P' = E_1^*$ で $p = ord(P')$ である．$r \geqq 1$ を $P' \in E_r^* \backslash E_{r+1}^*$ であるように選ぶ．このとき，
$$0 = t(pP') \equiv p \cdot t(P') \pmod{p^{3r}}$$
である．これは $v_p(t(P')) \geqq 3r-1$ を示しており，$P' \in E_{3r-1}^*$ となる．ところが，$r \geqq 1$ に対して $3r-1 > r+1$ である．したがって，$P' \in E_{r+1}^*$ となって，再び矛盾である．

最後に，$P = (x,y) \in E(\mathbb{Q})_{tor}$ かつ $y \neq 0$ ならば $y^2 | \Delta = \Delta(f)$ であることを示す．ここで $f(x) = x^3 + Ax + B$ である．2 倍写像から，
$$x(2P) = \mu^2 - 2x \qquad \left(\mu = \frac{f'(x)}{2y}\right)$$
を得る．x と $x(2P)$ は $\mathbb{Z}$ の元であるから，$\mu \in \mathbb{Z}$ である．これは $y | f'(x) = 3x^2 + A$ を示している．(整除アルゴリズムより) 環 $\mathbb{Z}[x]$ において
$$(3x^2 + A)^2(3x^2 + 4A) - (4A^3 + 27B^2)^2 \equiv 0 \pmod{x^3 + Ax + B}$$
であることは容易に確認できる．これは $y^2 | -4A^3 - 27B^2 = \Delta$ を示している． ∎

178   第 7 章 Mordell-Weil 群の計算

7.7 例 その 2

(7.17) で定義された任意の楕円曲線 E の上には，有限位数の点は有限個しか存在しない．

$E(\mathbb{Z}, \Delta) = \{(x,y) \in E(\mathbb{Q}) | x, y \in \mathbb{Z},\ y = 0\ \text{または}\ y^2 | \Delta (y \neq 0\ \text{のとき})\} \cup \{O\}$

とおく．明らかに，

$$\{O\} \subseteq E(\mathbb{Q})_{tor} \subseteq E(\mathbb{Z}, \Delta)$$

である．有限位数でない $E(\mathbb{Z}, \Delta)$ の点が存在するかもしれない．（例えば E が，

$$y^2 = x^3 - x + 1$$

で定義されているならば，点 $(1,1) \in E(\mathbb{Z}, \Delta)$ である．ところが，例 5.26(1) で，$6P = (1/4, 7/8)$ がわかっている．よって $6P$，したがって P は，位数無限の点である．）だが $E(\mathbb{Z}, \Delta)$ の無限位数の点は，(A と B にのみ依存する) 有限回のステップによって捨て去ることができる．つまり，mP で

1. $y(mP)$ は整数でない

または

2. $y^2(mP)$ は Δ を割り切らない

という性質をもつものを見つけるのである．これは任意の楕円曲線 E に対して $E(\mathbb{Q})_{tor}$ を完全に決定する．

Δ の (正の) 約数の個数 $\tau(\Delta)$ が大きくなるにつれて，$E(\mathbb{Q})_{tor}$ も大きくなると期待するかもしれないが，これは実は起きないのである．実際，楕円曲線 E がどんなものであろうと，$E(\mathbb{Q})_{tor}$ の位数は 16 を越えることはない．これは Mazur の深淵な定理から得られる．この定理の証明はしない (証明は文献 [3] を参照)．

定理 7.12[*] (Mazur) $\mathbb{Q}$ 上で定義された任意の楕円曲線 E に対して，$E(\mathbb{Q})_{tor}$ は次の 15 個の群 (これらはすべて $E(\mathbb{Q})_{tor}$ として現れる) のうちの 1 つと同型である：

$$\mathbb{Z}/m\mathbb{Z},\quad 1 \leqq m \leqq 10\ \text{または}\ m = 12$$

$$\mathbb{Z}/2\mathbb{Z} \times \mathbb{Z}/2m\mathbb{Z},\quad 1 \leqq m \leqq 4.$$

これら 15 個の群のいくつかの例を与えることにする.

■ **例 7.13** ■ E を
$$y^2 = x^3 - x + 1$$
で定義する. 判別式は $\Delta = -23$ である. y^2 のとり得る値の可能性としては 1 であり, $E(\mathbb{Z}, \Delta) = \{O, (\pm 1, \pm 1), (0, \pm 1)\}$ である. $P = (1, 1)$ ならば $2P = (-1, 1)$, $3P = (0, -1)$, $4P = (3, -5)$ で, $y(4P)$ は Δ を割り切らない. $Q = (1, -1)$ ならば $Q = -P$ で, O が有限位数の唯 1 つの点であり, $E(\mathbb{Q})_{tor}$ は自明である.

■ **例 7.14** ■ E を次で定義する:
$$y^2 = x^3 - 1.$$
判別式は $\Delta = -3^3$ である. $y = 0$ ならば $x = 1$, 零でない y^2 のとり得る値の可能性としては 1 と 3^2 のみである. しかしこのとき, この方程式を満たす整数 x は存在しない. 明らかに, $(1, 0)$ は位数 2 であり, $E(\mathbb{Q})_{tor} \cong \mathbb{Z}/2\mathbb{Z}$ である.

■ **例 7.15** ■ E を Fermat 曲線:
$$y^2 = x^3 - 432$$
とする. $E(\mathbb{Q})_{tor} \cong \mathbb{Z}/3\mathbb{Z}$ (例 5.26(2)) である.

■ **例 7.16** ■ E を
$$y^2 = x^3 - 2x + 1$$
で与える. 判別式は $\Delta = 5$ である. $y = 0$ ならば $x = 1$, よって $(1, 0)$ は位数 2 の点である. $y \neq 0$ ならば $y^2 = 1$, よって $x = 0$. $P = (0, 1)$ ならば $2P = (1, 0)$ であることは容易にわかる. したがって, P は位数 4 の点である. $(0, -1) = -P$ であるから, $(0, -1) = 3P$ を得る. $E(\mathbb{Q})_{tor}$ は $(0, 1)$ で生成される位数 4 の巡回群である, すなわち $E(\mathbb{Q})_{tor} \cong \mathbb{Z}/4\mathbb{Z}$.

■ **例 7.17** ■ E を
$$y^2 = x^3 - x$$

とすれば，$P_1 = (1,0), P_2 = (0,0), P_3 = (-1,0)$ の各々は位数 2 の点であり，(異なる) i, j, k に対して $P_i + P_j = P_k$ である．これ以外に整数点 (x, y) で y^2 が $\Delta = 4$ を割り切るものは存在しない．したがって，

$$E(\mathbb{Q})_{tor} \cong \mathbb{Z}/2\mathbb{Z} \times \mathbb{Z}/2\mathbb{Z}$$

■ 例 7.18 ■　曲線 E を
$$y^2 = x^3 + 1$$
で定義すると，判別式は $\Delta = -3^3$ である．

$$E(\mathbb{Z}, \Delta) = \{O, (-1, 0), (0, \pm 1), (2, \pm 3)\}$$

これらの点はすべて有限位数で，したがって $E(\mathbb{Q})_{tor} = E(\mathbb{Z}, \Delta)$ である．$E(\mathbb{Q})_{tor}$ は $P = (2, 3)$ で生成された位数 6 の巡回群であることが確認できる．

■ 例 7.19 ■　楕円曲線
$$E : y^2 = x^3 - 43x + 166$$
を考える．$P = (3, 8)$ が位数 7 の点であることはわかっている (演習 5.27(2))．Mazur の定理により，$E(\mathbb{Q})_{tor}$ は $(3, 8)$ で生成される位数 7 の巡回群である．

演習として，Mazur の定理におけるリストをすべてかき出してみよ．

7.8　合同数への応用

すべての辺が有理数であるような直角三角形の面積を表す正の有理数 A を**合同数**と呼ぶことができる．この定義は前に与えたもの (定義 1.34) よりも一般化されているように見える．ところが，正の整数 c を見つけて $c^2 A$ が整数であるようにできる．さらに，$c^2 A$ が合同数であることと A が合同数であることは同値である．したがって，「平方因子をもたない整数 $A > 0$ がいつ合同数になるか？」を調べることで十分である．この節では，合同数である平方因子をもたない正の整数 A の性質と，楕円曲線

$$y^2 = x^3 - A^2 x \tag{7.26}$$

の階数との間の興味ある関連を考察する．

次の2つの定理の証明においては，付値写像

$$v_p : \mathbb{Q}^\times \longrightarrow \mathbb{Z}$$

の性質 (7.18) を拡張して使用する．例えば，有理数の分子というときは，常に x は低い形，すなわち $x = m/n$ で $(m,n) = 1, n \geqq 1$ であるものとする．

【補題 7.20】 A は平方因子をもたない正の整数，E は (7.26) で定義された楕円曲線とする．$P = (x,y) \in E(\mathbb{Q}), y \neq 0$ とする．このとき，$x(2P)$ の分子は A と互いに素で $y(2P) \neq 0$ である．

(証明) $x(2P)$ が平方数であることは容易に確認できる．実際，

$$x(2P) = \left(\frac{x^2 + A^2}{2y}\right)^2.$$

補題を証明するために，A の素因子 $p \neq 2$ のすべてに対して $v_p(x^2 + A^2) \leqq v_p(y)$ と $v_2(x^2 + A^2) \leqq v_2(2y)$ を示す．考えるべき2つの場合がある:

(場合1) まず p は任意の素数 (必ずしも A の素因子とは限らない) で $v_p(x) \neq v_p(A)$ と仮定する．もし，$v_p(x) < v_p(A)$ ならば，$v_p(x^2 + A^2) = 2v_p(x)$ である．(7.26) は，

$$y^2 = x(x+A)(x-A) \tag{7.27}$$

ともかけるが，これより $v_p(x) = (2/3)v_p(y)$ を得る．よって，

$$v_p(x^2 + A^2) = 2v_p(x) = \frac{4}{3}v_p(y) \leqq v_p(y).$$

最後の不等号は確かに成り立つ．なぜならば，A は平方因子を含まないことより $v_p(A) \leqq 1$，したがって $v_p(x)$ と $v_p(y)$ はともに $\leqq 0$ だからである．

もし $v_p(x) > v_p(A)$ ならば，$v_p(A) = 0$ または 1 にしたがって，それぞれ $v_p(x^2 + A^2) = 2v_p(A) = 0$ または 2 である．どちらの場合も，(7.26) より，

$$v_p(y) = \frac{1}{2}\{v_p(x) + 2v_p(A)\} \geqq 2v_p(A) = v_p(x^2 + A^2).$$

(場合2) $p|A$ かつ $v_p(x) = v_p(A) = 1$ とする．再び (7.26) より $2v_p(y) \geqq 3$ である．ところが $2v_p(y)$ は偶数である．よって，$v_p(y) \geqq 2$．$v_p(x^2 + A^2) > 2$ で

なければ何も証明すべきことはない．これが起きないことを示そう．起きると仮定する．まず，(7.27) より，

$$v_p(x+A) \geqq 2 \text{ または } v_p(x-A) \geqq 2$$

であり，よって，

$$x^2 + A^2 = (x \pm A)^2 \mp 2xA \tag{7.28}$$

より，$p^3 | 2xA$ であることは明らかであることに注意する．p が奇数ならば，これは p^2 が x または A を割り切ることを示しており，矛盾である．素数 $p=2$ が $(x^2+A^2)/2y$ の分子に現れるのは $v_p(x^2+A^2) \geqq 4$ のときのみである．しかし，そのときは (7.28) より $v_p(xA) \geqq 3$ であるが，これは矛盾である．なぜならば $v_p(xA) = v_p(x) + v_p(A) = 2$ だからである．

$y(2P) \neq 0$ を示すために $mP = (x_m, y_m)$ とおく．$y = y_1 \neq 0$ であるから $x = x_1 \neq 0$ を得る．$x_2 \in \mathbb{Q}^{\times 2}$ がわかっている．よって，$y_2 = 0$ ならば $x_2 = \pm A$ である．これは不可能である，なぜならば A は平方因子をもたないからである． ∎

【補題 7.21】 E は (7.26) で定義され，$P = (X, Y) \in E(\mathbb{Q})$ は X の分子が A と互いに素で $Y \neq 0$ と仮定する．このとき，

1. $x(2P)$ の分子は A と互いに素である．

2. $x(2P)$ の分母は偶数である．

(証明) 補題 7.20 より，

$$x(2P) = \left(\frac{X^2 + A^2}{2Y}\right)^2$$

の分子は A と互いに素である．示すべきことは $v_2(x^2+A^2) \leqq v_2(Y)$ だけである．

A が偶数，すなわち $2|A$ ならば $v_2(X) \leqq 0$ で

$$Y^2 = X(X+A)(X-A)$$

より，
$$v_2(Y) = \frac{3}{2}v_2(X) = \frac{3}{4}v_2(x^2+A^2) \geqq v_2(X^2+A^2)$$
である．A が奇数で $v_2(X) \neq v_2(A)$ ならば，補題 7.20 の証明の (場合 1) より，$v_2(X^2+A^2) \leqq v_2(Y)$ である．A が奇数で $v_2(X) = v_2(A) = 0$ ならば，$v_2(X^2+A^2) \geqq 1$ でない限り何も示すべきことはない．さて，等式
$$X^2 + A^2 = (X \pm A^2)^2 \mp 2XA$$
により，$v_2(X \pm A) \geqq 1$ であり，これは $v_2(Y) \geqq 1$ を示している．証明を完成させるには，$v_2(X^2+A^2) = 1$ であることを示せばよい．$v_2(X^2+A^2) \geqq 2$ と仮定する．上の等式より，$v_2(X) > 0$ または $v_2(A) > 0$ であるが，これは矛盾である． ∎

【定理 7.22】 (7.26) で定義された楕円曲線 E が y-座標が 0 でない有理点 P をもつと仮定する．このとき，$m=1,2$ または 4 に対して，

1. $x(mP)$ の分子は A と互いに素である，
2. $x(mP)$ の分母は偶数である，
3. $x(mP) \in \mathbb{Q}^{\times 2}$

が成り立つ．

(証明) 補題 7.20 と 7.21 を続けて適用し，$x(2P)$ が常に平方であることに注意すればよい． ∎

【系 7.23】 E が (7.26) で与えられているとすれば，
$$E(\mathbb{Q})_{tor} = \{O, \mathbf{0}, (\pm A, 0)\}$$
$$\cong \mathbb{Z}/2\mathbb{Z} \times \mathbb{Z}/2\mathbb{Z}.$$

(証明) $P = (x,y) \in E(\mathbb{Q}), y \neq 0$ ならば，$m=1,2$ または 4 に対して $x(mP)$ は整数でない．Nagell-Lutz の定理により，P は無限位数の点である．よって，P の位数が有限であるのは $P = O$ または $y(P) = 0$ のとき，そのときに限る． ∎

【定理 7.24】 A は平方因子をもたない正の整数，E は (7.26) で定義された楕円曲線とする．方程式
$$x^2 + Ay^2 = z^2$$
$$x^2 - Ay^2 = t^2 \tag{7.29}$$
が自明でない解 ($y \neq 0$ の解) を $\mathbb{Q}$ でもつのは，$r_{\mathbb{Q}}(E) > 0$ のとき，そのときに限る．

(証明) まず (7.29) が自明でない解をもつと仮定する．すべて $x, y, z, t \in \mathbb{N}$ と仮定してよい．第 1 章で見たように，さらに x, y, z, t はどの 2 つも互いに素と仮定してよい．$y \neq 1$ であることは確認できる．

(7.29) の 2 つの方程式を掛けて，
$$\left(\frac{ztx}{y^3}\right)^2 = \left(\frac{x^2}{y^2}\right)^3 - A^2 \frac{x^2}{y^2}$$
を得る．したがって，整数の座標をもたない $P = (X, Y)$，
$$X = \frac{x^2}{y^2}, \quad Y = \frac{ztx}{y^3}$$
は (7.26) 上の無限位数の点であり，よって $r_{\mathbb{Q}}(E) > 0$ である．逆に，$E(\mathbb{Q})$ が無限位数の点 $P = (X, Y)$ をもつと仮定する．このとき $Y \neq 0$ で，
$$X = \frac{s}{t^2}, \quad Y = \frac{u}{t^3} \tag{7.30}$$
とかける．ここで
$$(s, t) = (u, t) = 1 \text{ かつ } t \geqq 1 \tag{7.31}$$
である．定理 7.22 より
$$s \geqq 1 \text{ は奇数}, \quad t \geqq 2 \text{ は偶数}, \quad (s, A) = 1 \tag{7.32}$$
と仮定してよい．(X, Y) は (7.26) の上にあるから (7.30) より
$$u^2 = s(s + At^2)(s - At^2) \tag{7.33}$$

を得る．(7.31) と (7.32) を用いて，(7.33) の右辺の 3 つの因数は正で互いに素，したがって各因子は平方であることが容易に確認できる．$s = v^2$ ならば，

$$v^2 + At^2 = m^2$$
$$v^2 - At^2 = n^2$$

を得る．これで証明は完了した． ∎

注意 7.25 1 は合同数でないことはすでに知っている (定理 1.36)．これは，今では定理 7.24 と例 7.7 からも得られる．

参考文献

[1] B. J. Birch and H. P. F. Swinnerton-Dyer, Notes on elliptic curves II, *J. Reine Angew. Math.*, **218** (1965), 79-108

[2] E. Lutz, Sur l'équation $y^2 = x^3 - Ax - B$ dans les corps *p*-adiques, *J. Reine Angew. Math.*, **177** (1937), 237-247

[3] B. Mazur, Rational points on modular curves, Modular Functions of One Variable V, Lecture Notes in Mathematics Vol.601,Springer Verlag, Berlin (1977)

[4] J. T. Tate, Rational points on elliptic curves, Phillips Lectures given at Haverford College, 1961(unpublished).

第8章

有限体上の方程式

8.1 Riemann の仮説

各素数 p に対して，p 個の元からなる体 $\mathbb{F}_p$ が存在することはすでに見た．実際，任意の素数 p と整数 $r \geqq 1$ が与えられたとき，$q = p^r$ 個の元からなる体 $\mathbb{F}_q$ は唯 1 つ存在する．$\mathbb{F}_q \supseteq \mathbb{F}_p$ であり，$\mathbb{F}_q$ の元 α に対して $p\alpha = 0$ である．逆に，任意の有限体はある $q = p^r$ に対して $\mathbb{F}_q$ となる．（文献 [18] 参照）．体 $\mathbb{F}_q$ は性質

$$f(X) = X^q - X = \prod_{\alpha \in \mathbb{F}_q}(X - \alpha)$$

で特徴づけされる．

x, y が $\mathbb{F}_q$ を含む体 K に属しているとすれば，

1. $(x+y)^q = x^q + y^q$;
2. $(xy)^q = x^q y^q$; $\quad \alpha \in \mathbb{F}_q$ ならば $\alpha^q = \alpha$.

第二の主張は証明を必要としない．第一のものは，

$$(x+y)^q = \sum_{j=0}^{q}\binom{q}{j}x^j y^{q-j}$$

の $j = 1, \ldots, q-1$ に対する 2 項係数は q の倍数であるから，最初と最後の項のみが残るという事実から出る．したがって，写像 $\phi : K \longrightarrow K$ を $\phi(x) = x^q$ で定義すると，これは K の環準同型である．これは **Frobenius 自己準同型** (Frobenius endomorphism) と呼ばれる．

$f(X) = AX^3 + BX^2 + CX + D \in \mathbb{F}_q[X], A \neq 0$ で $f(X)$ が重根をもたないとするとき, 方程式
$$Y^2 = f(X) \tag{8.1}$$
の $\mathbb{F}_q \times \mathbb{F}_q$ における解の個数 N_q を数えることは興味あることである. $p \neq 2, 3$ と仮定する. よって (8.1) は
$$Y^2 = X^3 + aX + b \quad (a, b \in \mathbb{F}_q) \tag{8.2}$$
の形にかける. (系 5.21 の証明を参照のこと.) 仮定された無限遠にある点 O とともに, これらの解は位数 $N'_q = N_q + 1$ のアーベル群をなす. これは (8.2) で定義された楕円曲線 E の $\mathbb{F}_q$-有理点からなる群である. $q = p$ とする. 1924 年に, Artin は N_q に対して次の評価を予想した: $|N_q - p| \leqq 2\sqrt{p}$. 実際, この不等式の同値な形は, それよりはるか前に Riemann が有理数体に対して予想した (Riemann 仮説としてよく知られている) ものの曲線 (8.2) 上の有理関数体に対する類似である (その同値については, 文献 [19] を参照). Gauss が p を変化させたときの N_p のふるまいを
$$Y^2 = X^3 - 432 \tag{8.3}$$
に対して研究したのが始まりであった. ($p \neq 2, 3$ ならば, (8.3) は $X^3 + Y^3 = 1$ と同じである. 例 5.6 を参照.) 実際, 彼は N_p についての詳細な公式を与えている.

【定理 8.1】* (Gauss 1801)　N_p を $\mathbb{F}_p \times \mathbb{F}_p$ における $Y^2 = X^3 - 432$ $(p \neq 2, 3)$ の解の個数とする. このとき

1. $N_p = p$ ($p \equiv 2 \pmod{3}$ のとき);

2. $p \equiv 1 \pmod{3}$ ならば, $4p = A^2 + 27B^2$ となる整数 A, B が符号の違いを除いて一意的に存在する. A の符号を $A \equiv 1 \pmod{3}$ であるように選んだとき, $N_p = p + A - 2$ である. とくに $|N_p - p| \leqq 2\sqrt{p}$ である.

証明については文献 [13] の第 8 章を参照のこと.

Artin の予想は 1936 年に Hasse によって証明された．後 (1948 年) に，Weil はそれを彼の有名な定理 (有限体上の曲線に対する Riemann 仮説) に一般化し，そして Weil 予想として知られる好奇心をそそるいくつかの予想をした．

【定理 8.2】[*] (有限体上の曲線に対する Riemann 仮説 (Weil))　$\mathbb{F}_q$ 上定義された既約，非特異曲線で種数 g の上にある $\mathbb{F}_q$ に座標をもつ点の個数 N_p は

$$|N_q - q| \leqq 2g\sqrt{q} \tag{8.4}$$

を満たす．

Manin (文献 [15]) は Hasse の定理のまったく初等的な証明を与えた (文献 [11] の第 10 章も参照)．付値論的証明は Zimmer (文献 [26]) による．Weil の Riemann 仮説の証明は代数幾何学に大きく依存している．Weil の証明についてのより多くのコメントについては文献 [7] の pp.208-211 を参照せよ．いくらか簡明な証明が Roquette (文献 [16]) によって与えられた．初等的な証明は後に Stepanov (文献 [2]) によって始められ，Schmidt によって完成された (文献 [18] 参照)．Stepanov の方法に基づく大変エレガントであるが初等的でない証明が Bombieri (文献 [4]) によって与えられている．Bombieri の証明の自己完結的説明としては，文献 [19] を参照せよ．Manin による Hasse の定理の証明を与えることにしよう．

【定理 8.3】(Hasse)　方程式

$$Y^2 = X^3 + aX + b \quad (a, b \in \mathbb{F}_p) \tag{8.5}$$

で $\Delta = -4a^3 - 27b^2$ が $\mathbb{F}_p^\times$ に属するものの $\mathbb{F}_p \times \mathbb{F}_p$ における解の個数 N_p は不等式

$$|N_p - p| \leqq 2\sqrt{p} \tag{8.6}$$

を満たす．

注意 8.4　曲線が射影的であるときは，特別の点 (無限遠点) が存在する．よって点の総数は $N_q' = N_q + 1$ であり，(8.4) は

$$|N_q' - (q+1)| \leqq 2g\sqrt{q}$$

となる．

8.2　Hasse の定理の Manin による証明

　最初に注意しておくと，定理 8.3 において p は $q = p^r$ で置き換えることができ，証明は何の変更もなしで有効である．

　E_1, E_2 を K 上で定義された 2 つの楕円曲線とする．このとき，もし E_1, E_2 が K の有限拡大 L 上で同型であるならば，E_1 は E_2 の**ひねり** (twist) であるという．$K = \mathbb{F}_p(x)$ を $\mathbb{F}_p$ 上の 1 変数の関数体とし，E は (8.5) で定義された楕円曲線と仮定する．もし，E_λ が

$$\lambda Y^2 = X^3 + aX + b \tag{8.7}$$

で定義されていて

$$\lambda = \lambda(x) = x^3 + ax + b \tag{8.8}$$

とするならば，E と E_λ はともに K 上で定義されており，E_λ は E の K 上のひねりである．

　定理 8.3 を証明するために，E_λ の K-有理点の群 $E_\lambda(K)$ を考える．公式 (5.28)-(5.33) を必要なだけ変形を行うことにより，$(X,Y), (X_j, Y_j) \in E_\lambda(K), j = 1, 2$，で，$(X, Y) = (X_1, Y_1) + (X_2, Y_2)$ ならば，

$$X = \lambda \left(\frac{Y_1 - Y_2}{X_1 - X_2} \right)^2 - (X_1 + X_2) \tag{8.9}$$

である．$(X, Y) = 2(X_1, Y_1)$ ならば，

$$X = \frac{(3X_1^2 + a)^2}{4(X_1^3 + aX_1 + b)\lambda} - 2X_1 \tag{8.10}$$

である．

　$K = \mathbb{F}_p(x)$ において，方程式 (8.7) は 2 つの明白な解 $(x, 1), (x, -1) = -(x, 1)$ をもつ．明白でない解は

$$X_0 = x^p, \quad Y_0 = (x^3 + ax + b)^{(p-1)/2}$$

である.
$$(X_n, Y_n) \stackrel{\text{def}}{=} (X_0, Y_0) + n(x, 1), \quad n \in \mathbb{Z}$$
とする.$(X_n, Y_n) \neq O$ ならば $X_n \neq 0$ であることを後に示す.Q_n とモニックな P_n は $\mathbb{F}_p[x]$ に属しているとする.このとき X_n を**低い形式** (i.e., P_n と Q_n は互いに素)として,$X_n = P_n/Q_n$ とかくと,関数
$$d : \mathbb{Z} \longrightarrow \{\,0, 1, 2, 3, \cdots\,\}$$
が
$$d(n) = d_n = \begin{cases} 0 & ((X_n, Y_n) = O \text{ のとき}) \\ \deg(P_n) & (\text{その他のとき}) \end{cases}$$
で与えられる.Hasse の定理の Manin による証明は,次の

基本等式:
$$d_{n-1} + d_{n+1} = 2d_n + 2$$
に基づいている.

Hasse の定理と関数 $d(n)$ の関係は次の等式である:
$$d_{-1} - d_0 - 1 = N_p - p. \tag{8.11}$$

等式 (8.11) を証明するために,有理関数 X_{-1} を低い形式におく必要がある.加法公式 (8.9) より,
$$\begin{aligned} X_{-1} &= \frac{(x^3 + ax + b)\{(x^3 + ax + b)^{(p-1)/2} + 1\}^2}{(x^p - x)^2} - (x^p + x) \\ &= \frac{x^{2p+1} + R(x)}{(x^p - x)^2} \end{aligned}$$
ここで,$R(x)$ は次数が高々 $2p$ の多項式である.X_{-1} を低い形式 P_{-1}/Q_{-1} とおき,まず
$$(x^p - x) = x(x-1)\cdots(x-p+1)$$
であることに注意する.分母から消去できる因子は,Legendre の記号が
$$\left(\frac{r^3 + ar + b}{p}\right) = (r^3 + ar + b)^{(p-1)/2} = -1$$

のとき $(x-r)^2$ であるか，または $r^3+ar+b=0$ $(0\leqq r<b)$ のとき $x-r$ のみである．m を第一の因子の個数，n を第二の因子の個数とすれば，

$$d_{-1} = \deg P_{-1} = 2p+1-2m-n$$

である．ところで，$d_0 = p$，よって

$$d_{-1} - d_0 = p+1-2m-n \tag{8.12}$$

である．$\mathbb{F}_p$ の元 r で，$r^3+ar+b \neq 0$ と

$$\left(\frac{r^3+ar+b}{p}\right) = 1$$

を満たすものは，(8.5) の2つの解を与えるはずである．しかるに $r^3+ar+b=0$ からは唯1つの解しか得られない．したがって

$$N_p = 2(p-m)-n$$

であり，(8.11) は (8.12) より出る． ∎

【補題 8.5】 関数 $d(n)$ は n の2次多項式である．実際，

$$d_n = n^2 - (d_{-1}-d_0-1)n + d_0$$

である．

(証明) この補題が $n=-1, 0$ に対して正しいことは明らかである．$n-1$ と n $(n \geqq 0)$ に対して正しいと仮定する．基本等式より

$$\begin{aligned}
d_{n+1} &= 2d_n - d_{n-1} + 2 \\
&= 2\{n^2 - (d_{-1}-d_0-1)n + d_0\} \\
&\quad -\{(n-1)^2 - (d_{-1}-d_0-1)(n-1) + d_0\} + 2 \\
&= (n+1)^2 - (d_{-1}-d_0-1)(n+1) + d_0
\end{aligned}$$

を得る．これは $n+1$ のときの補題を示している．帰納法により，補題は $n \geqq -1$ なるすべての n に対して成り立つ．同様に，$n \leqq 0$ なるすべての n についても成り立つ． ∎

定理 8.3 の証明　2 次多項式

$$d(x) = x^2 - (d_{-1} - d_0 - 1)x + d_0$$
$$= x^2 - (N_p - p)x + d_0$$

はすべての $n \in \mathbb{Z}$ に対して非負の値をとる．したがって，その判別式

$$D = (N_p - p)^2 - 4p$$

は正にはなれない．[なぜならば，そうでないとすれば $d(x)$ は 2 つの実根 α, β をもち，ある n に対して

$$n \leqq \alpha < \beta \leqq n+1$$

となる．定義より $d(n)$ は連続した整数に対して 0 になり得ないから，この等号は同時には成り立たない．ところが，$(\alpha - \beta)^2 = D \in \mathbb{Z}$ であるからこれは矛盾である．] したがって $(N_p - p)^2 - 4p \leqq 0$．これは (8.6) の評価を示している．■

8.3　基本等式の証明

証明のためには次の補題を必要とする．

【補題 8.6】　$(X_n, Y_n) \neq O$ ならば $\deg P_n > \deg Q_n$ である．とくに $X_n \neq 0$ である．

(証明)　有理関数 $R(x) \in \mathbb{F}_p(x)$ の分子の次数が分母の次数より大きいことを証明するには，形式的に $x = \infty$ における $R(x)$ の値を考えて，$R(x)|_\infty = \infty$ を示せばよい．

$n = 0$ と $(X_{n-1}, Y_{n-1}) = O$ である $n > 0$ に対しては，この補題は明らかに正しい．補題が $(X_{n-1}, Y_{n-1}) \neq O$ である特定の $n \geqq 0$ に対して正しいと仮定する．$n \geqq 0$ についての証明は，補題が $n+1$ に対して正しいことを示せば帰納法が使える．

$$Y_{n+1}^2 = \frac{X_{n+1}^3 + aX_{n+1} + b}{x^3 + ax + b} \tag{8.13}$$

であることより，$\deg P_{n+1} > \deg Q_{n+1}$ であることと $Y_{n+1}|_\infty \neq 0$ であることが同値であることは明らかである．

$\deg P_{n+1} \leqq \deg Q_{n+1}$，すなわち，$Y_{n+1}|_\infty = 0$ と仮定する．

$$(X_{n+1}, Y_{n+1}) = (X_n, Y_n) + (x, 1)$$

であるから，

$$Y_{n+1} = \frac{1 - Y_n}{x - X_n}(x - X_{n+1}) - 1$$

を得る．よって

$$0 = Y_{n+1}|_\infty = \left\{ \frac{1 - Y_n}{1 - \dfrac{X_n}{x}} \left(1 - \frac{X_{n+1}}{x}\right) - 1 \right\}\bigg|_\infty$$

である．ところが $\dfrac{X_{n+1}}{x}\bigg|_\infty = 0$．ゆえに

$$\left.\frac{1 - Y_n}{1 - \dfrac{X_n}{x}}\right|_\infty = 1. \tag{8.14}$$

加法公式 (8.9), すなわち,

$$X_{n+1} = \left(\frac{1 - Y_n}{x - X_n}\right)^2 (x^3 + ax + b) - x - X_n$$

より

$$\frac{X_{n+1}}{x} = \left(\frac{1 - Y_n}{1 - \dfrac{X_n}{x}}\right)^2 \left(1 + \frac{a}{x^2} + \frac{b}{x^3}\right) - 1 - \frac{X_n}{x}$$

を得る．したがって，(8.14) と帰納法の仮定より

$$0 = \frac{X_{n+1}}{x}\bigg|_\infty = \left\{ \left(\frac{1 - Y_n}{1 - \dfrac{X_n}{x}}\right)^2 \left(1 + \frac{a}{x^2} + \frac{b}{x^3}\right) - 1 - \frac{X_n}{x} \right\}\bigg|_\infty$$

$$= -\frac{X_n}{x}\bigg|_\infty \neq 0$$

を得る．これは矛盾であるから，補題は $n \geqq 0$ に対しては証明された．$n \leqq 0$ についての帰納法も同様に実行される． ∎

さて，基本等式を証明しよう．$(X_{n-1}, Y_{n-1}), (X_n, Y_n), (X_{n+1}, Y_{n+1})$ のうちの 1 つが O のときは，基本等式は自明である．実際，$(X_n, Y_n) = O$ ならば，$X_{n-1} = X_{n+1} = x$ で $d_n = 0$, $d_{n-1} = d_{n+1} = 1$ となり証明すべきことはない．$(X_{n-1}, Y_{n-1}) = O$ ならば $(X_n, Y_n) = (x, 1)$ で，加法公式 (8.10) より

$$X_{n+1} = \frac{x^4 - 2ax^2 - 8bx + a^2}{4(x^3 + ax + b)}$$

である．明らかに $d_{n-1} = 0$, $d_n = 1$ である．X_{n+1} についての上の表現は低い形式であり，したがって $d_{n+1} = 4$ で補題は成り立つ．第三の可能性 $(X_{n+1}, Y_{n+1}) = O$ も同様の方法で扱える．

したがって，$(X_{n-1}, Y_{n-1}), (X_n, Y_n), (X_{n+1}, Y_{n+1})$ のどれも O でないと仮定してよい．加法公式 (8.9) において，すべての項の共通分母をとって，

$$\begin{aligned} X_{n-1} &= \frac{-(xQ_n + P_n)(xQ_n - P_n)^2 + (1 + Y_n)^2(x^3 + ax + b)Q_n^3}{Q_n(xQ_n - P_n)^2} \\ &= \frac{(xQ_n + P_n)(xP_n + aQ_n) + 2bQ_n^2 + 2Y_n(x^3 + ax + b)Q_n^2}{(xQ_n - P_n)^2} \end{aligned} \tag{8.15}$$

すなわち，

$$X_{n-1} = \frac{R}{(xQ_n - P_n)^2} \tag{8.16}$$

を得る．同様にして

$$\begin{aligned} X_{n+1} &= \frac{-(xQ_n + P_n)(xQ_n - P_n)^2 + (1 - Y_n)^2(x^3 + ax + b)Q_n^3}{Q_n(xQ_n - P_n)^2} \\ &= \frac{(xQ_n + P_n)(xP_n + aQ_n) + 2bQ_n^2 - 2Y_n(x^3 + ax + b)Q_n^2}{(xQ_n - P_n)^2} \end{aligned} \tag{8.17}$$

すなわち，

$$X_{n+1} = \frac{S}{(xQ_n - P_n)^2} \tag{8.18}$$

を得る．上の X_{n-1} と X_{n+1} を掛けることにより，直ちに

$$\frac{P_{n-1}P_{n+1}}{Q_{n-1}Q_{n+1}} = \frac{RS}{(xQ_n - P_n)^4} = \frac{(xP_n - aQ_n)^2 - 4bQ_n(xQ_n + P_n)}{(xQ_n - P_n)^2} \quad (8.19)$$

を得る．

$$Q_{n-1}Q_{n+1} = (xQ_n - P_n)^2 \quad (8.20)$$

を示せば，

$$P_{n-1}P_{n+1} = (xP_n - aQ_n)^2 - 4bQ_n(xQ_n + P_n)$$

がいえて，補題 8.6 より

$$\begin{aligned} d_{n-1} + d_{n+1} &= \deg(P_{n-1}P_{n+1}) \\ &= \deg(x^2 P_n^2) \\ &= 2d_n + 2 \end{aligned}$$

を得る．

$\mathbb{F}_p[x]$ における既約多項式 $l = l(x)$ に対して，付値写像

$$v_l : \mathbb{F}_p(x) \to \mathbb{Z} \cup \{\infty\}$$

を，有理関数を既約多項式のベキの形に分解したときに現れる l のベキ数として定義する．(8.20) を証明するためには，各既約多項式 l に対して

$$v_l(Q_{n-1}Q_{n+1}) = v_l((xQ_n - P_n)^2) \quad (8.21)$$

を示せば十分である．(8.13) から，有理関数 $Y_n(x^3 + ax + b)Q_n^2$ は実際には多項式であり，したがって $R, S \in \mathbb{F}_p[x]$ である．さらに，各 n に対して，Q_n は X_n の低い形式の分母である．したがって (8.16) と (8.18) より Q_{n-1} と Q_{n+1} はともに $(xQ_n - P_n)^2$ を割り切り，よって $v_l(xQ_n - P_n) = 0$ は $v_l(Q_{n-1}Q_{n+1}) = 0$ を示している．したがって示すべきことは，$v_l(xQ_n - P_n) > 0$ となる l に対して (8.21) が成り立つことである．

そのような任意の l は RS を割り切る．まず l が R, S のどちらか一方のみを割り切ると仮定する．例えば，l は R を割り切るが S についてはそうでないとする．

(8.16),(8.18),(8,19) により, $v_l(Q_{n-1}) = 0$ でかつ $v_l(Q_{n+1}) = v_l((xQ_n - P_n)^2)$ である.これは (8.20) を示している.

最後に $xQ_n - P_n$ の素因子 l が R と S の両方を割り切ると仮定する.よって l は $Q_n^3(1+Y_n)^2(x^3+ax+b)$ と $Q_n^3(1-Y_n)(x^3+ax+b)$ の両方を割り切る. P_n と Q_n は互いに素で l は $xQ_n - P_n$ を割り切るから, l は Q_n を割り切らない.したがって l は

$$(1+Y_n)(x^3+ax+b) \text{ と } (1-Y_n)(x^3+ax+b)$$

を割り切り,これより l は x^3+ax+b を割り切る. [l が有理関数 $\mu(x)$ を割り切るとは, $v_l(\mu(x)) \geqq 1$ という意味である.] 多項式 x^3+ax+b は重根をもたない.よって $v_l(x^3+ax+b) = 1$ である.

もし,ともに $v_l(1 \pm Y_n) \leqq 0$ ならば,

$$v_l(Q_n^3(1 \pm Y_n)(x^3+ax+b)) = 1$$

と付値関数の性質 (7.18) より, $v_l(R) = v_l(S) = 1$ となる. $(xQ_n - P_n)^2$ は RS を割り切るので,

$$v_l((xQ_n - P_n)^2) = v_l(RS) = 2$$

である.

$v_l(1 \pm Y_n)$ の1つ,例えば, $v_l(1+Y_n) > 0$ ならば, $v_l(1-Y_n) \leqq 0$ である.実際, $v_l(1-Y_n) = 0$ である.というのは,そうでないとすると $(1-Y_n)^2(x^3+ax+b)Q_n^3$ は多項式ではあり得ないからである.ゆえに $v_l(S) = 1$ となる. $v_l(1+Y_n) = f, v_l(xQ_n - P_n) = g$ とする.このとき,

$$2f = v_l((1+Y_n)^2(1-Y_n)^2) = v_l((1-Y_n^2)^2)$$

である.ところが

$$\begin{aligned}(1-Y_n^2)^2 &= \frac{(x^3+ax-X_n^3-aX_n)^2}{(x^3+ax+b)^2} \\ &= \frac{(x-X_n)^2(x^2+xX_n+X_n^2+a)^2}{(x^3+ax+b)^2}\end{aligned} \quad (8.22)$$

である．l は既約であるから，l で割った $\mathbb{F}_p[x]$ の多項式の剰余全体は体をなすことは（定理 4.11 より）明らかである．l は $xQ_n - P_n$ と $x^3 + ax + b$ の両方を割り切るから，この体において $x = P_n/Q_n = X_n$ であり，

$$x^2 + xX_n + X_n^2 + a = 3x^2 + a \neq 0$$

である．ゆえに (8.22) より

$$2f = v_l(x - X_n)^2 - 2 = 2g - 2$$

となり，よって

$$v_l((1 + Y_n)^2(x^3 + ax + b)) = 2f + 1 = 2g - 1$$
$$< 2g = v_l((xQ_n - P_n)^2)$$

となる．これは $v_l(R) = 2g - 1$ と $v_l(RS) = 2g$ を示している．

これで基本等式の証明は完成した． ■

8.4 解析的方法

E は Weierstrass 型

$$y^2 = x^3 + Ax + B \quad (A, B \in \mathbb{Z}) \tag{8.23}$$

で与えられた楕円曲線とする．その判別式は $\Delta = -4A^3 - 27B^2 \neq 0$．したがって，$\Delta$ は有限個の素数（悪い (bad) 素数と呼ぶ）で割り切れる．$p > 2$ が良い (good) 素数，すなわち，Δ を割り切らない素数ならば，(8.23) の法 p での節減 E_p は $\mathbb{F}_p$ 上定義された楕円曲線である．

一般に E 上の有理点の群 $E(\mathbb{Q})$ についてはほとんどわかってない．次善の策として，それに対応する局所的な対象物，すなわち群 $E_p(\mathbb{F}_p)$ を調べ，それらを用いて $E(\mathbb{Q})$ についての何らかの情報を得ることにしよう．これは Hasse-Weil の L-関数を通してなされる．

V を多様体，例えば，$\mathbb{Q}$ 上で定義された射影多様体とする．これは射影空間において有限個の斉次多項式方程式

$$f_1(\boldsymbol{x}) = \cdots = f_m(\boldsymbol{x}) = 0 \tag{8.24}$$

の共通解の集合である．ここで係数は $\mathbb{Q}$ に属するが，実際には $\mathbb{Z}$ に属すると仮定してよい．V は既約であると仮定し，V_p は (8.24) の法 p での節減

$$f_{1,p}(\boldsymbol{x}) = \cdots = f_{m,p}(\boldsymbol{x}) = 0 \tag{8.25}$$

で $\mathbb{F}_p$ 上定義された多様体を表すものとする．$N(r)$ は $\mathbb{P}^n(\mathbb{F}_{p^r})$ における (8.25) の解の個数を表す．$z \in \mathbb{C}$ に対して

$$\exp(z) = \sum_{j=0}^{\infty} \frac{z^j}{j!}$$

であるとき，V_p の**合同ゼータ関数** $Z(V_p, T)$ を

$$Z(V_p, T) = \exp\left\{\sum_{r=1}^{\infty} \frac{N(r)}{r} T^r\right\}$$

で定義する．逆に $Z(V_p, T)$ がわかっているならば，$N(r)$ は公式

$$N(r) = \frac{1}{(r-1)!} \frac{d^r}{dT^r} \log Z(V_p, T)\big|_{T=0}$$

で与えることができる．

■ **例 8.7** ■ 多様体 $V = \mathbb{P}^n$ は零多項式で定義される．各 $r \geq 1$ に対して，集合 $\mathbb{P}^n(\mathbb{F}_{p^r})$ は非零ベクトル $(x_1, \cdots, x_{n+1})$，$x_i \in \mathbb{F}_{p^r}$，からなり，2つのベクトルは片方がもう一方の $\mathbb{F}_{p^r}^{\times}$ に属するスカラー倍であるとき同一視する．したがって，

$$N(r) = \frac{p^{r(n+1)} - 1}{p^r - 1} = \sum_{j=0}^{n} p^{rj}$$

であり，

$$\log Z(V_p, T) = \sum_{j=0}^{n} \sum_{r=1}^{\infty} \frac{p^{rj}}{r} T^r$$

$$= -\sum_{j=0}^{n} \log(1 - p^j T).$$

これは
$$Z(V_p, T) = \frac{1}{(1-T)(1-pT)\cdots(1-p^nT)}$$
を示している．したがって，$Z(V_p, T)$ は T の有理関数である．これは 1949 年に A. Weil（文献 [25]）によってなされた有名な予想の特殊なケースである．詳しくは文献 [8] を参照のこと．

【Weil 予想】 V_p は非特異とする．このとき，

1. $Z(V_p, T)$ は T の有理関数である;
2. $Z(V_p, T)$ は関数方程式をもつ;
3. Riemann 仮説が $Z(V_p, T)$ に対して成り立つ．

楕円曲線とアーベル多様体に対しては，これらは Weil 自身で証明された．初等的証明は文献 [18] と文献 [19] を参照せよ．一般の場合は，有理性は Dwork（文献 [9]）によって確立され，Riemann 仮説の証明は P. Deligne(1973 年) によって与えられた．Deligne の証明の概説は，文献 [8] の pp.147-160 を参照せよ．

楕円曲線の場合は，$a_p = a_p(E) = p - N_p$ として
$$Z(E_p, T) = \frac{1 - a_p T + pT^2}{(1-T)(1-pT)}$$
が示される（文献 [19] または文献 [21] 参照）．評価 (8.6) より，多項式 $1 - a_p T + pT^2$ の判別式は非正である．したがって，この多項式の 2 つの根は互いに複素共役であり，$\alpha, \bar{\alpha}$ をこれらの根とすれば
$$\begin{aligned} 1 - a_p T + pT^2 &= (1 - \alpha T)(1 - \bar{\alpha} T), \\ \alpha + \bar{\alpha} &= a_p, \quad |\alpha| = |\bar{\alpha}| = \sqrt{p} \end{aligned} \tag{8.26}$$
を得る．

変数を $T = p^{-s}$ $(s = \sigma + it)$ と変更し，E の p での**局所ゼータ関数**を
$$\zeta(E_p, s) = Z(E_p, p^{-s}) = \frac{1 - a_p p^{-s} + p^{1-2s}}{(1 - p^{-s})(1 - p^{1-s})} \tag{8.27}$$

で定義する．(8.26) により $\zeta(E_p, s) = 0$ ならば $|p^s| = \sqrt{p}$，すなわち，$\sigma = 1/2$ であることに注意する．これは Riemann 仮説の伝統的な形である．

局所ゼータ関数 $\zeta(E_p, s)$ は，素数 $p > 2$ で E の判別式 $\Delta = -4A^3 - 27B^2$ を割り切らないものに対して定義される．

もし $p | 2\Delta$ ならば，

$$\zeta(E_p, s) = \frac{1}{(1 - p^{-s})(1 - p^{1-s})}$$

とおいて，E の**広域ゼータ関数**を

$$\zeta(E, s) = \prod_p \zeta(E_p, s)$$

で定義する．E の Hasse-Weil の L-関数

$$L(E, s) = \prod_{p \nmid 2\Delta} (1 - a_p p^{-s} + p^{1-2s})^{-1} \tag{8.28}$$

は，$\zeta(E, s)$ と **Riemann ゼータ関数**

$$\zeta(s) = \prod_p (1 - p^{-s})^{-1}$$

と次式のような関係がある；

$$\zeta(E, s) = \zeta(s)\zeta(s-1)/L(E, s)$$

Hasse の定理を用いて，(8.28) における $L(E, s)$ に対する **Euler 積** (Euler product) が $\sigma > 3/2$ に対して収束することは容易に出てくる．

楕円曲線 (8.23) 上の有理点の群 $E(\mathbb{Q})$ に戻る．第 7 章でいくつかの楕円曲線の階数 $r_{\mathbb{Q}}(E)$ を計算した．一般に，高い階数の曲線を見出すことは非常に難しい．今まで計算されてきた階数はすべて非常に小さいことがわかっている．実際，ほとんどの場合，$r_{\mathbb{Q}}(E) = 0, 1$ または 2 (cf. 文献 [3] の表 1) である．Mestre (1985 年) は階数 14 の曲線を見つけた．これが知られている最大のものである．

次のように問うてみよう：

任意の大きな階数の曲線は存在するか？

これはいまでも公開質問であり，答えは次の予想で予言されてる．

【予想 8.8】(Cassels-Tate)　任意の大きな階数 $r_{\mathbb{Q}}(E)$ をもつ $\mathbb{Q}$ 上で定義された楕円曲線が存在する．(文献 [5], [23] 参照.)

もう 1 つの未解決問題は，階数 $r_{\mathbb{Q}}(E)$ の計算である．これは次のように，数 N_p と関係していると予想されている：$s = \sigma + it$ とおくとき $L(E,s)$ が $\sigma > 3/2$ に対しては収束することはすでに注意した．

【予想 8.9】(Hasse-Weil-Deuring)　関数 $L(E,s)$ は全平面に解析接続される．

【予想 8.10】(Birch-Swinnerton-Dyer)　解析関数 $L(E,s)$ が $s = 1$ ($L(E,s)$ を $L(E, 2-s)$ に関連づける関数等式の中心) で次のように展開されるとする：

$$L(E,s) = a_g(s-1)^g + a_{g+1}(s-1)^{g+1} + \cdots,$$

ここで $g \geqq 0, a_g \neq 0$. このとき，$g = r_{\mathbb{Q}}(E)$ である．

この予想の弱形は

$$r_{\mathbb{Q}}(E) > 0 \iff g > 0$$

である．

Hasse がこの予想 8.9 をした最初の人物である．Weil はこれをある特殊な場合に証明した．Deuring はこれを虚数乗法をもつ楕円曲線に対して証明した．(虚数乗法の定義は定義 A.24 を参照.) これは $y^2 = x^3 + Ax$ と $y^2 = x^3 + B$ の場合を含んでいる．

予想 8.10 については，いくつかの部分的な結果が得られている．例えば，次の定理である．

【定理 8.11】[*] (Coates-Wiles)　E は (8.23) で定義された楕円曲線で虚数乗法をもつとする．このとき $r_{\mathbb{Q}}(E) > 0$ ならば $g > 0$ である．(文献 [6] 参照.)

逆方向の結果 [つまり $g > 0$ ならば $r_{\mathbb{Q}}(E) > 0$] については，文献 [12], [17] を参照されたい．

8.5 合同数問題への応用

この節では，次のよく知られた予想がいかにして Birch と Swinnerton-Dyer の予想から得られるかを示す．

【予想 8.12】 $A > 0$ は平方因子をもたない整数とする．$A \equiv 5, 6, 7 \pmod 8$ ならば A は合同数である．

この節を通して，E は
$$y^2 = x^3 - A^2 x \tag{8.29}$$
で定義された楕円曲線とする．これは合同数問題に関係している．A が合同数であるのは $r_{\mathbb{Q}}(E) > 0$ のとき，そのときに限ることがわかっている（定理 1.35 と 7.24）．Brich と Swinnerton-Dyer の予想を仮定すると，これは $s = 1$ で $L(E, s)$ が消滅することと同値である．($L(E, s)$ は Deuring の結果により全平面へ解析接続される．) この楕円曲線に対し，$L(E, s)$ の関数等式は次の定理により与えられる（cf. 文献 [14] の II 章）．

【定理 8.13】* E を (8.29) とし，それの**導手** N を
$$N = \begin{cases} 32A^2 & (A \text{ が奇数のとき}) \\ 16A^2 & (A \text{ が偶数のとき}) \end{cases}$$
で定義する．
$$\Phi(s) = \left(\frac{\sqrt{N}}{2\pi}\right)^s \Gamma(s) L(E, s)$$
とおく．このとき，次の関数等式を得る：
$$\Phi(s) = w\Phi(2 - s), \tag{8.30}$$
ただし
$$w = \begin{cases} 1 & (A \equiv 1, 2, 3 \pmod 8 \text{ のとき}) \\ -1 & (A \equiv 5, 6, 7 \pmod 8 \text{ のとき}) \end{cases}$$
である．

ここで $\Gamma(s)$ は Euler の**ガンマ関数**を表す．これは階乗 $n! = 1 \cdot 2 \cdot 3 \cdots n$ が一般化されたものである．任意の複素数 s で $\mathrm{Re}(s) > 0$ となるものに対して

$$\Gamma(s) = \int_0^\infty t^{s-1} e^{-t} dt$$

で定義する．$n \in \mathbb{Z}$, $n \geqq 0$ に対して，

$$n! = \Gamma(n+1)$$

は容易に確認できる．

さて予想 8.12 が，この関数等式と弱形の Brich と Swinnerton-Dyer 予想からいかにして出てくるかを示す．A についての仮定より，$w = -1$ である．(8.30) で $s = 1$ とおいて，$\Phi(1) = -\Phi(1)$，すなわち $\Phi(1) = 0$ を得る．よって $L(E, 1) = 0$ である．Birch と Swinnerton-Dyer 予想は $r_{\mathbb{Q}}(E) > 0$ を示し，したがって A は合同数である．

最近 Tunnell (文献 [24]) は，与えられた平方因子をもたない整数 A が合同数でないことをどうやったら有限回のステップで決定できるかを示した．(8.29) の曲線に対して弱形の Brich と Swinnerton-Dyer 予想を仮定するならば，Tunnell の定理はすべての合同数を分類する問題を完全に解決している．

【定理 8.14】[*] (Tunnell)　平方因子をもたない整数 $A > 0$ に対して，$n_1(A)$ は組 $(x, y, z) \in \mathbb{Z}^3$ で次を満たすものの個数を表す:

$$A = 2x^2 + y^2 + 32z^2 \quad (A \text{ が奇数のとき});$$
$$A/2 = 4x^2 + y^2 + 32z^2 \quad (A \text{ が偶数のとき}).$$

同様に $n_2(A)$ は組 $(x, y, z) \in \mathbb{Z}^3$ で次を満たすものの個数を表す:

$$A = 2x^2 + y^2 + 8z^2 \quad (A \text{ が奇数のとき});$$
$$A/2 = 4x^2 + y^2 + 8z^2 \quad (A \text{ が偶数のとき}).$$

A が合同数ならば

$$n_2(A) = 2n_1(A) \tag{8.31}$$

が成り立つ．逆に弱形の Brich と Swinnerton-Dyer の予想と (8.31) は A が合同数であることを示す．

この定理の証明と，合同数についての詳細な考察については文献 [14] を参照せよ．

8.6 高種数の曲線についての注意

楕円関数 (8.23) 上には有限位数の点は有限個しかない．これらの点は必然的に整数座標である．しかし，今までに見たように，E 上の整数点は必ずしも有限位数ではない．$((1,1)$ は $E: y^2 = x^3 - x + 1$ 上の無限位数の点である．）したがって，次の質問をしてみよう：

楕円曲線が無限個の整数点をもつことは可能だろうか？

Siegel (cf. 文献 [20]) の深遠な定理によれば否である．

【定理 8.15】[*] (Siegel)　$f(x, y) \in \mathbb{Z}[x, y]$ を既約な多項式とする．

$$f(x, y) = 0 \tag{8.32}$$

で定義された曲線は，種数が $g \geqq 1$ であるならば，有限個の整数点しかもたない．

現実に，Mordell の予想は，そのような曲線が無限個の有理点をもつのは，その種数が $g = 1$ のときに限ることを予言している．これは最近になって Faltings (文献 [10]) によって証明された．

【定理 8.16】[*] (Faltings)　曲線 (8.32) の種数が $g \geqq 2$ ならば，有限個の有理点しかもち得ない．

定理 8.15 と 8.16 は効果的とはいいがたい．すなわち，これらの有限個の点の個数を決定する方法がない．しかし，種数 1 の場合は，Baker と Coates（文献 [2]) の結果は，整数点のこの問題を完全に解決した．

【定理 8.17】[*] (Baker-Coates)　$f(x, y)$ を，次数 n で絶対値が高々 H の整数係

数をもつ絶対既約な多項式とする.

$$f(x,y) = 0$$

の種数が 1 ならば,この曲線の整数点 (x, y) のすべては

$$\max(|x|, |y|) < \exp\exp\exp\{(2H)^{10^{n^{10}}}\} \tag{8.33}$$

を満たす.

今まで我々が取り扱ってきた特別な場合においては,限界は (8.33) におけるほど悪くはない.

【定理 8.18】[*] (Baker)　(x, y) を楕円曲線

$$y^2 = x^3 + Ax + B \quad (A, B \in \mathbb{Z})$$

の上の整数点で,$H = \max(|A|, |B|)$ とすれば,

$$\max(|x|, |y|) < \exp\{(10^6 H)^{10^6}\}$$

である.(文献 [1] 参照.)

参考文献

[1] A. Baker, The diophantine equation $y^2 = ax^3 + bx^2 + cx + d$, *J. London Math. Soc.*, **43** (1968), 1-9.

[2] A. Baker and J. Coates, Integer points on curves on genus 1, *Proc. Cambridge Phil. Soc.*, **67** (1970), 595-602.

[3] B. J. Birch and H. P. F. Swinnerton-Dyer, Notes on elliptic curves II, *J. Reine Angew. Math.*, **218** (1965), 79-108.

[4] E. Bombieri, Counting points over finite fields (d'apres S. A. Stepanov), Sem. Bourbaki, Expose 430(1972-73).

[5] J. W. S. Cassels, Diophantine equations with special reference to elliptic curves, *J. London Math. Soc,*. **41** (1966), 193-291.

[6] J. Coates and A. Wiles, On the conjecture of Birch and Swinnerton-Dyer, *Invent. Math.*, **39** (1977), 223-251.

[7] G. Cornell and J. Silverman (eds.), Arithmetic Geometry, Springer Verlag, New York (1986).

[8] J. Dieudonne, History of Algebraic Geometry, Wadsworth, Belmont, California (1985).

[9] B. Dwork, On the rationality of zeta function, *Amer. J. Math.*, **82** (1960), 631-648.

[10] G. Faltings, Endlichkeitssätze für abelsche Varietäten über Zahlkörpern, *Invent. Math.*, **73** (1988), 349-366.

[11] A. Gelfond and Yu. Linnik, Elementary Methods in Analytic Number Theory, Fizmatgiz, Moscow (1962).

[12] B. Gross and D. Zagier, Heegner points and derivations of L-series, *Invent. Math.*, **84** (1986), 225-320.

[13] K. Ireland and M. Rosen, A Classical Introduction to Modern Number Theory, GTM 84, Springer Verlag, New York (1982).

[14] N. Koblitz, Introduction to Elliptic Curves and Modular Forms, GTM 97, Springer Verlag, New York (1984).

[15] Yu I. Manin, On cubic congruences to a prime modulus, *Izv. Akad. Nauk USSR, Math. Ser.*, **20** (1956), 673-678.

[16] P. Roquette, Arithmetischer Beweis der Riemannschen Vermutung in Kongruenzzetafunktionenkörpern Belibingen Geschlechts, *J. Reine Angew. Math.*, **191** (1953), 199-252.

[17] K. Rubin, Tate-Shafarevich groups and L-functions of elliptic curves with complex multiplication, *Invent. Math.*, **89** (1987), 527-560.

[18] W. M. Schmidt, Lectures on Equations over Finite Fields: An Elementary Approach, Part I, Lecture Notes in Math; No.536, Springer Verlag, Berlin (1976).

[19] W. M. Schmidt, Lectures on Equations over Finite Fields: An Elementary Approach, Part II (unpublished).

[20] C. L. Siegel, Über einige Anwendungen diophantischer Approximationen, *Abh. Preuss. Akad. Wiss. Phys. Math.*, **K1** Nr.1 (1929).

[21] J. H. Silverman, The Arithmetic of Elliptic Curves, GTM 106, Springer Verlag, New York (1986).

[22] S. A. Stepanov, The number of points of a hyperelliptic curve over a prime field, *Izv. Akad. Nauk USSR, Math. Ser.*, **33** (1969), 1171-1181.

[23] J. Tate, The arithmetic of elliptic curves, *Invent. Math.*, **23** (1974), 179-206.

[24] J. Tunnell, A classical diophantine problem and modular forms of weight 3/2, *Invent. Math.*, **72** (1983), 323-334.

[25] A. Weil, Number of solutions of equations in finite fields, *Bull. Am. Math. Soc.*, **55** (1949), 497-508.

[26] H. G. Zimmer, An elementary proof of the Riemann hypothsis for an elliptic curve over a finite field, *Pacific J. Math.*, **36** (1971), 267-278.

付録

Weierstrass の理論

この付録の目的は，楕円曲線 E 上の $\mathbb{C}$-有理点の群 $E(\mathbb{C})$ が，L をある格子としたとき，**トーラス** (**輪体**, torus) $T = \mathbb{C}/L$ と同型であることを示すことである．

A.1 複素解析の復習

関数 $f: \mathbb{C} \to \mathbb{C}$ は，f が極を除いて解析的であるならば，**有理型**であると呼ばれる．極は，定義により孤立している．すなわち，f の各極 ω に対して正の実数 r が存在して，f は穴のあいた中心 ω 半径 r の円板

$$\{z \in \mathbb{C} \mid 0 < |z - \omega| < r\}$$

において解析的である．有理型関数全体が関数の加法と乗法の下で体をなすことは容易にわかる．次の定理の証明は，例えば文献 [1] のような，任意の複素解析のテキストに見出せる．

【定理 A.1】* (Liouville の定理) $f(z)$ が $\mathbb{C}$ 上で解析的で有界ならば，$f(z)$ は定数関数である．

A.2 楕円関数

ω_1, ω_2 を周期として，$L = \mathbb{Z}\omega_1 \oplus \mathbb{Z}\omega_2 = \{m\omega_1 + n\omega_2 \mid m, n \in \mathbb{Z}\}$ を**格子** (lattice) とする．ω_1/ω_2 は上半平面にある，すなわち $\omega_1/\omega_2 \in \{z \in \mathbb{C} \mid \mathrm{Im}(z) >$

$0\}$ と仮定してよい．このとき L は複素数の加法群 $\mathbb{C}$ の部分群であり，商加法群 $T = \mathbb{C}/L$ はトーラスである (cf. 例 2.20(2))．

【定義 A.2】 有理型関数 $f : \mathbb{C} \longrightarrow \mathbb{C}$ は

$$f(z+\omega) = f(z) \tag{A.1}$$

が各 $\omega \in L$ について成り立つとき，格子 L に関する**楕円関数** (elliptic function)，または，周期 ω_1, ω_2 をもつ **2 重周期** (double periods) であるといわれる．

条件 (A.1) は次の 2 つの条件と同値である：

1. $f(z+\omega_1) = f(z)$;
2. $f(z+\omega_2) = f(z)$.

$\mathbb{E}(L)$ で L に関する楕円関数の集合を表すことにする．集合 $\mathbb{E}(L)$ が通常の関数の加法と乗法の下で体をなすことは明らかである．

複素平面は，平行移動 $\omega + T$ の共通部分をもたない和集合

$$\mathbb{C} = \bigcup_{\omega \in L} (\omega + T)$$

である．ここで T は**基本平行四辺形**

$$\{x\omega_1 + y\omega_2 \mid 0 \leqq x < 1, 0 \leqq y < 1\}$$

で，トーラスと同一視できる．$z \in \mathbb{C}$ のとき，$z = \omega + \tau$, $\omega \in L$, $\tau \in T$ とする．すると任意の $f(z) \in \mathbb{E}(L)$ に対して，

$$f(z) = f(\omega + \tau) = f(\tau),$$

が成り立つ．すなわち，$f(z)$ は T 上での値で完全に決定される．

【定理 A.3】 $f(z) \in \mathbb{E}(L)$ とする．$f(z)$ が T の中で極をもたなければ，$f(z)$ は定数である．

（証明）$f(z)$ は T 上で極をもたないから，$\mathbb{C}$ 上においても極をもたない．さらに $f(z)$ は $\mathbb{C}$ 上において有界である．なぜならば，

$$X = \{x\omega_1 + y\omega_2 \mid 0 \leqq x, y \leqq 1\}$$

とおくと
$$f(X) = \{f(z)|z \in X\}$$
は有界であり (連続写像によるコンパクト集合の像はコンパクトである), $f(\mathbb{C}) = f(X)$. $f(z)$ は $\mathbb{C}$ 上で解析的であり有界なので, Liouville の定理 より定数関数でなければならない. ∎

【定理 A.4】 任意の格子 $L = \mathbb{Z}\omega_1 \oplus \mathbb{Z}\omega_2$ をとると, (複素数の) 級数 $\displaystyle\sum_{\omega \in L \setminus \{0\}} \frac{1}{\omega^\sigma}$ はすべての実数 $\sigma > 2$ に対して絶対収束する.

(証明) L_r を, L の格子点で平行四辺形
$$P_r = \{x\omega_1 \pm r\omega_2; \pm r\omega_1 + y\omega_2 \mid |x|, |y| \leq r\} \quad (r \in \mathbb{N})$$
上にあるものの集合とする. a を原点 O から P_1 までの最小の距離とすれば, 各 $\omega \in L_r$ は不等式 $|\omega| \geq ra$ を満たす. よって $1/|\omega| \leq 1/(ra)$ である. いま
$$a_r = \sum_{\omega \in L_r} \frac{1}{\omega^\sigma}$$
とおくと, 明らかに図 A.1 より
$$\sum_{\omega \in L \setminus \{0\}} \frac{1}{\omega^\sigma} = \sum_{r=1}^{\infty} a_r. \tag{A.2}$$

各 L_r は $8r$ 個の点からなる. ゆえに,
$$|a_r| = \left| \sum_{\omega \in L_r} \frac{1}{\omega^\sigma} \right|$$
$$\leq \sum_{\omega \in L_r} \frac{1}{|\omega|^\sigma}$$
$$\leq \frac{8r}{(ar)^\sigma} = \frac{c}{r^{\sigma-1}}.$$

ここで $c = 8/a^\sigma$ とする. いま, (A.2) と級数
$$c \sum_{r=1}^{\infty} \frac{1}{r^{\sigma-1}}$$

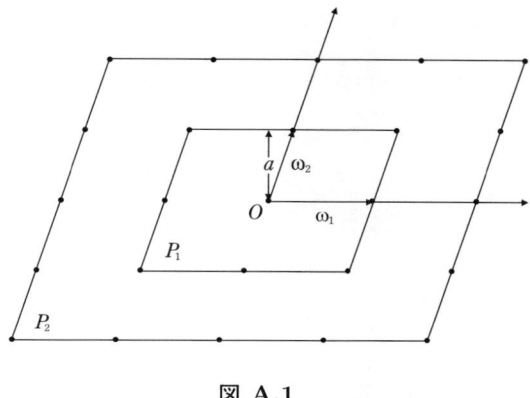

図 A.1

(これは $\sigma > 2$ ならば収束する) を比べることにより定理を得る. ∎

【定義 A.5】 $\sigma > 2$ が整数のとき,級数

$$G_\sigma(L) = \sum_{\omega \in L \setminus \{0\}} \frac{1}{\omega^\sigma}$$
$$= \sum_{m,n=1,(m,n)\neq(0,0)}^{\infty} \frac{1}{(m\omega_1 + n\omega_2)^\sigma}$$

は,重み σ の (L についての) **Eisenstein 級数**と呼ばれる.

σ が奇数なら,すべての項は組ごとに消える:

$$\frac{1}{\omega^\sigma} + \frac{1}{(-\omega)^\sigma} = 0.$$

よって $G_\sigma(L) = 0$ である.

したがって σ は偶数 $2k$ と仮定してよい.級数 $G_{2k}(L)$ は $k > 1$ に対して収束する.

【系 A.6】 $X \subseteq \mathbb{C} \setminus L$ をコンパクト集合とする.このとき,級数

$$\sum_{\omega \in L \setminus \{0\}} \left\{ \frac{1}{(z-\omega)^2} - \frac{1}{\omega^2} \right\} \tag{A.3}$$

は X 上で一様に絶対収束する．

(証明) X は有界なので正の整数 N (X にのみ依存する) があって，各 $z \in X$ に対して
$$|z - \omega| \geqq \frac{1}{2}|\omega| \tag{A.4}$$
が
$$|\omega| > N$$
を満たすべての格子点 $\omega \in L$ について成り立つ．

さて，
$$\frac{1}{(z-\omega)^2} - \frac{1}{\omega^2} = \frac{2\omega z - z^2}{\omega^2(z-\omega)^2}$$
$$= \frac{\omega z + z(\omega - z)}{\omega^2(z-\omega)^2}$$
$$= \frac{z}{\omega(z-\omega)^2} + \frac{z}{\omega^2(z-\omega)}$$

である．よって，(A.4) より，$|\omega| > N$ に対して
$$\left|\frac{1}{(z-\omega)^2} - \frac{1}{\omega^2}\right| \leq \left|\frac{z}{\omega(z-\omega)^2}\right| + \left|\frac{z}{\omega^2(z-\omega)}\right|$$
$$\leq \frac{4|z|}{|\omega|^3} + \frac{2|z|}{|\omega|^3}$$
$$= \frac{6|z|}{|\omega^3|}$$

を得る．有限個の項の和
$$f(z) = \sum_{|\omega| \leqq N} \left\{\frac{1}{(z-\omega)^2} - \frac{1}{\omega^2}\right\}$$

を無視すれば，これは収束性には影響しないことに注意して，
$$6|z| \sum_{\omega \in L \setminus \{0\}} \frac{1}{|\omega|^3}$$

と比較することによって，級数 (A.3) が収束することが容易にわかる．関数 $|f(z)|$ と $|z|$ は，コンパクト集合 X 上でともに有界であるので，例えば M でおさえら

れる．よって残り

$$E_N = \sum_{|\omega|>N} \left\{ \frac{1}{(z-\omega)^2} - \frac{1}{\omega^2} \right\}$$

は z に関係なく

$$6M \sum_{|\omega|>N} \frac{1}{|\omega|^3}$$

でおさえられる．したがってこの収束は一様絶対である． ∎

Weierstrass の $\wp$-関数は

$$\wp(z) = \frac{1}{z^2} + \sum_{\omega \in L \setminus \{0\}} \left\{ \frac{1}{(z-\omega)^2} - \frac{1}{\omega^2} \right\}$$

で定義される．これが L または ω_1, ω_2 に依存することを示すために，しばしば $\wp(z, L)$ または $\wp(z, \omega_1/\omega_2)$ とかかれる．

【定理 A.7】 $\wp(z, L) \in \mathbb{E}(L)$ である．これは，各 $\omega \in L$ のところで 2 重極 (double pole) をもち，極はこれらのみである．

（証明） 任意の $\omega \in L$ に対して，関数

$$\wp(z) - \frac{1}{(z-\omega)^2}$$

は，ω 以外の L と交わらない ω の任意のコンパクト近傍 U で有界である．U において $1/(z-\omega)^2$ は $\wp(z)$ の主要部である．これは定理の第二の主張を示している．（また $Res_\omega \wp(z) = 0$ をも示している．）

一様収束性より，$\wp(z)$ を項ごとに微分して，

$$\wp'(z) = -2 \sum_{\omega \in L} \frac{1}{(z-\omega)^3}$$

を得る．$\omega_0 \in L$ を固定したとき，ω がすべての格子点を動くように和をとることは，$\omega - \omega_0$ を動かして和をとることと同じである．よって，

$$\wp'(z+\omega_0) = -2 \sum_{\omega \in L} \frac{1}{\{z-(\omega-\omega_0)\}^3}$$

$$= -2\sum_{\omega \in L} \frac{1}{(z-\omega)^3}$$
$$= \wp'(z)$$

すなわち，$\wp'(z) \in \mathbb{E}(L)$ である．

$\wp(z) \in \mathbb{E}(L)$ を示すために，まず $\wp(z)$ が偶関数であることに注意する．というのは，和を $\omega \in L$ にわたってとることは，$-\omega$ にわたってとることと同じであることより，

$$\wp(-z) = \frac{1}{z^2} + \sum_{\omega \in L \setminus \{0\}} \left\{ \frac{1}{(z+\omega)^2} - \frac{1}{(-\omega)^2} \right\}$$
$$= \wp(z)$$

が成り立つからである．

$\wp(z) \in \mathbb{E}(L)$ をいうために，$\wp(z+\omega_j) = \wp(z)$ が $j = 1, 2$ に対して成り立つことを示さなければならない．$j = 1$ のとき，

$$\wp(z+\omega_1) - \wp(z) = c \tag{A.5}$$

とおく．ここで c は定数である．なぜならば $\wp'(z)$ が $\mathbb{E}(L)$ に属することにより

$$\wp'(z+\omega_1) - \wp'(z) = 0$$

だからである．$\wp(z)$ は偶関数であるから，(A.5) で $z = -\omega_1/2$ における値を考えると，

$$c = \wp\left(\frac{\omega_1}{2}\right) - \wp\left(-\frac{\omega_1}{2}\right) = 0$$

を得る．これは，$\wp(z+\omega_1) = \wp(z)$ を示している．同様に $\wp(z+\omega_2) = \wp(z)$ である． ∎

コンパクトの定義より，任意の有理型関数 $f(z)$ は任意の有界領域においては有限個の零点と極しかもたないことがすぐにわかる．ゆえに，$\alpha \in \mathbb{C}$ を選んで，基本平行四辺形 T を α だけ平行移動した

$$T_\alpha = \alpha + T = \{\alpha + z | z \in T\}$$

の境界 ∂T_α が $f(z)$ の零点も極も含まないようにできる．

【定理 A.8】 $f(z) \in \mathbb{E}(L)$ で $f(z)$ は ∂T_α において零点も極ももたないとする．$z_1, \cdots, z_m$ が T_α における $f(z)$ のすべての極であるとすると，

$$\sum_{j=1}^{m} Res_{z_j} f = 0$$

である．

(証明) 留数定理より，∂T_α に沿って反時計まわりに $f(z)$ を積分すると

$$\sum_{j=1}^{m} Res_{z_j} f = \frac{1}{2\pi i} \int_{\partial T_\alpha} f(z) dz$$

を得る．

$$\int_{\partial T_\alpha} f(z) dz = 0$$

を示せば十分である．ところで，$f(z)$ の値は点とその反対側の点で等しく，積分は反対向きに行われるので，これは明らかである． ∎

【定理 A.9】 $\mathbb{E}(L)$ に属する関数 $f(z)$ が ∂T_α で零点も極ももたないとする．$f(z)$ の T_α におけるそれぞれの零点 (あるいは極) の位数を m_j (あるいは n_j) とする．このとき，

$$\sum m_j = \sum n_j$$

が成り立つ．

(証明) $f(z) = c_m(z-a)^m + c_{m+1}(z-a)^{m+1} + \cdots \quad (c_m \neq 0)$
を $f(z)$ の $z = a$ における Laurent 展開 (Laurent expansion) とする．このとき

$$f'(z) = mc_m(z-a)^{m-1} + (m+1)c_{m+1}(z-a)^m + \cdots$$

である．よって

1. $m = 0$ ならば $f'(z)/f(z)$ は $z = a$ で極をもたない．

2. $m \neq 0$ ならば $f'(z)/f(z)$ は $z = a$ で位数 1 の極をもつ．

さらに, $\mathrm{Res}_a f'/f = m$ である. したがって定理 A.8 より

$$\sum m_j - \sum n_j = \sum m_j + \sum (-n_j)$$
$$= \sum \mathrm{Res}_{z_j} f'/f$$
$$= 0$$

が成り立つ. ∎

∂T_α が $\wp(z)$ の零点も極ももたなければ, $\wp(z)$ は T_α の内部で唯 1 つの 2 重極をもつ. 同じことが任意の複素数 u に対し, $\wp(z) - u$ についても成り立つ. 定理 A.9 より $\wp(z) - u$ はちょうど 2 個の零点 (または 1 個の 2 重零点) を T_α でもつ. したがって次の定理が証明された.

【定理 A.10】 Weierstrass 関数 $\wp(z, L)$ は, トーラス $T = \mathbb{C}/L$ 上で各値 $u \in \mathbb{C}$ を 2 回とる.

$\wp(z) - u$ の 2 重零点 $z = a$ は

$$\wp'(z) = -2 \sum_{\omega \in L \setminus \{0\}} \frac{1}{(z-\omega)^3}$$

の零点である.

$\wp(z)$ は T 内で $z = 0$ において唯 1 つの 2 重極をもち, 主要部は $1/z^2$ であるから, $\wp'(z)$ はそこで 3 重極をもつ. よって, $\wp'(z)$ は T 内で 3 個の零点をもたなければならない. 実際, $\wp'(z)$ の 3 個の零点は $\omega_1/2, \omega_2/2, (\omega_1+\omega_2)/2$ である. これを見るために, $\wp'(z)$ が奇関数であることに注意する. ゆえに

(1) $j = 1, 2$ に対し,

$$\wp'\left(\frac{\omega_j}{2}\right) = \wp'\left(\frac{\omega_j}{2} - \omega_j\right)$$
$$= \wp'\left(-\frac{\omega_j}{2}\right)$$
$$= -\wp'\left(\frac{\omega_j}{2}\right)$$

これより, $\wp'(\omega_j/2) = 0$.

(2)
$$\wp'\left(\frac{\omega_1+\omega_2}{2}\right) = \wp'\left(\frac{\omega_1+\omega_2}{2}-(\omega_1+\omega_2)\right)$$
$$= \wp'\left(-\frac{\omega_1+\omega_2}{2}\right)$$
$$= -\wp'\left(\frac{\omega_1+\omega_2}{2}\right)$$

すなわち
$$\wp'\left(\frac{\omega_1+\omega_2}{2}\right)=0$$

を得る.

次のようにおく

$$e_1 = \wp\left(\frac{\omega_1}{2}\right), \quad e_2 = \wp\left(\frac{\omega_2}{2}\right)$$
$$e_3 = \wp\left(\frac{\omega_1+\omega_2}{2}\right). \tag{A.6}$$

【定理 A.11】

1. 上で定義された複素数 e_1, e_2, e_3 は $\wp(z)-u$ が 2 重零点をもつ u の値のすべてを与える;

2. $\dfrac{\omega_1}{2}, \dfrac{\omega_2}{2}, \dfrac{\omega_1+\omega_2}{2} \in T$ は $\wp'(z)$ の零点のすべてを与える;

3. 上で定義された複素数 e_1, e_2, e_3 は すべて異なる.

(証明) (3) の証明だけが残っている. $e_1=e_2$ と仮定する. このとき $\omega_1/2, \omega_2/2$ はともに $\wp(z)-e_1$ の 2 重零点であり, よって $\wp(z)-e_1$ は少なくとも 4 個の零点をもつ. これは定理 A.10 の次に述べたことに矛盾する. よって $e_1 \neq e_2$ である. 同様に $e_2 \neq e_3$ と $e_3 \neq e_1$ もいえる. ∎

A.3　Weierstrass 方程式

Weierstrass の $\wp$-関数の最も重要な性質は, それが楕円曲線 E, ひいては $\mathbb{E}(\mathbb{C})$ とトーラス $T=\mathbb{C}/L$ を同一化することを可能にすることである.

【定理 A.12】 任意の格子に対して，次の条件を満たす定数 $g_2 = g_2(L), g_3 = g_3(L)$ が存在する：

1. $\Delta = g_2^3 - 27g_3^2 \neq 0$;

2. $T = \mathbb{C}/L$ の 0 でないすべての z に対して，Weierstrass の方程式
$$[\wp'(z,L)]^2 = 4\wp(z,L)^3 - g_2\wp(z,L) - g_3$$
が成り立つ．

(証明) T 上 極をもたない任意の楕円関数は定数関数であることはわかっている．よって，必要なことは，判別式が 0 でない 3 次多項式
$$f(x) = ax^3 + bx^2 + cx + d \in \mathbb{C}[x]$$
で，楕円関数
$$h(z) = \wp'(z)^2 - f(\wp(z))$$
が T において極をもたず，T のある z に対して零になるようなものがあることである．T における $\wp(z)$ の極は $z = 0$ における 2 重極のみであり，その主要部は $1/z^2$ である．したがって，T において $h(z)$ の極である可能性があるのは，$z = 0$ においてのみである．よって，$h(z)$ の $z = 0$ での主要部を計算することだけが必要なことである．

まず，$\wp(z)$ を別の形に書き換える．0 の十分小さい近傍 U にとどまるならば，$|z/\omega| < 1$ が任意の 0 でない $\omega \in L$ に対して成り立つ．$u \in \mathbb{C}, |u| < 1$ ならば
$$\frac{1}{1-u} = 1 + u + u^2 + u^3 + \cdots$$
を微分することで
$$\frac{1}{(1-u)^2} = 1 + 2u + 3u^2 + 4u^3 + \cdots$$
を得る．そして，U において
$$\frac{1}{(z-\omega)^2} = \frac{1}{\omega^2} \cdot \frac{1}{(1-z/\omega)^2}$$
$$= \frac{1}{\omega^2}\left(1 + 2\frac{z}{\omega} + 3\frac{z^2}{\omega^2} + 4\frac{z^3}{\omega^3} + \cdots\right)$$

である.ゆえに,
$$\frac{1}{(z-\omega)^2} - \frac{1}{\omega^2} = 2\frac{z}{\omega^3} + 3\frac{z^2}{\omega^4} + \cdots$$
$$= \sum_{j=3}^{\infty}(j-1)\frac{z^{j-2}}{\omega^j}$$

である.級数
$$\sum_{\omega \in L\setminus\{0\}}\left\{\frac{1}{(z-\omega)^2} - \frac{1}{\omega^2}\right\} = \sum_{\omega \in L\setminus\{0\}}\sum_{j=3}^{\infty}(j-1)\frac{z^{j-2}}{\omega^j}$$

は絶対収束するから,項を自由に動かすことができる.とくに,和の順序を変更することにより,
$$\wp(z) = \frac{1}{z^2} + \sum_{j=3}^{\infty}(j-1)z^{j-2}\sum_{\omega \in L\setminus\{0\}}\frac{1}{\omega^j}$$

を得る.級数
$$\sum_{\omega \in L\setminus\{0\}}\frac{1}{\omega^j} \quad (j > 2)$$

は L に関する Eisenstein 級数 $G_j = G_j(L)$ であり,j が奇数のときは $G_j = 0$ であった.したがって
$$\wp(z) = \frac{1}{z^2} + \sum_{k=2}^{\infty}(2k-1)G_{2k}z^{2k-2}$$
$$= \frac{1}{z^2} + 3G_4 z^2 + 5G_6 z^4 + 7G_8 z^6 + \cdots \quad (A.7)$$

である.これより,
$$\wp(z)^2 = \frac{1}{z^4} + 6G_4 + 10G_6 z^2 + \cdots$$

と
$$\wp(z)^3 = \frac{1}{z^6} + 9G_4\frac{1}{z^2} + 15G_6 + (21G_8 + 27G_4^2)z^2 + \cdots$$

を得る.$\wp(z)$ についての展開 (A.7) は絶対収束であるから,各項ごとに微分することにより,
$$\wp'(z) = \frac{-2}{z^3} + 6G_4 z + 20G_6 z^3 + 42G_8 z^5 + \cdots$$

が得られる．よって，
$$\wp'(z)^2 = \frac{4}{z^6} - 24G_4\frac{1}{z^2} - 80G_6 + (36G_4^2 - 168G_8)z^2 + \cdots$$
である．さて，
$$A = a - 4$$
$$B = -b$$
$$C = -(24 + 9a)G_4 - c$$
$$D = -(80 + 15a)G_6 - 6bG_4 - d$$

とおくと，次のことは容易に確認できる：
$$\begin{aligned}h(z) &= \wp'(z)^2 - a\wp(z)^3 - b\wp(z)^2 - c\wp(z) - d \\ &= \frac{A}{z^6} + \frac{B}{z^4} + \frac{C}{z^2} + D + a_2 z^2 + a_4 z^4 + \cdots\end{aligned}$$

ゆえに，$A = B = C = D = 0$ すなわち
$$a = 4, \quad b = 0, \quad c = -60G_4, \quad d = -140G_6$$

とすれば，$h(z)$ の主要部は 0 で，$h(0) = 0$ である．したがって g_2 と g_3 を，それぞれ重み 4 と 6 の Eisenstein 級数 $G_4(L)$ と $G_6(L)$ を用いて，次のように定義する：
$$\begin{aligned}g_2 &= g_2(L) = 60G_4(L) \\ g_3 &= g_3(L) = 140G_6(L)\end{aligned} \tag{A.8}$$

そうすると，関数
$$h(z) = \wp'(z)^2 - 4\wp(z)^3 + g_2\wp(z) + g_3$$

は恒等的に 0 になる．

任意の格子 L に対して，$4\wp(z)^3 - g_2\wp(z) - g_3$ の 3 個の零点は，(A.6) で定義した $\wp'(z)$ の (異なる) 零点 $\dfrac{\omega_1}{2}, \dfrac{\omega_2}{2}, \dfrac{\omega_1 + \omega_2}{2}$ である．よって，$4x^3 - g_2 x - g_3$ の判別式 Δ は，条件
$$\Delta = g_2^3 - 27g_3^2 \neq 0$$

を満たす．

したがって，(A.8) で与えた g_2, g_3 は，楕円曲線

$$E_L(\mathbb{C}) : y^2 = 4x^3 - g_2 x - g_3$$

を定義する．この方程式は次のようにかくこともできる；

$$y^2 = 4(x - e_1)(x - e_2)(x - e_3).$$

写像

$$\Phi = \Phi_L : \mathbb{C}/L \longrightarrow E_L(\mathbb{C}) \subseteq \mathbb{P}^2(\mathbb{C})$$

を

$$\Phi(z) = \begin{cases} (\wp(z), \wp'(z), 1) & (z \neq 0 \text{ のとき}) \\ O : \text{無限遠点} & (z = 0 \text{ のとき}) \end{cases}$$

と定義する．この写像は解析的である．すなわち任意の $z_0 \in \mathbb{C}/L$ の近傍 U において $E_L(\mathbb{C})$ 上の点 $\Phi(z)$ の座標は U 上で解析的である．これは $z \neq 0$ においては明らかである．$z_0 = 0$ においても $\Phi(z)$ は解析的である．なぜならば，$\mathbb{P}^2(\mathbb{C})$ で

$$\Phi(z) = \left(\frac{\wp(z)}{\wp'(z)}, 1, \frac{1}{\wp'(z)} \right)$$

とかいてよいからである．

【定理 A.13】 解析的写像 Φ_L は $\mathbb{C}/L$ と $E_L(\mathbb{C})$ の間の全単射である．

(証明) 定理 A.10 で，関数

$$\wp : \mathbb{C}/L \longrightarrow \mathbb{C} \cup \{\infty\}$$

は 2 対 1，上への関数であることを見た．実際，$z = -z$, すなわち，$2z = 0$ でない限り $\wp(z) = \wp(-z)$ で，$\wp'(z) = -\wp'(z) \neq 0$ である．一方，各 $x \in \mathbb{C}$ に対応して，$y = 0$ でない限り $E_L(\mathbb{C})$ 上に 2 点 $(x, y), (x, -y)$ がある．したがって $\{z \in \mathbb{C}/L \mid 2z = 0\}$, すなわち，$z = 0, \omega_1/2, \omega_2/2, (\omega_1 + \omega_2)/2$ を除いて，点 z (あるいは，$-z$) は $(\wp(z), \wp'(z))$ (あるいは，$(\wp(z), -\wp'(z))$) に写される．よって，$\Phi(z) \neq \Phi(-z)$ である．

最後に $\wp(0) = \infty$ である．よって，$\Phi(0) = O$ であり，$z = \omega_1/2, \omega_2/2, (\omega_1 + \omega_2)/2$ における $x = \wp(z)$ の 3 個の異なる値 e_1, e_2, e_3 に対応して $y = \wp'(z) = 0$ を得る．これは Φ が 1 対 1 であることを示している． ∎

注意 A.14 Φ は全単射であるから，その逆写像 Φ^{-1} が存在する．この写像 Φ^{-1} もまた解析的である．これを見るために，T の点 z_0 を固定する．微分方程式

$$\left(\frac{d\wp}{dz}\right)^2 = 4\wp^3 - g_2\wp - g_3$$

を解くと

$$z = \int_{\wp(z_0)}^{\wp(z)} \frac{d\wp}{(4\wp^3 - g_2\wp - g_3)^{1/2}} + z_0$$

を得る．道は積分の特異点をさける曲線に沿うようにとり，平方根関数の分枝は適当にとることにする．

A.4 加法定理

$\mathbb{C}/L$ と $E_L(\mathbb{C})$ は写像 Φ を通して，「解析的多様体」(analytic manifold) として同一視できることを見てきた．ここで $\mathbb{C}/L$ と $E_L(\mathbb{C})$ が群として同型であることを示す．

【定理 A.15】 解析的写像

$$\Phi_L : \mathbb{C}/L \longrightarrow E_L(\mathbb{C})$$

は全単射群準同型である．

(証明) Φ_L は 定理 A.13 より全単射であるから，加法定理 (addition theorem) と呼ばれる次の 2 つの等式を示せば十分である：

(1) $z_1, z_2 \in T = \mathbb{C}/L, z_1 \neq \pm z_2$ ならば

$$\wp(z_1 + z_2) = \frac{1}{4}\left\{\frac{\wp'(z_1) - \wp'(z_2)}{\wp(z_1) - \wp(z_2)}\right\}^2 - \wp(z_1) - \wp(z_2) \quad \text{(A.9)}$$

(2) $z \in T, 2z \neq 0$ ならば

$$\wp(2z) = \frac{1}{4}\left\{\frac{\wp''(z)}{\wp'(z)}\right\}^2 - 2\wp(z)$$

(2) は (1) の $z_2 \to z_1 = z$ のときの極限であるから，(1) のみを証明すれば十分である．

z_1 を固定して，$z_1 \neq 0, \omega_1/2, \omega_2/2, (\omega_1+\omega_2)/2$ と仮定する．$z = z_2$ が変化し，T 上の楕円関数 $h(z)$ を次で定義する：

$$h(z) = \frac{1}{4}\left\{\frac{\wp'(z)-\wp'(z_1)}{\wp(z)-\wp(z_1)}\right\}^2 - \wp(z) - \wp(z_1) - \wp(z+z_1).$$

$h(z)$ が恒等的に 0 であることを示す．

楕円関数 $h(z)$ の極があるとすれば，$z = 0$ か $z = -z_1$ のときのみである．$z = 0$ において，次の Laurent 展開を得る：

$$\wp(z) = \frac{1}{z^2} + a_2 z^2 + a_4 z^4 + \cdots$$
$$\wp'(z) = \frac{-2}{z^3} + 2a_2 z + 4a_4 z^3 + \cdots.$$

ゆえに

$$\frac{1}{4}\left\{\frac{\wp'(z)-\wp'(z_1)}{\wp(z)-\wp(z_1)}\right\}^2 - \wp(z) = \frac{1}{z^2}\left(\frac{1+\frac{1}{2}\wp'(z_1)z^3 - a_2 z^4 + \cdots}{1-\wp(z_1)z^2 + a_2 z^4 + \cdots}\right)^2$$
$$\quad - \left(\frac{1}{z^2} + a_2 z^2 + a_4 z^4 + \cdots\right)$$
$$= \frac{1}{z^2}\left\{1 + \wp'(z_1)z^3 + \cdots\right\}\left\{1 + 2\wp(z_1)z^2 + \cdots\right\}$$
$$\quad - \left(\frac{1}{z^2} + a_2 z^2 + a_4 z^4 + \cdots\right)$$
$$= 2\wp(z_1) + b_1 z + \cdots.$$

これは $h(z)$ が $z = 0$ で正則であり $h(0) = 0$ となることを示している．
$z = -z_1$ においては，次のテイラー展開を考える：

$$\wp'(z) = -\wp'(z_1) + \wp''(z_1)(z+z_1) - \frac{1}{2}\wp'''(z_1)(z+z_1)^2 + \cdots$$

と
$$\wp(z) = \wp(z_1) - \wp'(z_1)(z+z_1) + \frac{1}{2}\wp''(z_1)(z+z_1)^2 + \cdots.$$

仮定より，$\wp'(z_1) \neq 0$ である．よって，上の展開を用いて，

$$\alpha = \frac{\wp''(z_1)}{\wp'(z_1)}$$

とおくことにより

$$\frac{1}{4}\left\{\frac{\wp'(z) - \wp'(z_1)}{\wp(z) - \wp(z_1)}\right\}^2$$
$$= \frac{1}{(z+z_1)^2}\{1 - \alpha(z+z_1) + \cdots\}\{1 + \alpha(z+z_1) + \cdots\}$$
$$= \frac{1}{(z+z_1)^2} + (\deg \geqq 0 \text{ の項})$$

を得る．これと展開：

$$\wp(z+z_1) = \frac{1}{(z+z_1)^2} + (\deg \geqq 0 \text{ の項})$$

は，$h(z)$ が $z = -z_1$ においても正則であることを示している．これより $h(z)$ が恒等的に 0 であることが示された．

最後に z_1 と z_2 の機能は，z_1, z_2 が集合 $S = \{0, \omega_1/2, \omega_2/2, (\omega_1+\omega_2)/2\}$ に属さない限り交換できる．S は離散している (S の各点が孤立している) ので，連続性により (A.9) は $z_1 \neq \pm z_2$ ならば成り立つ． ∎

A.5 楕円曲線の同型類

G_1, G_2 をアーベル群，H_1, H_2 をそれぞれの部分群とし，

$$f: G_1 \longrightarrow G_2$$

を準同型とする．$f(H_1) = \{f(h)|h \in H_1\} \subseteq H_2$ ととれば，f は剰余群の準同型

$$\overline{f}: G_1/H_1 \longrightarrow G_2/H_2$$

を導く．これは
$$\overline{f}(h + H_1) = f(h) + H_2$$
で与えられる．

注意 A.16 次のことがらは明らかである：

1. f が全射ならば，$\overline{f}$ も全射である．

2. $\overline{f}$ が単射 (1 対 1) であるのは
$$f^{-1}(H_2) = \{\, g \in G_1 \mid f(g) \in H_2 \,\} = H_1$$
のとき，そのときに限る．

【定理 A.17】 L_1, L_2 を $\mathbb{C}$ における 2 つの格子とし
$$f : \mathbb{C}/L_1 \longrightarrow \mathbb{C}/L_2 \tag{A.10}$$
は解析的群準同型であるとする．このとき f は，乗法写像
$$m_\lambda : \mathbb{C} \longrightarrow \mathbb{C}$$
によって導かれる．ここで $m_\lambda(z) = \lambda z \quad (\lambda \in \mathbb{C})$ である．とくに，$\lambda L_1 = \{\, \lambda \omega \mid \omega \in L_1 \,\} \subseteq L_2$ が成り立つ．

(証明) $z = 0$ においてテイラー展開する：
$$f(z) = a_0 + a_1 z + a_2 z^2 + a_3 z^3 + \cdots,$$
f は群準同型であるから，$f(0) = 0$．これより $a_0 = 0$．さらに小さな z に対して，
$$f(2z) = 2f(z) = \sum_{n=1}^{\infty} 2 a_n z^n$$
であることを示している．上の $f(z)$ のテイラー展開で，$2z$ での値は
$$f(2z) = \sum_{n=1}^{\infty} 2^n a_n z^n$$

である.係数を等しいとおいて,直ちに $a_n = 0$ がすべての $n > 1$ に対して成り立つことがわかる.したがって,0 の付近では $f(z)$ は $\lambda = a_1$ を掛けることである.任意の z に対して n を十分大きくとって z/n が 0 に近いようにできる. f は群準同型であるから,

$$f(z) = f\left(n \cdot \frac{z}{n}\right) = nf\left(\frac{z}{n}\right) = n \cdot \lambda \cdot \frac{z}{n} = \lambda z$$

を得る.注意 A.16 より準同型 (A.10) は $\lambda L_1 = L_2$ であるとき,そのときに限って同型になる. ∎

【定義 A.18】 k を $\mathbb{C}$ の部分体とする.2 つの格子 L, L' が k 上**線形同値** (linearly equivalent) であるとは,ある $\lambda \in k$ が存在して $L' = \lambda L$ のとき,すなわち,$m_\lambda : \mathbb{C}/L \longrightarrow \mathbb{C}/L'$ ($\lambda \in k$) が同型になるときとする.

【定義 A.19】 2 つの楕円曲線 E, E' が,それぞれ

$$y^2 = 4x^3 - g_2 x - g_3,$$
$$y^2 = 4x^3 - g_2' x - g_3'$$

で定義されているとする.E と E' が k 上**同型** (isomorphic) あるとは,ある $\mu \in k$ に対して,

$$g_2' = \mu^4 g_2, \quad g_3' = \mu^6 g_3 \tag{A.11}$$

とかけるときとする.

λ と μ は必然的に 0 でないことに注意する.

【定理 A.20】 $\lambda \in k$ で k 上 L が L' に線形同値,すなわち $L' = \lambda L$ とすれば,$E_L(\mathbb{C})$ は $E_{L'}(\mathbb{C})$ に k 上同型で,(A.11) において $\mu = 1/\lambda$ である.さらに,同型 $m_\lambda : \mathbb{C}/L \longrightarrow \mathbb{C}/L'$ は,同型 $\phi_\lambda = \Phi_{L'} \circ m_\lambda \circ \Phi_L^{-1} : E_L(\mathbb{C}) \longrightarrow E_{L'}(\mathbb{C})$ を導き,

$$(x', y') = \phi_\lambda(x, y) = (\mu^2 x, \mu^3 y)$$

である.

(証明) $L' = \lambda L$ であるから明らかに

$$g'_2 = g_2(L') = 60G_4(L')$$
$$= 60 \sum_{\omega' \in L' \setminus \{0\}} \frac{1}{\omega'^4} = 60 \sum_{\omega \in L \setminus \{0\}} \frac{1}{(\lambda\omega)^4} = \frac{60}{\lambda^4} G_4(L) = \frac{g_2}{\lambda^4}$$

である．同様に $g'_3 = g_3/\lambda^6$ を得る．さらに定義より，

$$x' = \wp(\lambda z, \lambda L) = \frac{1}{\lambda^2} \wp(z, L) = \frac{x}{\lambda^2}$$
$$y' = \wp'(\lambda z, \lambda L) = \frac{1}{\lambda^3} \wp'(z, L) = \frac{y}{\lambda^3}$$

が成り立つ． ∎

■ **例 A.21** ■ $i = \sqrt{-1}$ とし，格子 $L = \mathbb{Z}[i] = \mathbb{Z} \oplus \mathbb{Z}i = \{m + ni \mid m, n \in \mathbb{Z}\}$ を考える．実際 L は環であり，**Gauss の整数環** (ring of gaussion integers) と呼ばれる．明らかに，$iL = L$ である．よって

$$g_3(L) = g_3(iL) = i^{-6} g_3(L) = -g_3(L)$$

である．これは $g_3(L) = 0$ であることを示しており，E_L は方程式

$$y^2 = 4x^3 - g_2 x \tag{A.12}$$

で与えられる．さて，任意の $g'_2 \in \mathbb{C}^\times$ に対して，$\lambda = (g_2/g'_2)^{\frac{1}{4}}$ を選んで

$$g_2(\lambda L) = \frac{1}{\lambda^4} g_2(L) = g'_2$$

を得る．したがって，任意の (A.12) の型の楕円曲線は，適当な格子 L によって $E_L(\mathbb{C})$ となる．

■ **例 A.22** ■ ω を 1 の原始 3 重根，例えば

$$\omega = \frac{-1 + \sqrt{-3}}{2}$$

とする．$L = \mathbb{Z}[\omega] = \mathbb{Z} \oplus \mathbb{Z}\omega$ とおく．再び $\omega L = L$ で，上と同じようにして

$$g_2(L) = g_2(\omega L) = \omega^2 g_2(L)$$

となる．$\omega^2 - 1 \neq 0$ であるから，$g_2(L) = 0$ で，$E_L(\mathbb{C})$ は

$$y^2 = 4x^3 - g_3 \tag{A.13}$$

で与えられる．そして，同様に (A.13) の型の方程式で定義される任意の楕円曲線は，適当な L について $E_L(\mathbb{C})$ となる．

注意 A.23 線形同値な格子に楕円曲線の同型類を関連させてきた．逆に，楕円曲線の各同型類に線形同値な格子の類を関連させることができる．逆は $g_2 = 0$ または $g_3 = 0$ の特殊な場合にのみ証明してきた．一般の場合は，$g_2, g_3 \in \mathbb{C}^\times$ で $\Delta = g_2^3 - 27g_3^2 \neq 0$ であるような場合だが，証明のためにはモジュラー関数の理論が現れる．文献 [2] の第 VI 章，定理 6 を参照されたい．

A.6 楕円曲線の自己準同型

楕円曲線 E を固定して，それが $\mathbb{C}/L$ とある格子 L でかけるものとしてよい．E の**自己準同型** (endomorphism) とは，$\mathbb{C}/L$ からそれ自身への解析的な準同型のことである．これは，乗法写像

$$m_\lambda : \mathbb{C}/L \longrightarrow \mathbb{C}/L$$

で，$\lambda \in \mathbb{C}$ は $\lambda L \subseteq L$ を満たすものである．

$$\mathrm{End}(E) = \{\lambda \in \mathbb{C} | \lambda L \subseteq L\}$$

とおく．明らかに $\mathrm{End}(E)$ は $\mathbb{Z}$ を含む環である．もし可能なら $\mathrm{End}(E) \supsetneq \mathbb{Z}$ とする．$\lambda \in \mathbb{C} \setminus \mathbb{Z}$ とする．$\lambda L \subseteq L = \mathbb{Z}\omega_1 \oplus \mathbb{Z}\omega_2$ であるから，適当な整数 a, b, c, d をとって

$$\begin{aligned} \lambda \omega_1 &= a\omega_1 + b\omega_2 \\ \lambda \omega_2 &= c\omega_1 + d\omega_2 \end{aligned} \tag{A.14}$$

とできる．これは λ が次数 2 のモニック多項式方程式

$$\begin{vmatrix} x - a & -b \\ -c & x - d \end{vmatrix} = 0$$

の根であることを示している．$\tau = \omega_1/\omega_2$ は実数でなかったことを思い出そう．よって (A.14) の第二の等式を ω_2 で割って，

$$\lambda = c\tau + d$$

を得る．これは，λ が実数でない $\mathbb{Q}$ 上の 2 次の代数的整数であることと，$\mathbb{Q}(\lambda) = \mathbb{Q}(\tau)$ であることを示している．したがって，$\lambda L \subseteq L$ である任意の $\lambda \in \mathbb{C}$ は，固定された虚 2 次体 $k = \mathbb{Q}(\tau)$ の整数環 $\mathcal{O}_k$ の中に入っていなければならない．すなわち，$\mathrm{End}(E) \subseteq \mathcal{O}_k$ である．このことは次の定義を正当化する．

【定義 A.24】 E を楕円曲線とする．$\mathbb{Z} \subsetneq \mathrm{End}(E)$ が成り立つとき，E は**虚数乗法** (complex multication) をもつという．

方程式 (A.12) と (A.13) は，虚数乗法をもつ楕円曲線の例を与える．実際，これらの楕円曲線に対して，それぞれ $\mathrm{End}(E) = \mathbb{Z}[i], \mathbb{Z}[\omega]$ である．

E の全単射自己準同型は，E の**自己同型** (automorphism) と呼ばれる．E の自己同型からなる (乗法的) 群 $\mathrm{Aut}(E)$ は，k の単元からなる群 $\mathcal{O}_k^\times$ の部分群である．k は虚 2 次体であるから，(Dirichlet の定理を用いて) 次のことが容易に確認できる：

$$\mathcal{O}_k^\times = \begin{cases} \langle i \rangle & (k = \mathbb{Q}(\sqrt{-1}) \text{ のとき}) \\ \langle -\omega \rangle & (k = \mathbb{Q}(\sqrt{-3}) \text{ のとき}) \\ \langle -1 \rangle & (\text{その他のとき}) \end{cases}$$

ここで $\omega = (-1 + \sqrt{-3})/2$ であり，$\langle x \rangle$ は元 x で生成された部分群を表す．

一方，E が，例えば，

$$y^2 = 4x^3 - g_2 x - g_3$$

で与えられているとき，E の自己同型 ϕ は，$\mu^4 g_2 = g_2, \mu^6 g_3 = g_3$ を満たす μ について $\phi(x, y) = (\mu^2 x, \mu^3 y)$ の形である．したがって，E の自己同型は次のもののみである：

1. $g_2 g_3 \neq 0$ ならば $\phi(x, y) = (x, \pm y)$;

2. $g_2 \neq 0, g_3 = 0$ ならば $\phi(x, y) = (x, \pm y)$ または $(-x, \pm iy)$;

3. $g_2 = 0, g_3 \neq 0$ ならば $\phi(x,y) = (\omega x, \pm y)$，ここで ω は 1 の 3 乗根である．

A.7　有限位数の点

楕円曲線 E を格子 L についてのトーラス $\mathbb{C}/L$ と同一視する (定理 A.15) ことの重要な結果は，E のねじれ点の群を決定することが自明なものになることである．実際，各整数 $N \geqq 1$ に対して，

$$\begin{aligned}
E[N] &\stackrel{\text{def}}{=} \{\, P \in E(\mathbb{C}) \mid NP = O \,\} \\
&\cong \{\, z \in T = \mathbb{C}/L \mid Nz = 0 \,\} \\
&= \langle \omega_1/N \rangle \oplus \langle \omega_2/N \rangle \\
&\cong \mathbb{Z}/N\mathbb{Z} \times \mathbb{Z}/N\mathbb{Z}
\end{aligned}$$

である．とくに，E が数体 k 上で定義されており，K が k を含む $\mathbb{C}$ の部分体とするとき，$E(K)[N]$ は $\mathbb{Z}/N\mathbb{Z} \times \mathbb{Z}/N\mathbb{Z}$ の部分群である．いったん，$E[N]$ と $\mathbb{Z}/N\mathbb{Z} \times \mathbb{Z}/N\mathbb{Z}$ を同一視してしまえば，$E[N]$ は環 $\mathbb{Z}/N\mathbb{Z}$ 上の加群になる．

さて，E は数体 k 上で定義された楕円曲線とする．$P = (x,y)$ **が有限位数の点であれば，x,y は必然的に** k **上代数的である**ことを示そう．$K = k(E[N])$ は k に $E[N]$ の N^2 個の点の座標を添加した体を表すものとする．K は k 上 E の N**-整除点** (N-division point) の体と呼ばれる．L を K を含む $\mathbb{C}$ の部分体とし，$\sigma : L \to \mathbb{C}$ を中への k-同型とする．各 $P = (x,y) \in E(L)$ に対して，

$$\sigma(P) = (\sigma(x), \sigma(y))$$

は明らかに $E(\sigma(L))$ に属する．さらに，E の中の P, Q に対して，$P+Q$ の座標は P と Q の座標の (k に係数をもつ) 有理関数である．したがって

$$\sigma(P+Q) = \sigma(P) + \sigma(Q)$$

が成り立つ．とくに，$P \in E[N]$ ならば，

$$N\sigma(P) = \sigma(NP) = \sigma(O) = O$$

であることより, $\sigma(P)$ は再び $E[N]$ に含まれる. すなわち, σ は $E[N]$ における点の座標からなる数の置き換えである.

【定理 A.25】 E の k 上の N-整除点の体 $K = K_N = k(E[N])$ は, k の (有限) ガロア拡大である.

(証明) 任意の中への同型 $\sigma : K \to \mathbb{C}$ で基礎体 k を動かさないものに対して, $\sigma(K) \subseteq K$ であるから, K/k が正規であることは明らかである. K/k が有限であることを示すためには, $P = (x, y) \in E[N]$ ならば x, y が代数的数であることを示せば十分である. これは次の簡単な考察より直ちに出る.

$\alpha_1, \cdots, \alpha_n \in \mathbb{C}$ が $k(\alpha_1, \cdots, \alpha_n)$ を含む任意の $\mathbb{C}$ の部分体 L に対して, 任意の中への k 上の同型 $\sigma : L \to \mathbb{C}$ が $\alpha_1, \cdots, \alpha_n$ を置き換えるようなものであるならば, $\alpha_1, \cdots, \alpha_n$ は代数的数である. ∎

$E[N]$ と $\mathbb{Z}/N\mathbb{Z} \times \mathbb{Z}/N\mathbb{Z}$ の同一視の下で, P_1, P_2 がそれぞれ $(1, 0)$ と $(0, 1)$ に対応しているとする. このとき P_1, P_2 は $\mathbb{Z}/N\mathbb{Z}$-加群 $E[N]$ の基底である. もし $\sigma \in Gal(K_N/k)$ ならば

$$\left.\begin{array}{l}\sigma(P_1) = aP_1 + cP_2 \\ \sigma(P_2) = bP_1 + dP_2\end{array}\right\} \quad (a, b, c, d \in \mathbb{Z}/N\mathbb{Z})$$

は群準同型

$$\rho_N : G_N = Gal(K_N/k) \to GL_2(\mathbb{Z}/N\mathbb{Z}) \tag{A.15}$$

を定義する. これは G_N の環 $\mathbb{Z}/N\mathbb{Z}$ 上の 2×2 可逆行列の一般線形群 $GL_2(\mathbb{Z}/N\mathbb{Z})$ の中への**表現** (representation) と呼ばれる.

もし

$$\rho_N(\sigma) = I = \begin{pmatrix} 1 & 0 \\ 0 & 1 \end{pmatrix}$$

ならば, $\sigma(P_j) = P_j$ $(j = 1, 2)$ であり, これはすべての $P \in E[N]$ に対して $\sigma(P) = P$ が成り立つことを示している. したがって, σ は K_N において恒等的である. このことは, ρ_N が単射で G_N は $GL_2(\mathbb{Z}/N\mathbb{Z})$ の部分群と見なせることを示している.

4.8 節の 4.8.2 項の注意,すなわち準同型

$$\Phi_m : Gal(\mathbb{Q}(\zeta_m)/\mathbb{Q}) \to (\mathbb{Z}/m\mathbb{Z})^\times$$

が上への写像であったことを思い出そう.数論における基本的問題は,すなわち,準同型 (A.15) がどの程度全射に近いのか? ということである.言い換えれば,指数 $[GL_2(\mathbb{Z}/N\mathbb{Z}) : \rho_N(G_N)]$ がどのくらい小さいのか? ということである.唯 1 つの結果のみを述べておこう(これは非アーベル拡大のさらなる例を与える).詳細は,文献 [3] を参照せよ.

【定理 A.26】* (Serre) E が虚数乗法をもたないとすれば,E と k にのみ依存する定数 $c > 0$ が存在して,すべての $N \in \mathbb{N}$ に対して

$$[GL_2(\mathbb{Z}/N\mathbb{Z}) : \rho_N(G_N)] \leqq c$$

が成り立つ.

参考文献

[1] L. V. Ahlfors, Complex Analysis, 3rd Edition, McGraw-Hill, New York (1979).

[2] K. C. Chandrasekharan, Elliptic Functions, Grundlerhren der Mathematischen Wissenschaften 281, Springer Verlag, Berlin (1985).

[3] J. P. Serre, Propriétés galoisiennes des points d'order fini des curbes elliptiques, *Invent. Math.*, **15** (1972), 229-331.

偉大な数論学者たち

Pythagoras (572-492 B.C.)
Euclid (c.303-c.275 B.C.)
Diophantus (c.246-c.330 A.D.)
Pierre de Fermat (1601-1665)
Leonhard Euler (1707-1783)
Joseph Louis Lagrange (1736-1813)
Adrian Marie Legendre (1752-1833)
Carl Friedrich Gauss (1777-1855)
Peter Gustav Lejeune Dirichlet
　　(1805-1859)
Evariste Galois (1811-1832)
Karl Wilhelm Theodor Weierstrass
　　(1815-1897)
Charles Hermite (1822-1901)

Ferdinand Gottfried Max Eisenstein
　　(1823-1852)
Leopold Kronecker (1823-1891)
Georg Friedrich Bernhard Riemann
　　(1826-1866)
Heinrich Weber (1842-1913)
Jules Henri Poincaré (1854-1912)
Adolf Hurwitz (1859-1919)
David Hilbert (1862-1943)
Louis Joel Mordell (1888-1972)
Carl Ludwig Siegel (1896-1981)
Emil Artin (1898-1962)
Helmut Hasse (1898-1979)
André Weil (1906-　)

訳者あとがき

　本書は J. S. Chahal 著,『Topics in Number Theory』(Plenum Press, New York, 1988) の翻訳である．原著の表題が示すように，これは数論のいくつかのトピックを扱ったものである．序文にもあるように，Brigham Young 大学で行われた講義が元になっている．知識のあまりない初学者が読みやすいように，いろいろと工夫がなされており，内容は整数論の中でも代数的なものと楕円曲線の話が主体になっている．1994 年に A. Wiles 氏 が "Fermat の最終定理" を解決した方法でも話題になった，いわゆる「数論幾何」に結果的に関連するように書かれた内容のものとなったとも見ることができる．数論と楕円曲線の取り合わせは，まさに Wiles 氏 の記念碑的な結果を得た方法を若干ではあるが連想させるものである．もちろん本書を読んだからといって，Wiles 氏 の証明が直ちに読めるものではないし，本書で扱っている楕円曲線に関する部分は，いわゆる "Mordell-Weil の定理" とそれに関連したことがらを目標に展開されている．ともかくも，今までにたくさんの「数論」や「整数論」の良書が書かれたが，それらとは少し変わったところのある本と思われる．御一読をお勧めする次第である．

　本書は，訳者の大学の 4 回生のセミナーでテキストとして用いたことがきっかけとなって，翻訳が試みられたものである．セミナーで細かく勉強してくれた学生，米田篤史君，佐賀香織さん，山本富生君の 3 名は，訳者の手書き原稿を TeX 原稿にするにあたっても，おおいに協力してくれた．TeX を習得するまでの我慢強さと実際の打ち込みの際の協力に感謝している．

　また，本書の出版に際しては，共立出版の編集者の方々に翻訳権の取得や体裁

や内容などについて，いろいろアドバイスをもらい，たいへんお世話になった．とくに赤城氏には，はじめから最後まで，言い尽くせないほどのお手数をおかけした．心からお礼を述べたい．

高知に来て少し慣れた暑い夏に (2002 年)
織 田 　 進

参考文献

整数論に関しては日本語の文献がたくさんある．本書を読まれたあとに，次の参考文献にあたってみることをお勧めする(訳者)．

藤崎源二郎，森田康夫，山本芳彦，数論への出発（数学セミナー増刊），日本評論社，1980．
岩澤健吉，代数函数論，岩波書店，1973（改訂版）．
岩澤健吉，局所類体論，岩波書店，1980．
J. P. セール(弥永健一訳)，数論講義，岩波書店，1979．
高木貞治，初等整数論講義，共立出版，1972（第二版）．
高木貞治，代数的整数論，岩波書店，1982（第二版）．
武隅良一，2次体の整数論，槙書店，1966．
石田信，代数的整数論，森北出版，1974．
藤崎源二郎，代数的整数論入門(上)，(下)，裳華房，1975．
小野孝，数論序説，裳華房，1988．
河田敬義，数論，岩波書店，1992．
斉藤秀司，整数論(共立講座21世紀の数学)，共立出版，1999．
森田康夫，整数論，裳華房，1998．
山本芳彦，数論入門(岩波講座現代数学への入門)，岩波書店，1996．
加藤和也，黒川信重，斉藤毅，栗原将人，数論(岩波講座現代数学の基礎)，岩波書店，1999．
A. ヴェイユ(足立恒夫，三宅克哉訳)，数論歴史からのアプローチ，日本評論社，1987．

索　引

【記号】

2項演算　20
(f, g)　121
$[\alpha]$　49
$[G : H]$　26
$A^\times$　80
$c(\ )$　150
$\Delta(\ )$　86, 99
$E(K)$　142
E/k　141
$E_L(\mathbb{C})$　221
$\mathbb{E}(L)$　209
$E(N)$　230
$\mathbb{F}_p$　38
g.c.d.　5
G/H　26
G_{tor}　29
$Gal(\ )$　91
$G_\sigma(L)$　211
$\Gamma(s)$　203
$H(P)$　150
$H(x)$　149
$K^{(i)}$　90
$K^\times$　38
$L(E, s)$　200
l.c.m.　5
$\mu(\ )$　69
μ_m　23, 116
m_x　24, 117

$O(\ )$　151
$\mathcal{O}_K$　95
$\mathcal{O}_K^\times$　100
$\mathbb{Q}(\alpha)$　84
$R(f, g)$　84
r_1　101
r_2　101
$tr(\ )$　96
W_K　101
$\wp(z)$　213
$\wp(z, L)$　213
$Z(V_p, T)$　198
$\zeta(E, s)$　200
$\zeta(E_p, s)$　200
$\zeta(s)$　200
ζ_m　22
$\mathbb{Q}(\alpha)$　83

【ア】

アーベル群　20
アフィン空間　122
アフィン部分　123
余り　38

【イ，ウ】

位数　22, 28, 123
1次形式　44
1対1　23
一般線形群　21
因数　1

238 索引

上への 23

【エ，オ】

Eisenstein 級数 211
N-整除点 230
L-関数 200
円分体 116

Euler 積 200

【カ】

階数 33, 93, 161
Gauss の整数環 227
ガウス和 116
可換 35
可逆元のなす群 80
拡大体 81
加群 92
加法定理 222
ガロア 91
ガロア拡大 91
ガロア群 91
環 35
環準同型 36
完備 123
ガンマ関数 203

【キ】

奇数 1
基底 93
基本単数 113, 115
基本平行四辺形 27, 209
既約 82, 120
逆元 20
既約成分 122
虚 100
虚 2 次体 118
共役 58, 80, 83, 90, 101
局所化 174
局所ゼータ関数 199
曲線 122
虚数乗法 229

【ク，ケ】

偶数 1
群 20

原始解 13
原始的 70, 116

【コ】

広域ゼータ関数 200
降下 154
交差重複度 131
格子 26, 208
高次形式 44
合成数 3
合同 9
合同数 15, 180
合同ゼータ関数 198
根 39

【サ】

最小公倍数 5
最小多項式 82
最大公約数 5, 84, 121
3 次拡大 81
3 次体 81
3 重点 124

【シ】

自己準同型 37, 228
自己同型 229
指数 26
次数 38, 81, 123
次数 d の形式 43
実 100
実四元数の環 57
自明でない解 15
自明な解 12, 121
自明な部分 25
射影曲線 123
射影空間 122
射影モデル 123
弱 Mordell-Weil の定理 156

索　引　239

自由　93
終結式　84
重点　123
種数　134
巡回　31
準同型　32
商　38
消去法　84
剰余群　26
剰余代表元　25
剰余類　25

【ス】

数体　81
スカラー積　93

【セ】

整　93
正(定)値　69
正規　91
正規形　116
斉次化　123
斉次多項式　121
整除　38
整数　93
整数環　95
整数基　100
生成されている　31
正則点　123
節　37
節減　40
絶対既約　121
線形同値　226
全射　23
全単射　23

【ソ】

素　2
相互法則　45
双有理対応　130
双有理同値　130
素数　2

【タ】

体　37
代数的数　81
代数的整数　93
楕円関数　209
楕円曲線　141
互いに素　6
高さ　149
多様体　120
単位元　20, 35
単項式　44
単射　23
単射準同型　33
単数群　100

【チ】

超越的　81
重複点　123
重複度　123
直積　30
直線　123
直和　30

【ト】

同型　33, 37, 226
導手　202
同値　13, 68
同伴　101
トーラス　208
特異　124
特異点　123
特殊線形群　24
独立　161
De Moivre の定理　22
トレース　80, 96

【ナ，ニ】

長さ　58
滑らか　124

2次拡大　81
2次形式　44

2 次体　81
2 重周期　209
2 重点　124

【ネ，ノ】

ねじれ元　29
ねじれ部分群　29

ノルム　58
ノルム写像　80

【ハ】

倍元　82
倍数　1
パラメータ化　127
判別式　73, 86, 99, 100, 141

【ヒ】

低い形式　190
非特異　124
非特異点　123
ひねり (twist)　189
被約　74
表現　44, 68, 231
標準的準同型　32

【フ】

Van der Monde の行列　153
複素共役体　101
付値　174
部分環　36
部分群　24
Frobenius 自己準同型　186

【ヘ，ホ】

平方因子をもたない　4
平方剰余　45
平方非剰余　45
平面代数曲線　122
℘-関数　213
ベクトル空間　93

法　9

【ム，モ】

無限　22
無限位数　22, 28
無限遠直線　123
無限遠点　123
Mordell-Weil の定理　156
モニック　80, 82

【ヤ行】

約数　1

有限　22, 93
有限位数　22, 28
有限次拡大　81
有限生成　31, 93
有理関数　37
有理関数体　83
有理曲線　127
有理型　208
有理写像　130
有理点　127
ユニモジュラー変換　68
ユニモジュラー行列　68

四元数　57

【リ，ル】

Riemann ゼータ関数　200
離散的　102
輪体　27

Legendre の記号　46

【レ，ロ】

零点　44

ローラン展開　215

訳者紹介

織田　進
<small>お　だ　　　すすむ</small>

1950年　新潟に生まれる
1976年　岡山大学大学院理学研究科修士課程修了
現　在　高知大学教育学部教授
　　　　博士（理学）
　　　　代数学専攻

数論入門講義
—数と楕円曲線—

2002年10月10日　初版1刷発行

訳　者	織田　進　ⓒ 2002
発行者	南條　光章
発行所	共立出版株式会社
	東京都文京区小日向 4-6-19
	電話　東京(03)3947-2511 番（代表）
	郵便番号 112-8700
	振替口座 00110-2-57035
	URL http://www.kyoritsu-pub.co.jp/
印　刷	加藤文明社
製　本	中條製本工場

検印廃止

NDC 412.2, 412.4
ISBN 4-320-01711-0

社団法人
自然科学書協会
会員

Printed in Japan

JCLS <㈳日本著作出版権管理システム委託出版物>

本書の無断複写は著作権法上での例外を除き禁じられています。複写される場合は，そのつど事前に㈳日本著作出版権管理システム（電話03-3817-5670，FAX 03-3815-8199）の許諾を得てください。

★新しい数学体系を大胆に再構成した教科書シリーズ！

共立講座 21世紀の数学 全27巻

編集委員：木村俊房・飯高　茂・西川青季・岡本和夫・楠岡成雄

高校での数学教育とのつながりを配慮し、全体として大綱化（4年一貫教育）を踏まえるとともに、数学の多面的な理解や目的別に自由な選択ができるように、同じテーマを違った視点から解説するなど複線的に構成し、各巻ごとに有機的なつながりをもたせている。豊富な例題とわかりやすい解答付きの演習問題を挿入し具体的に理解できるように工夫した、21世紀に向けて数理科学の新しい展開をリードする大学数学講座です。

1 微分積分
黒田成俊著 …………… 3,600円
●主な目次　大学の微積分への導入／微積分の基礎／微積分の展開／他

2 線形代数
佐武一郎著 …………… 2,400円
●主な目次　2次行列の計算／一般の行列とベクトル／行列式／他

3 線形代数と群
赤尾和男著 …………… 3,400円
●主な目次　固有値とジョルダン標準形／単因子論／群と部分群／他

4 距離空間と位相構造
矢野公一著 …………… 3,400円
●主な目次　距離空間／位相空間／分離公理と距離化定理／他

5 関数論
小松　玄著 …………… 続　刊
●主な目次　複素数／初等関数／コーシーの積分定理・積分公式／他

6 多様体
荻上紘一著 …………… 2,800円
●主な目次　曲線／曲率／捩率／等周不等式／定幅曲線／曲面／他

7 トポロジー入門
小島定吉著 …………… 3,000円
●主な目次　閉曲面／基本群／被覆空間／ホモロジー／他

8 環と体の理論
酒井文雄著 …………… 3,000円
●主な目次　代数系／多項式と環／加群とベクトル空間／他

9 代数と数論の基礎
中島匠一著 …………… 3,600円
●主な目次　初等整数論／環と体／群／他

10 ルベーグ積分から確率論
志賀徳造著 …………… 3,000円
●主な目次　ルベーグ積分／確率論の基礎／ランダムウォーク／他

11 常微分方程式と解析力学
伊藤秀一著 …………… 3,600円
●主な目次　基礎定理／力学系／多様体／ラグランジュ形式／他

12 変分問題
小磯憲史著 …………… 3,000円
●主な目次　変分法とは？／測地線／極小曲面／他

13 最適化の数学
伊理正夫著 …………… 続　刊
●主な目次　ファルカスの定理／線形計画問題とその解法／変分法／他

14 統　計
竹村彰通著 …………… 2,600円
●主な目次　データと統計計算／最小二乗法と回帰分析／推定論／他

15 偏微分方程式
磯　祐介・久保雅義著 …… 続　刊
●主な目次　楕円型方程式／最大値原理／極小曲面の方程式／他

16 ヒルベルト空間と量子力学
新井朝雄著 …………… 3,200円
●主な目次　ヒルベルト空間／線形作用素／フーリエ変換／他

17 代数幾何入門
桂　利行著 …………… 3,000円
●主な目次　代数多様体／層とコホモロジー／代数曲線／他

18 平面曲線の幾何
飯高　茂著 …………… 3,200円
●主な目次　いろいろな曲線／環とそのスペクトル／射影曲線／他

19 代数多様体論
川又雄二郎著 …………… 3,200円
●主な目次　消滅定理／特異点の解消／分類理論／他

20 整数論
斎藤秀司著 …………… 3,200円
●主な目次　ルジャンドル記号と平方剰余の相互法則／p進整数／他

21 リーマンゼータ函数と保型波動
本橋洋一著 …………… 3,400円
●主な目次　ゼータ関数／素数分布／非ユークリッド空間／他

22 ディラック作用素の指数定理
吉田朋好著 …………… 3,800円
●主な目次　クリフォード代数とスピノル群／曲率と特性類／他

23 幾何学的トポロジー
本間龍雄著 …………… 3,800円
●主な目次　良い写像／ハンドル分解／分岐被覆／レンズ空間／他

24 私説 超幾何関数
吉田正章著 …………… 3,800円
●主な目次　点の配置／配置空間／射影空間／複比／不変式／他

25 非線形偏微分方程式
儀我美一・儀我美保著 …… 3,800円
●主な目次　自己相似解／スケール変換／漸近挙動／他

26 量子力学のスペクトル理論
中村　周著 …………… 続　刊
●主な目次　基礎知識／1体の散乱理論／固有値の個数の評価／他

27 確率微分方程式
長井英生著 …………… 3,600円
●主な目次　確率積分／確率微分方程式／拡散過程／他

■各巻：A5判・平均220頁・上製本

〒112-8700　東京都文京区小日向4-6-19
振替00110-2-57035／http://www.kyoritsu-pub.co.jp/

共立出版

電話 03-3947-2511／FAX. 03-3947-2539
（価格は税別価格です。別途消費税が加算されます。）